플라스틱
기초지식과
유효이용

| 머리말 |

시작하며...

1945년 해방과 더불어 싹트기 시작한 우리나라의 플라스틱 산업은 일상생활과 전 산업생산 활동에 깊은 관계를 맺으며 빠르게 성장해 왔습니다. 50년대에 산업의 틀이 마련되었고 60년대는 300여 기업들이 플라스틱 제품 생산 활동에 참여했으며, 60년대 하반기 PVC 원료를 국산화하면서 성장의 기반이 조성되었습니다. 70년대 정부의 중화학공업발전 정책으로 울산 석유화학공업단지가 준공되고 이어서 여천 제2석유화학단지가 완성되면서 플라스틱 산업은 수직 성장하게 되었습니다.

플라스틱 가공 기계와 금형, 인쇄 등 관련 산업이 뒷받침되면서 플라스틱 산업은 내수뿐 아니라 수출에도 경쟁력을 갖추게 되었고, 오늘날과 같이 가전, 자동차, 통신기기 등의 분야에서 선진국이 되고, 비닐하우스 재배 농산물과 양식 어패류 등을 풍요롭게 식탁에서 접할 수 있는 것도 플라스틱 산업의 발전이 있었기 때문에 가능하게 된 것입니다.

이제는 우리 생활에서 70% 이상이 플라스틱과 연관되어 있고 일반 공산품의 50% 정도가 플라스틱과 조합되어 있으며 식품, 의약품, 화장품, 세제류, 스포츠, 의류 등 모든 생활필수품들을 플라스틱 없이 생산한다는 것은 상상도 할 수 없게 되었습니다.

만약 플라스틱이 없었다면 인류는 더 많은 지하자원과 산림자원을 훼손시키고 지금과 같은 문화생활이나 편리하고 쾌적한 생활을 영유하지 못할 뿐 아니라 식량 확보도 어렵고, 오늘날과 같은 정보, 통신 분야의 발전도 이뤄내지 못했을 것입니다. 이제 플라스틱 산업은 경제성장의 지표라고 할 만큼 전 산업 활동과 깊은 관계를 맺고 있습니다.

플라스틱은 석유, 가스, 석탄에서 에너지를 생산하고 남은 것을 이용해 만들어지며 일단 폴리머가 형성되면 이를 가공해서 제품으로 만드는 과정은 무기화학산업이나 금속 공업보다 훨씬 적은 에너지를 사용합니다.

이처럼 플라스틱은 인류에게 유익을 주는 물질이지만 너무 많은 양이 사용되고, 사용 후 적절하게 처리되지 못하여 문제 시 되고 있습니다. 또한, 우리나라의 경우 남용되는 것을 방지하기 위해 일회용품 사용 규제나 감량화 정책을 추진하고 있으나 국가가 법으로 정하여 사용을 금지하는 것은 형평성 문제, 관리를 위한 행정력 낭비, 실효성 등 또 다른 문제가 따르며 근본적인 해결책이라고 볼 수 없습니다.

또 하나의 해결 과제는 사용 후 적정 처리문제입니다. 플라스틱 재활용 방법은 물질 재활용, 화학적 재활용, 에너지 회수 재활용이 있습니다. 플라스틱은 사용 후 열을 가하여 다시 플라스틱 제품으로 만들 수 있고, 원자재가 석유로 되어있어 다시 기름으로 환원시킬 수 있으며, 선별이 어렵고 이물질이 혼합되어 있어 재활용이 어려운 최종적인 것들은 나무 조각, 헝겊, 종이류 등 모든 가연성 폐기물들과 함께 소각 방법으로 에너지를 회수하여 지역난방에 활용하거나 전기를 생산하는 방법으로 활용됩니다.

이와 같은 플라스틱 처리방법은 이론적으로나 과학적으로 증명되어 있고 상용화되어 독일, 스위스 등 선진국들은 플라스틱 재활용률이 98%를 상회하고 있으며, 가까운 일본에서도 84%의 재활용률을 발표하고 있습니다. 폐기물은 관련 주체가 생산자, 소비자, 지자체, 수집선별·재활용사업자 등이 각각 독립되어 있어 정부가 재활용 시스템을 어떻게 구축하고 빈틈없이 관리하느냐? 하는 것이 관건입니다.

플라스틱은 화학적 용어가 많고, 성형 제조과정이 복잡하면서 종류와 용도가 다양하여 일반인들이 쉽게 이해하는데 초점을 맞추어 정리했습니다. 플라스틱의 탄생에서부터 우리나라 플라스틱의 역사, 종류, 특성, 용도, 성형방법, 안전성, 재활용, 전 과정 환경영향평가 등을 다루었습니다.

우리나라는 플라스틱으로 인한 환경문제를 해결하기 위해 30년 전부터 플라스틱 사용규제 정책을 추진해 왔으며, 20년 전부터는 세계에서 유일하게 플라스틱 세(플라스틱 부담금)를 부과하고 있습니다. 8장에서는 우리나라의 플라스틱과 관련된 환경정책이 어떻게 변해 왔는지를 정리했습니다. 환경부의 일방적인 플라스틱 규제정책은 한 번쯤 되돌아볼 필요가 있으며 또다시 되풀이하는 우를 범하지 않게 되기를 바라는 마음입니다.

9장에서는 최근 이슈가 되고 있는 지구 온난화 문제를 정리했습니다. 해양 플라스틱 미세플라스틱 문제와 함께 대두되고 있는 탈 플라스틱 정책은 자원이 부족하고 국토가 협소한 우리의 실정에서 심도 있게 검토되어야 하는 과제입니다. 우리가 값싸게 식탁에서 대할 수 있는 토마토, 오이, 수박, 참외 등 각종 채소는 비닐하우스 시설이 아니고서는 재배할 수 없으며, 고밀도의 모종 재배는 육묘 상자, 포토, 화분, 파이프와 호스 등의 플라스틱 자재 없이는 육묘가 불가능합니다. 결과적으로 플라스틱 자재들을 이용한 시설재배 방법이 아니고서는 국토가 좁은 우리의 실정에서 식량 문제를 해결할 수 없는 것입니다.

육지에서는 물론 바다에서도 플라스틱 자재가 없으면 심각한 식량 확보문제가 발생합니다. FRP 선박을 비롯해 고기를 잡는 그물, 로프, 낚싯줄과 대, 무엇보다 연안 해역에서의 김, 미역, 전복, 조개 등과 가두리 양식장에서는 거의 썩지 않으며 가볍고 해수와 햇볕에 강한 플라스틱 부표, 김발 장, 파이프 합성 목재 등의 자재들이 사용됩니다. 삼면이 바다인 우리나라에서 다양한 어패류를 양식할 수 있는 것도 플라스틱이 있으므로 가능한 것입니다.

플라스틱은 식량뿐만 아니라 주거 생활에서도 지구 온난화 문제해결에 크나큰 도움이 되고 있습니다. 파이프는 온돌 문화를 가지고 있는 우리나라의 주택에서 필수 자재이며 벽재, 바닥재, 천장재, 창호 등은 실내의 온도가 밖으로 나가는 것을 차단하고, 밖의 차가운 공기나 더운 공기가 들어오지 못하도록 합니다. 습기에 강하고 부식되지 않으며, 미관상으로도 미려한 플라스틱 자재들이 사용됩니다.

식품 포장에서의 플라스틱은 가벼우면서 강하고 보온·보냉성이 우수하여 식품의 신선도를 유지해 주며 물류비를 절감시켜 줍니다. 의복이나 이불, 보온 덮개 그리고 소파와 의자 등에서 사용되는 플라스틱 레자 등 플라스틱의 보온성 유용성은 모두 다 열거할 수 없을 정도입니다.

플라스틱은 인류 생활에 있어서 특히 지구의 북반구에 위치해 있으면서, 자원이 부족하고 인구밀도가 높은 우리의 실정에서 플라스틱을 유용하게 사용하는 일은 어느 나라에서보다 중요한 일이 아닐 수 없습니다. 최근 석유화학 업계가 ESG 경영과 지구 온난화 문제의 해결을 위해 플라스틱 화학적 재활용 사업 추진 계획을 발표하고 있어 매우 바람직한 일이 아닐 수 없습니다. 그러나 이와 같은 사업이 차질 없이 추진되기 위해서는 기업의 노력만으로는 불가능하고 정부의 정책적 지원, 지방 자치단체의 효율적인 분리수거와 선별, 국민의 철저한 분리배출 등의 노력이 뒤따라야 합니다. 해양 플라스틱 미세플라스틱의 문제는 글로벌 차원의 밸류 체인과 맞물려 있고 대대적인 투자가 불가피하므로 더 지켜보아야 하는 일이라고 여겨집니다.

플라스틱에 대해 부정적인 인식이 팽배해 있는 것은 플라스틱에 대한 지식이 부족하고 재활용이 안 된다는 부정적 생각이 지배하고 있기 때문입니다. 「플라스틱 기초지식과 유효이용」이 플라스틱에 대한 이해를 넓히고 재활용을 활성화하여 지구 온난화 문제해결과 순환경제 사회를 구현하는데 미력하나마 도움이 되었으면 합니다.

책이 나올 수 있도록 협조해주신 여러분께 감사드립니다. 특별히 필요에 따라 자료를 챙겨주신 한국프라스틱포장용기협회 장욱 본부장, 플라스틱연합회 조원택 전무이사에게 감사드립니다, 편집·정리해주신 플라스틱 사이언스 박인자 대표님과 편집을 맡아주신 직원 분들께도 감사드리고 무엇보다 후원을 아끼지 않으신 (사)한국플라스틱산업진흥협회 분과 위원장님들께 감사드립니다.

2023년 11월
(사)한국플라스틱산업진흥협회 부회장 나근배

| 추천하는 글 |

20세기 신이 내려준 선물이라는 플라스틱은 일상생활뿐 아니라 농·수산, 건축, 전기·전자, 자동차·비행기, 통신, 의료, 스포츠 등 인류에게 편리함과 유익을 가져다주는 재료가 되었으며 관련 산업 발전을 위한 중추적 역할을 감당하기도 합니다.

특히 식품산업에서의 플라스틱은 생산 공장에서 인라인으로 하나의 공정화가 되고, 보관·운송·판매 등의 수단에서, 그리고 쇼핑 배송 식탁에서 그 가치를 더하고 있으며 수분이 많고 냉장·냉동이 필요한 우리나라 식품 특성에 아주 적합한 소재로서 플라스틱이 없는 식품 포장은 상상도 할 수 없게 되었습니다.

그러나 이와 같은 플라스틱이 재활용 문제와 함께 해양 플라스틱·미세플라스틱 문제가 부각되면서 긍정적인 면은 감추어지고 부정적인 면만 부각되어 환경오염의 주범으로 인식되고 있습니다. 일부 환경 단체들은 탈 플라스틱 운동을 전개하고, 지구 온난화 문제와 함께 탄소 중립정책이 추진되면서 플라스틱의 환경 문제는 범세계적으로 해결해야할 과제가 되었습니다.

2015년 12월 프랑스 파리에서 개최된 UN 회의에서는 기후변화로 인한 인류의 파멸을 막기 위해 산업화 이전의 기온보다 1.5도 올리는 목표를 세웠습니다. 그러나 이미 1.1도 상승되어있어 0.4도만의 여유를 갖고 있는 상황입니다. 이에 2050년까지 대기 중의 온실가스 배출량을 ±0화시키기 위한 탄소 중립 정책을 추진하는 것으로 130여 나라가 선언하였습니다.

우리나라에서도 2021년 9월 24일 '탄소 중립 기본법'을 제정·발효시켰으며 2030년까지 플라스틱 폐기물 배출량을 50% 감축시키고, 2050년까지 석유화학 산업을 비석유계 바이오 플라스틱으로 전환한다는 정책을 발표했으며,

2022년 3월 2일 유엔 환경총회(UNEA)에서는 175개국이 2024년까지 플라스틱 생산 – 소비 – 폐기 등 생애 전주기를 체계적으로 관리한다는 협약을 만장일치로 합의한 바 있습니다.

이처럼 탄소 중립정책이 국제적으로 추진되면서 플라스틱 업계가 어떻게 대처해야 하는지? 국토의 면적이 작고 천연자원이 부족한 우리의 실정에서 지속 가능한 사회발전을 위해 플라스틱 업계에 요구되는 행동은 무엇인지? 매우 중차대한 사안이 아닐 수 없습니다.

이 책은 플라스틱의 탄생과 역사에서부터 플라스틱의 생산과정과 종류, 물성과 장·단점, 생산 품목과 용도, 플라스틱 산업 동향, 안전성, 환경성, 재활용에 이르기까지의 전 과정과 세계적인 동향까지 이해하기 쉽도록 정리되어있으며 특히 지구 온난화 문제로 최근 대두되고 있는 바이오 플라스틱까지 다루고 있어 관련 업종에 종사하는 분들은 물론 학생과 국민 모두에게 도움이 될 것으로 기대합니다.

이 책이 많이 보급되고 읽힘을 통해 현장에서는 효과적으로 응용되고, 일상생활에서는 플라스틱에 대한 인식이 한 단계 높아져 모두에게 유익을 가져다 줄 것이라 확신합니다.

2023년 11월
(사)한국플라스틱산업진흥협회 회장 오원석

Contents

플라스틱
**기초지식과
유효이용**

머리말 — 2
추천하는 글 — 6

플라스틱의 발명과 역사

1

1. 플라스틱의 탄생 — 18
1.1 셀룰로이드의 탄생 — 18
1.2 석탄화학으로부터 나온 플라스틱 — 21
1.3 석유화학 시대로 — 21

2. 우리나라 플라스틱의 역사 — 24
2.1 셀룰로이드 제품의 태동(태동기) — 24
2.2 열경화성 플라스틱 제품으로 전환(성장기) — 25
2.3 열가소성 플라스틱의 등장(도약기) — 26
2.4 열가소성 플라스틱 원료 생산(비약기) — 27
2.5 생활의 획기적인 변화 — 28
2.6 산업을 발전시킨 플라스틱 — 33

플라스틱의 종류와 특징

2

1. 플라스틱의 종류 — 36
1.1 열가소성 플라스틱(Thermo Plastic) — 37
1.1.1 열가소성 플라스틱의 생산과정 — 37
1.1.2 석유화학 제품 체계도 — 39
1.1.3 열가소성 플라스틱별 개요와 용도 — 41
1.2 열경화성 플라스틱(Thermosetting Plastic) — 52
1.2.1 열경화성 플라스틱이란? — 52
1.2.2 열경화성 플라스틱별 개요와 용도 — 52
1.3 엔지니어링 플라스틱 — 58
1.3.1 엔지니어링 플라스틱의 개발과 정의 — 58
1.3.2 엔지니어링 플라스틱의 종류 — 58
1.3.3 엔지니어링 플라스틱 개발동향 — 59
1.3.4 주요 엔지니어링 플라스틱의 특징과 용도 — 59
1.4 그 밖의 복합재료 — 62
1.4.1 그 밖의 복합 재료와 고성능 고기능성의 플라스틱 — 62

플라스틱 성형재료의 개질과 첨가제

3

1. 플라스틱 성형재료의 개질과 첨가제 — 64
- 1.1 가소제 (Plasticizer) — 65
- 1.2 열안정제 (Thermal Stabilizer) — 67
- 1.3 대전방지제 (Antistatic agent) — 68
- 1.4 도전제 (Electrically conductive agent) — 68
- 1.5 착색제 (Colorant) — 68
- 1.6 발포제 (Foam Agent) — 69
- 1.7 산화방지제 (Antioxidant Agent) — 70
- 1.8 자외선 안정제 (자외선 흡수제, Ultraviolet Stabilizing Agent) — 71
- 1.9 활성제 (윤활제, Lubricant, Slip Agent) — 71
- 1.10 난연제 (Fir retardant, Flame Retarder — 72
- 1.11 유연성 개질계 — 73
- 1.12 기타 나노 사이즈 콤포지트 필러 첨가제 등 — 73

플라스틱 성형(가공)방법

4. 플라스틱 성형(가공)방법 — 74
- 열가소성 재료의 성형방법 — 75
- 열경화성 재료의 성형방법 — 75

1. 열가소성 재료의 성형방법 — 76
1.1 압출성형 (Extrusion Molding) — 74
1.2 사출성형 (Injection Molding) — 84
1.3 중공(블로우)성형 (Blow Molding) — 85
1.4 진공성형 (Thermo Forming) — 87
1.5 캘린더 성형 (Calender) — 89
1.6 압축성형 (Compression) — 90
1.7 회전성형 (Rotational Molding) — 90
1.8 기타 — 91

2. 열경화성 재료의 성형방법 — 92
2.1 압축성형 (Compression Molding) — 92
2.2 이송성형 (Transfer Molding) — 92
2.3 사출성형 (Injection Molding) — 93
2.4 적층성형 (Laminated Molding) — 93
2.5 주형성형 (Casting Molding) — 93
2.6 FRP성형 (Fiber glass reinforced plastics Molding) — 94

3. 기타 플라스틱 가공 — 96
3.1 코팅 (coating) — 96
3.2 래미네이팅 (laminating) — 97
3.3 연포장(軟包裝) 가공 — 102
3.4 IT 및 광학용 필름 — 108

플라스틱의 용도와 종류

5

1. 농업·수산업과 플라스틱 — 111
1.1 농업 — 111
1.2 수산업 — 114

2. 용기·포장재로서의 플라스틱 — 116
2.1 연포장 — 117
2.2 식품용기 — 119
2.3 화장품·세제류 용기 — 120
2.4 의약품·농약용기 — 121
2.5 기타플라스틱 용기 포장재 — 121

3. 가정·주방용품과 플라스틱 — 123

4. 토목·건축과 플라스틱 — 125
4.1 상·하수도 관 — 125
4.2 창틀 — 127
4.3 바닥 및 벽재 — 127
4.4 보온재 — 128

5. 전기·전자부품과 플라스틱 — 129

6. 운송수단과 플라스틱 (자동차, 비행기, 선박 등) — 130

7. 의료·스포츠와 플라스틱 — 133

8. 문구·완구와 플라스틱 — 137

9. 기타 (조명, 가구, 호스, 잡화, 수족관, 접착제·합성섬유 등) — 139

우리나라의 플라스틱 산업

6

1. 1950년대 플라스틱 산업 ——————————————— 143

2. 1960년대 플라스틱 산업 ——————————————— 144

3. 1970년대 플라스틱 산업 ——————————————— 146

4. 1980년대 플라스틱 산업 ——————————————— 148

5. 2000년대 플라스틱 산업 ——————————————— 160

6. 2010년대 이후 플라스틱 산업 ————————————— 172

7. 2010년대 이후 플라스틱 산업 ————————————— 196

플라스틱 관련 환경정책

7

1. 우리나라 플라스틱 관련 환경정책 ————————— 211
1.1 합성수지 부담금 제도 시행 ————————————— 211
1.2 플라스틱 사용 규제제도 시행 ———————————— 212
1.3 플라스틱 재활용기반구축사업 추진 ————————— 215
1.4 합성수지 부담금이 플라스틱 부담금으로 전환 ———— 217
1.4.1 부담금 감면 제도운영 ——————————————— 220
1.4.2 플라스틱 자발적 협약(V.A: Voluntary Agreement) 제도운영 ——— 222
1.5 플라스틱 생산자책임재활용제도 시행 (EPR) —————— 224

8 지구 온난화 문제와 플라스틱

1. 현황 ──────────────────────── **230**

2. 플라스틱 업계의 과제와 견해 ──────── **231**
   - 화석원료에 대해 ───────────────── 231
   - 석유자원은 유한하므로 플라스틱 제품을 사용하지 말아야 한다? ─── 234
   - 플라스틱은 썩지 않기 때문에 공해 물질이다? ─────── 234
   - 플라스틱은 소각하면 유해 물질이 발생된다? ─────── 234

3. 바이오 플라스틱과 분해성 플라스틱 ──── **235**

4. 플라스틱 가공업계 역할 ─────────── **238**

플라스틱과 재활용

9

1. 플라스틱 재활용 방법 — 241

2. 물질 회수 재활용 (Material Recycle) — 242
   2.1 우리나라의 물질 회수 재활용 — 246
   2.2 일본의 물질 회수 재활용 — 247
   2.3 서유럽의 물질 회수 재활용 — 248
   2.4 독일에서의 물질 재활용 — 249

3. 연료화 (Thermal Recycle) — 252
   3.1 직접연소 — 252
   3.2 고형연료화 (RDF: Refuse Derived Fuel) — 253
   3.3 우리나라의 에너지 회수 재활용 — 256
   3.4 일본에서의 에너지 재활용 — 257
   3.5 EU 지역의 에너지 회수 재활용 — 259

4. 화학적 재활용 (Chemical Recycle) — 261
   4.1 독일의 Chemical Recycle — 261
   4.2 일본의 Chemical Recycle — 263
   4.3 우리나라의 Chemical Recycle — 270

5. 재활용제도와 플라스틱 재활용 — 271
   5.1 독일의 플라스틱 재활용산업 동향 — 271
   5.2 EU 주요국가의 재활용 시스템 — 275
   5.3 일본의 플라스틱 재활용산업(제도·기술) 동향 — 278
   5.4 우리나라의 재활용제도 — 280

플라스틱은 안전한가?

10

1. 합성수지제 기구 또는 용기, 포장에 대한 기준 및 규격 — 283

2. 플라스틱 용기 등의 안전성에 대한 Q&A — 284

3. 환경 호르몬 문제에 대한 Q&A — 287

4. 염화비닐(PVC)과 환경 문제 — 296

5. 발포스타이렌(PSP)과 환경 문제 — 299

6. 플라스틱을 잘 사용하는 방법 — 302

7. PL(Positive List) 제도 — 304

플라스틱제품 전 과정 환경 영향평가(LCA)

11

1. LCA (Life Cycle Assessment)란? — 307

2. LCA와 LCI 분석 — 308

3. 청량음료 용기에 대한 전 과정 환경영향평가 분석 — 309
   3.1 청량음료 용기의 환경영향평가 — 309
   3.2 플라스틱제품 환경적 편익 분석 — 310

4. 플라스틱제품 환경영향평가(LCA) 동향 — 310

맺으며 — 312

참고문헌 — 317

플라스틱 기초지식과 유효이용

플라스틱은 철, 구리, 알루미늄 등 지하자원은 물론 산림과 동식물 자원을 보호할 수 있는 친환경 소재이며 인류 생활을 편리하고 윤택하게 하는 매우 유용한 물질입니다.

1장 플라스틱의 발명과 역사

1. 플라스틱의 탄생

1.1 셀룰로이드의 탄생

20세기 "신이 내려준 선물"이라는 플라스틱의 역사는 고분자의 역사라고도 할 수 있으나 플라스틱이라는 이름의 의미에서 생각할 때 플라스틱의 역사는 셀룰로이드(Celluloid)[1]의 발명에서 비롯되었다고 할 수 있다.

셀룰로이드의 원료인 셀룰로오스는 질산과 화합하여 니트로 셀룰로이드가 된다는 사실은 이미 1831년경부터 알려져 왔다. 이를 응용하여 상품화한 것은 1868년 존 웨슬리 하얏트(john wesley Hyatt)와 파키스(A.Parkes) 형제였다고 한다.

인류는 수천 년 동안 매부리바다거북(대모거북)을 이용해 정교한 보석을 비롯한 다양한 사치품을 만들어 사용한 것으로 알려져 왔다. 장인들은 거북을 불 위에 얹어 껍질을 떼어내고 가열해 평평하게 편 다음 안경, 빗, 리라(하프처럼 생긴 악기), 보석, 각종 상자 등 다양한 사치품을 만들어 사용했다.

바다거북껍질은 얇은 막처럼 벗겨낼 수 있으면서 단단함을 유지하고 표면이 매끄럽고 아름다울 뿐만 아니라 부러져도 열을 가해 수리할 수 있고 원하는 대로 모양을 만들 수 있어 고대 로마 때부터 값어치 있는 물건으로 알려져 승전 기념품으로 삼을 정도였다고 한다.

플라스틱이란 본래 열과 압력으로 쉽게 다듬거나 틀에 넣어 변형 또는 성형할 수 있는 성질의 물질, 즉 가소물(可塑物)을 의미하는 표현으로 어원은 그리스어 「PLASTOS」에서 유래 되었는데 바다거북껍질은 「플라스틱 했던 것」이다.

셀룰로이드

매부리바다거북은 1844년 이래로 900만 마리를 잡은 것으로 알려졌는데 이는 매년 6만 마리를 잡은 셈이 되는 것이다. 사람들이 하도 매부리바다거북을 잡아 개체 수 급감으로 전 세계 산호초와 해초의 생태계 기능까지 달라졌다는 사실을 알게 되었다.

인류는 또한 매부리바다거북과 함께 코끼리의 어금니인 상아를 이용하여 공예품, 장식함, 사치품의 소재로 사용했다. 아름답고 성형 가능한 속성을 가진 상아는 빗, 피아노 건반, 포크나 나이프 등의 손잡이, 당구용품 등에 사용됨으로 인해 19세기 들어 상아의 수요는 급증하게 되었다. 특히 미국인들은 상아에 푹 빠져 있었는데 토넷티켓주 엑시스에 세계 최대의 상아 가공공장을 운영하여 미국에 수입되는 상아의 90% 정도를 처리했다고 한다.

당구공 제작을 위한 상아의 수요가 급격하게 증가함에 따라, "뉴욕타임즈" 기자는 1866년 기준으로 미국의 상아 수요로 인해 매년 2만2천여 마리의 코끼리가 죽은 것으로 보도하였고, 상아 매매업자들은 코끼리 공급이 부족하여

매부리바다거북

상아

1) 셀룰로이드(Celluloid) - 초산 섬유소에 가소제로서 장뇌(樟腦)를 넣고 알코올을 섞어서 만든다.

그들의 사업이 지속 불가능할 것으로 예측하였다.

1863년 뉴욕주 북부에 살던 '웨슬리하얏트' 라는 청년은 당구공 제작자들이 상아를 대체할 재료를 찾으면 1만 달러의 상금을 지급한다는 사실을 알게 되었고 상아를 대체할 소재를 찾게 되었다. 그는 자기의 뒷마당에서 다양한 재료를 가지고 실험을 거듭하게 되었으며 6년 뒤 마침내 목화의 셀룰로오스에서 셀룰로이드를 발명하게 되었다.

하얏트 형제는 니트로셀룰로오스에 장뇌[2]를 섞으면 탄성이 풍부하고 강한 성질의 물질을 얻을 수 있다는 것을 알았고, 이것을 가열하면 연화(軟化) 작용을 통해 가소화(可塑化) 된다는 사실을 발견하게 되었으며 이를 「셀룰로이드」라고 불렀다.

장뇌

셀룰로이드는 상아와 바다거북껍질을 대체하여 다양한 용도로 사용되었고 색상을 첨가할 수 있는 장점도 있어 적절한 기술을 발휘하면 특유의 무늬를 흉내 내는 것이 가능했다. 상아는 썩거나 상할 수 있어 아주 조심해서 다루어야 하므로 지속성이라는 측면에서 볼 때도 셀룰로이드 제품이 훨씬 우월한 제품임을 알게 되었다.

셀룰로이드를 가장 먼저 도입한 제품은 빗이었다. 수천 년간 인류는 거북껍질, 상아, 뼈, 고무, 철, 금, 은, 납, 갈대, 나무, 유리, 도자기 등을 이용해 빗을 만들어 왔다. 셀룰로이드는 이 모든 재료를 대체했다. 플라스틱의 발명은 멸종 위기의 매부리바다거북과 코끼리의 생명을 구할 수 있게 된 것이다.

셀룰로이드는 1870년 미국의 A,D,P사가 상업 생산했으며 1888년 미국의 GE사가 니트로셀룰로오스 사진필름을 개발했다. 셀룰로이드는 단점인 연소성 때문에 위험이 많았으나 유용성이 다른 소재보다 훨씬 우수하여 제2차 세계대전에 이르기까지 사용이 활발해 약 80년 동안 활발하게 사용되었다.

2) 장뇌(樟腦 Camphor) - 휘발성과 방향(芳香)이 있는 무색 반투명의 결정체이며 녹나무의 잎, 줄기, 뿌리 따위를 증류·냉각시켜서 얻는다.

셀룰로이드는 천연적인 셀룰로오스를 주원료로 사용하기 때문에 완전한 합성물이라고 말할 수 없으며, 인류가 합성한 최초 합성수지는 1907년 미국의 베이클랜드가 페놀과 포름알데히드를 원료로 사용하여 개발한 「페놀수지(석탄산수지, 베이클라이트)」의 발명 특허 신청에서 시작되었다. 베이클랜드의 페놀수지 개발 이후 1921년 요소수지, 1939년에 멜라민수지 등 열경화성 플라스틱[3]이 발명되었다.

1.2 석탄화학으로부터 나온 플라스틱

1937년 미국의 듀폰사에서 카로러이스 박사에 의한 "나일론" 발명은 본격적인 플라스틱 시대의 개막을 알리는 대사건이었다. 나일론은 「석탄과 공기와 물로 합성되고 거미줄보다 가늘고 강철보다 강하며 견사보다 좋은 섬유」로 상징되기도 했다.

1940년경까지 플라스틱의 주원료는 석탄이었다. 석탄 가열 시 발생한 가스는 연료와 합성가스 원료로, 코크스는 제철용 철광석의 환원제로 각각 사용되었으며 암모니아 합성의 수소원이나 메탄을 합성할 시 원료가스로 이용했다.

또한, 코크스는 카바이트의 원료로도 사용돼 이로부터 제조되는 아세틸렌은 당시 중화학공업의 기초 원료가 됐다. 가스와 코크스 외에 타르는 초기에 이용개발을 알지 못해 폐기처분을 했으나 1934년 타르 속에 페놀, 아닐린 등 유용한 방향족 화합물이 포함되어 있음을 발견하고 의약품, 염료 등의 원료로 사용하면서 주목받기 시작했다.

1.3 석유화학 시대로

석유화학(石油化學)이란 글자 그대로 석유를 원료로 하는 화학이며, 실제로 가솔린을 만들 때의 부산물인 나프

석탄

 3) 열경화성 플라스틱 – 열이나 촉매에 의해 화학반응을 일으켜 경화되어 불용·불융되는 플라스틱. 내열성, 내약품성이 강하고 경도가 높아 기계적 성질이나 전기적 성질이 뛰어나므로 공업 재료나 식기 등으로 폭넓게 사용된다.

타를 800℃ 이상 고온의 용광로 안에서 분해하여 에틸렌이나 프로필렌 등 여러 종류의 물질로 만드는 것이다.

석유에서 얻어진 물질은 합성수지의 원자재가 되기도 하고 또다시 제2, 제3의 화학반응 공정에 의해 다른 각종 합성수지의 원료가 될 뿐 아니라 여러 공업약품의 합성에 쓰이기도 한다. 잠시 쓰고 버릴 수밖에 없는 가솔린의 부산물을 원료로 플라스틱이나 화학약품의 부가가치를 높여가는 공업의 체계가 바로 "석유화학공업"이며, 플라스틱의 시작은 석탄이었지만 석유의 재발견을 통해 석유화학공업으로 전환된 것이다.

19세기 석유는 주로 조명용 연료로 사용되었는데 1885년 벤츠의 가솔린 엔진 개발과 1903년 라이트 형제의 비행기용 가솔린 엔진 개발, 그리고 1910년 포드사의 대규모 자동차 양산 등으로 가솔린이 본격적으로 수송 기관의 연료로 사용되었다. 당시에는 가솔린을 원유의 증류만으로 생산했기 때문에 그 양이 매우 한정적일 수밖에 없었다. 1909년 스탠다드오일사가 원유의 열분해를 통해 가솔린 증산 방법을 공업화했으며, 이후 석유의 열 분해방식 및 촉매 분해법이 널리 보급되면서 부산물인 분해 가스의 효과적 이용 검토와 함께 석유화학산업이 본격적으로 태동하게 되었다.

석유화학산업은 1918년 미국의 스탠다드오일사가 열분해 가솔린을 생산할 때 부산물로 나오는 프로필렌을 황산 수화법으로 반응시켜서 이소프로필알코올을 합성한 것이 시초라 할 수 있다. 1949년 납사로부터 백금, 알루미늄계 촉매를 사용하여 방향족 탄화수소를 생산하는 플랫 포밍(Plat forming)법이 발명되면서부터 PS, ABS를 비롯한 각종 합성원료 및 접착제, 그리고 안료 등의 원료인 벤젠, 톨루엔, 크실렌 등이 개발되기 시작했다.

라이트 형제

포드사의 가솔린 자동차

석유화학 단지

열가소성 플라스틱[4]은 1930년 미국의 카로러이스 박사(듀폰사)가 폴리카보네이트를, BASF사가 염화비닐수지를, 1933년 영국의 ICI사가 PE, 1936년 아크릴수지를 생산하는 등 다양한 열가소성 플라스틱이 발명되어 상용화되기 시작했다. 1950년에는 치글러 나타형 촉매가 발명되어 저압법 폴리에틸렌, 입체 규칙성 폴리프로필렌 등의 생산이 시작되었다.

1937년에 개발된 폴리아미드(PA6: 나일론)는 물성 등의 우수성으로 당시에는 주로 군수용으로 사용되었다. 제2차 세계대전 후에는 폴리아세탈(PMO) 수지를 미국의 듀폰사가 1958년도에 개발했으며 이들 엔지니어링 플라스틱[5]은 일반 플라스틱보다 충격강도, 내열성, 내구성 등이 뛰어나 금속 재료를 대체하여 기계부품 등으로 사용되기 시작했다.

이와 같은 플라스틱 역사는 셀룰로이드의 공업화를 기준으로 볼 때 150여 년이 되었지만 완전한 합성에 의해 개발된 페놀수지의 공업화 기점에선 100여 년의 역사를 갖고 있다고 할 수 있다.

합성수지

석유화학제품은 가공을 계속하거나 반응시켜 최종 제품을 만드는 기초소재 산업뿐만 아니라 의약품, 염료, 도료 등의 정밀화학 제품과 화학펄프, 제지 등 다방 면에서 사용되는 우수한 제품으로 인접 산업과도 직·간접적으로 광범위하게 관련되는 중요한 위치를 차지하고 있다.

미국 듀폰사, 나일론 개발

4) 열가소성 플라스틱 – 열을 가하면 연화해서 변형을 보이고 냉각시키면 다시 굳어지는 플라스틱
5) 엔지니어링 플라스틱 – 기계 장치 등의 부품 및 하우징류와 같은 공업적인 분야에서 사용하는 플라스틱을 총칭

2. 우리나라 플라스틱의 역사

2.1 셀룰로이드 제품의 태동(태동기)

우리나라 플라스틱 산업의 출발점을 나라를 잃어버린 일제 강점기로 할지 해방되던 해로 할지 아니면 PVC 원료의 국내 생산으로 할 것인지 명확하지 않은 상태이다.

해방 전인 1930년대 경인 지역에 있는 극소수의 화학공장에서 단추와 각종 전기·전신 기구를 생산하는 업체가 존재한 것으로 알려져 있다. 해방 이후인 1945년 대구에 국제셀룰로이드공업사가 창립되어 안경테를 생산했고 부산에 건국셀룰로이드에서 만년필 몸체, 1946년 오천화학에서 삼각자와 분도기, 한일셀룰로이드에서 필통, 비눗갑, 책받침 등 셀룰로이드 제품을 생산한 것으로 알려져 있다.

이렇듯 국내 플라스틱 산업은 셀룰로이드를 이용한 성형품이 주를 이루었고 1950년 6.25전쟁이 발발하면서 서울에 있던 셀룰로이드 공장들이 모두 부산으로 이전하게 된다. 그에 따라 부산은 플라스틱 산업이 차지하는 비중이 높아지면서 우리나라 플라스틱 산업 발전의 근간이 되었다. 당시에는 셀룰로이드로 제조된 비눗갑, 생필품, 소모품, 포장재 등의 밀수가 성행했으며 엄청난 비싼 가격에 판매되었다.

1945년에 설립된 태평양화학(서성환)이나 1947년 럭키화학(락희화학) 등 약 10여 업체가 화장품을 생산하면서 내용물을 담기 위한 크림 통 뚜껑을 생산하기 위해 많은 연구를 시도하게 되었다. 일본으로부터 석탄산수지(베크라

안경

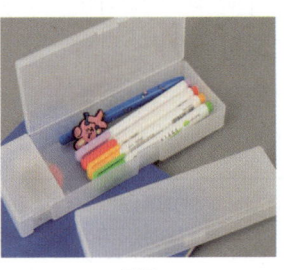
필통

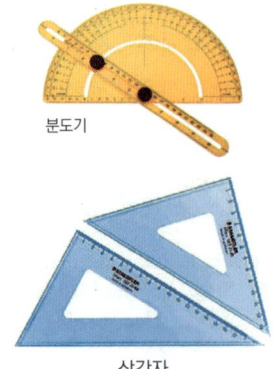
분도기

삼각자

이트)와 요소수지(유라이트)를 수입하여 10여 개 공장에서 6.25전까지 연간 10여 톤의 셀룰로이드 제품을 생산한 것으로 알려져 있다.

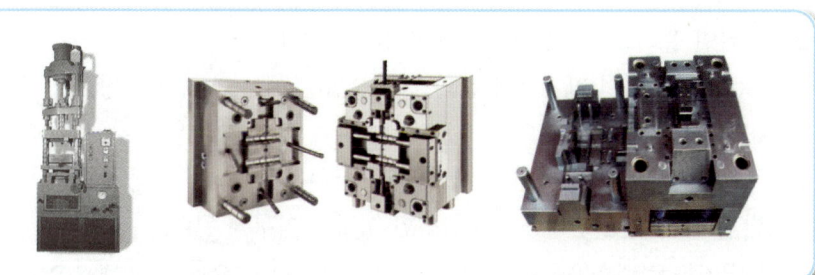

국내 최초 성형기, 1952년 당시 락희화학에서 가동했던 압축기와 금형

2. 2 열경화성 플라스틱 제품으로 전환(성장기)

플라스틱 산업은 셀룰로이드에서 요소수지 성형가공으로 옮기면서 전환기를 맞게 되는데 당시 일본 동양화학에서 생산한 요소수지를 수입하여 사용되었다. 열경화성 플라스틱은 프레스에 의해 생산되었으며 프레스는 일제 강점기에 이미 국내에 많은 수량이 보급된 상태로 금속, 고무 등의 재료에 사용하게 되었으며 플라스틱 제품생산에 적합하도록 개조되어 사용되었다.

우리나라에서 요소수지는 1950년대 부산에 있는 동화화학이 국산화했으며 생산 업체가 증가되자 업계가 요소수지 수입 중지를 정부에 건의했고 수입이 중지됨에 따라 업계는 활기를 띠게 되었다. 주요 제품으로는 쟁반, 건 식기, 과자 그릇, 우산대 손잡이, 전화기 케이스, 전기 소켓, 장난감, 농약병 마개 등이며 연간 100톤 정도 생산된 것으로 알려져 있다. 락희화학은 동동구리무의 용기를 만들어 많은 인기를 얻었다.

전쟁이 마무리 단계에 접어들고 전쟁 피해복구와 경제가 점점 살아나면서 플라스틱 산업도 성장하게 된다. 우리나라에서 미국 산 사출성형기 1호와 열가소성 플라스틱 원료를 수입하여 열가소성 플라스틱제품을 생산한 업체는 락희화학 이하 (LG화학)이다. 당시에는 금형 제작이 망치와 줄을 이용해 만들어지고 이렇게 만들어진 금형을 숯불에 달구어 프레스 밑에 넣은 뒤 원료를 넣고 손잡이 달린 프레스를 사람이 돌려 압력을 가해 생산했는데 금형수입도 LG화학(구본회)의 의지에서 이루어졌다.

2.3 열가소성 플라스틱의 등장 (도약기)

1952년 LG화학은 화장품 용기뿐만 아니라 칫솔, 머리빗, 식기류, 쟁반 등을 생산했는데, 종전에 사용하던 우레아수지의 단점을 보완하고자 열가소성 플라스틱인 폴리스티렌(PS)을 사용하기 시작했다.

1950년대 들어서 세계적인 플라스틱 산업 추세는 재래식 열경화성 플라스틱 생산에서 원하는 모양으로 제품성형이 우수하고 재활용할 수 있는 열가소성 플라스틱 분야로 전환되는 시기였으며 국내 플라스틱 제품 생산업체들도 이러한 추세에 적절히 대응하며 급속한 성장을 이루게 된다.

1950년대 중반 이후부터 요소수지, 석탄산수지 제품과 함께 열가소성 플라스틱 재료인 폴리에틸렌(PE), 폴리스타이렌(PS) 등을 활용한 제품이 등장하기 시작했다. 특히 사출성형기와 압출성형기가 미국, 일본, 홍콩 등지로부터 대량 수입되면서 쟁반, 식기류, 빗 등 일상 생활용품과 일부이지만 산업용 플라스틱 제품과 부품들이 생산되기 시작했다.

플라스틱은 선풍적 인기에 힘입어 시장 수요는 나날이 증가하였고, 이에 대응한 기존 플라스틱 생산 업체들의 신·증설과 함께 이 분야에 관심이 있었던 자본가들의 참여로 경쟁체제가 더욱 가속화되었다. 1950년대 LG화학에 이어 한국비니루(허진), 대한기업(최홍주: 1953년), 보생실업(서인규: 1956년), 삼양전기(박영주: 1958년), 미진화학(이상봉: 1953), 영진화학(임채홍: 1958년), 삼영화학(이종환: 1959년) 등 40여 개 업체에 달하였다.

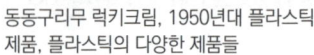
동동구리무 럭키크림, 1950년대 플라스틱 제품, 플라스틱의 다양한 제품들   요소수지   머리빗

플라스틱 제품의 인기 속에서 플라스틱 제품의 국내 수요증가뿐만 아니라 해외 수출시장도 활발해지면서 시설투자가 급격히 증가하게 되었고 하나의 산업으로 형성되기 시작했다. 그러나 수입에 의존하는 플라스틱원료의 수급 문제가 관건이었다.

일부 열경화성수지를 제외하고 미국, 일본, 이태리 등지에서 매년 수백만 달러에 해당하는 플라스틱원료를 수입할 수밖에 없는 상황이었다. 당시 원료 수급은 정부가 일괄 주문을 받아 수입 배분하는 실정이었으며 원료 구매자금은 AID(원조) 달러나 정부가 보유한 달러, 민간 업자가 수출해 받은 달러가 전부였다.

1950년대 말 플라스틱 제품 생산량을 보면 PE 제품이 농업용 필름 500톤, 포장용 필름 410톤, 파이프 80톤, 시트 90톤, 기타 220톤으로 1,300톤, PVC 제품이 경질시트 200톤, 연질시트 400톤, 인조가죽 240톤, 파이프 120톤, 타일 130톤, 기타 40톤 등 1,130톤, 열경화성 제품이 2,100톤 등 총 4,530톤 이었으며 생산 업체 수가 전 제조업의 0.3%인 40여 업체, 종사자 수가 전체의 0.8%인 2천여 명이었다. 성형기로는 압출기 30대, 사출기 65대, 블로우기 8대 등이 수입되어 사용되었다.

2. 4 열가소성 플라스틱원료 생산 (비약기)

1962년 2월 군사정부는 제1차 경제개발 5개년 계획을 발표하고 경제 자립 기반과 경제 선진화 정책을 추진했으며 이에 힘입어 플라스틱 산업발전에도 크나큰 영향을 받게 된다.

플라스틱원료는 1966년 대한플라스틱공업(주)가 PVC 생산 공장을 완공하면서 획기적인 전환기를 맞게 되었으며 1967년 울산의 공영화학(주), 1968년 진해의 한국화성공업과 인천의 동양화학공업(주) 등을 비롯해 1969년 군산의 우풍화학공업이 1만 톤 규모의 생산설비를 건설함으로써 1960년대 말기 PVC 수지의 생산능력은 4만4천 톤에 육박해 한때 과잉 생산되기도 했다.

1976년부터 1978년까지 5개 공장의 합병을 통해 발족한 한국플라스틱공업(주)가 수차례에 걸쳐 시설을 확장하면서 울산공장의 5만4천 톤을 비롯해 총 16만 톤의 생산능력을 갖추게 되었다. 1977년 LG화학 공장이 5만 톤 규모의 생산능력을 보유함에 따라 우리나라 PVC 생산능력은 21만 톤에 달했다.

폴리스티렌수지의 경우 1968년 미원이 3천 톤 규모의 GPPS 공장을 준공한 후, 1969년에 HIPS 공장을, 1974년에 ABS 공장을 추가로 준공시켜 1978년 말 생산능력이 5만 톤 규모에 이르렀고 또 같은 해 LG화학이 7만8천 톤 규모의 ABS 공장을 준공하여 생산에 들어갔다.

1970년 「석유화학사업육성법」이 제정되면서 울산석유화학공업단지가 조성되고 1972년 한양화학이 연간 5만 톤 규모의 저밀도 폴리에틸렌 공장을, 1975년 대한유화공업(주)에서 3만5천 톤 규모의 고밀도 폴리에틸렌 공장을 각각 건설하게 된다. 폴리프로필렌 공장은 1972년 하반기 대한유화공업(주)에 의해 연간 3만5천 톤 규모의 공장이 완공된 후 계속 증설이 이루어져 1970년대 말에는 생산능력이 4만5천 톤에 달하게 되었다.

대한유화공업(주)

2. 5 생활의 획기적인 변화

플라스틱이 우리나라에 보급되면서 그동안 도자기, 목재, 유리 금속류 등으로 만들어졌던 각종 제품이 플라스틱 소재로 대체되고 다양한 제품들이 등장하게 된다.

나라를 잃어버렸던 일제 강점기와 6.25전쟁으로 폐허와도 같은 상황에서 도시와 농어촌의 격차는 컸고 전체 인구의 70% 이상이 농어촌에 거주했다. 당시 농어촌의 생활 수준이나 경제력은 매우 낮은 상황이었기 때문에 생활과 밀접한 식기류 이외에는 구입할 수 있는 것이 별로 없는 실정이었다.

가마니 망태기 심태기 바구니
소쿠리 고리짝 막걸리통

1950년대 중반에 이르러 전쟁 복구의 노력과 화학 및 경공업이 서서히 성장하게 되면서 1958년 민주당 정부의 경제개발3개년계획, 1962년 군사정부의 경제자립기반과 경제선진화를 목표로 추진한 제1차 경제개발5개년계획, 1967년 제2차 경제개발5개년계획 추진으로 플라스틱 산업발전에도 크나큰 영향을 받게 된다. 1966년 PVC와 PS 원료가 국산화되고 석유화학공단이 조성되어 플라스틱 산업발전의 기반이 되었다.

사출기와 금형, 압출기, 원료 등을 대부분 미국, 일본, 홍콩 등지에서 수입하여 사용했기 때문에 개발이라고는 할 수 없지만, 국내에서 각종 플라스틱 제품들이 생산·보급됨으로 생활에 크나큰 변화를 가져다주었다. 1960년대 전반기에 사출성형기가 후반기에는 압출성형기가 국산화되면서 플라스틱 제품도 더욱 다양화되었다.

플라스틱은 가격이 저렴하고 대량 생산이 가능해 공급 물량도 풍부했으며 가정에서는 주방용품을 비롯한 살림살이 전반에 변화를 주었고 농업·수산업은 물론 공업화 사회로의 진입을 앞둔 제조업 등에 영향을 주었으며, 플라스틱은 주요 수출품목이 되어 국가 경제 발전의 견인차 역할도 하게 되었다.

다음은 시대별로 등장한 주요 플라스틱 제품들이 생활과 산업에서 어떤 변화를 주었는지 연대별로 구분하여 살펴보고자 한다.

1940년대 후반

안경테, 만년필 몸체, 삼각자, 필통, 책받침, 자 등 문구류

- **필통, 책받침, 자**: 깡통을 펴고 오려서 만들어졌던 필통과 책받침, 대나무로 만들었던 자를 플라스틱으로 대체.
- **안경테**: 셀룰로이드가 국내에 적용되면서 가장 먼저 제품화되었고 수출품이 됨.

1950년대 초반

칫솔, 대야, 바가지, 양동이, 식기류, 젓가락, 수저통 등 주방용품, 머리빗, 비눗갑, 담뱃갑, 파리채, 바구니, 신발창, 슬리퍼 등 생활용품

- **칫솔**: 식사 후 소금을 곱게 빻아 입안에 넣고 손가락으로 이와 잇몸을 문지르며 양치하던 것을 럭키 칫솔이 등장하면서 생활양식의 변화(손잡이 → PVC, 솔 → 나일론)를 가져옴.
- **바가지**: 집집마다 박으로 만든 조롱박이 부엌에 2~3개씩 걸려 있으나 잘 깨지지 않고 색상이 미려하면서 가볍고, 언제나 저렴한 가격에 구입할 수 있는 플라스틱 바가지 등장. 특히 사용 중 깨지면 고물장수가 가격을 쳐주고 가져감.

1950년대 후반

비닐시트·장판지, PVC·PE 필름, PVC파이프, 스펀지, 타일 등

- **비닐장판**: 보온효과가 뛰어나고 시공이 간단한 비닐장판은 온돌 문화인 우리나라에 아주 적합한 물품이 되었음. 물이나 이물질이 묻어도 쉽게 닦여지고 사용 기간이 길며, 색상과 무늬도 다양하여 전세살이와 이사를 자주 해야 하는 서민 생활에 최적의 용품이 됨.
- **필름**: 당초 PVC 필름을 소폭 튜브 형태로 생산하여 식품 포장용으로 사용했으나 1960년대 초반 PE, PP, CPP 필름이 개발되어 식품포장은 물론 앨범을 비롯해 각종 상품의 포장용으로 사용.
- **못자리용 필름**: 농촌에서 봄이 되면 가장 먼저 못자리를 하게 되는데 너무 일찍 하면 기온이 뚝 떨어질 때 냉해를 입는 경우가 많았으며 벼가 자라는 기간이 오랜 기간 소요되었으나 못자리용 필름이 사용되면서 못자리를 안정적으로 성장시켜 농가의 소득 증대에 획기적으로 기여.
- **비닐우산**: 우산은 기름이나 초를 먹인 종이가 사용되었으나 플라스틱 필름이 등장하면서 값이 저렴하게 되어 누구나 보편적으로 사용하게 됨.
- **PVC 파이프**: 실이나 끈 등을 감는데 사용되는 보빈이 플라스틱 파이프로 사용되었으며 1970년대에 들어서는 공업용, 수도용, 배수용, 농업 관개용 광산의 배수·배기용, 전선용 등으로 다양화.
- **스펀지**: 가볍고 보온성이 뛰어난 스펀지의 등장으로 방석, 의자, 소파, 침대, 완구 등의 공업 발전을 가져옴.

1960년대 초반

전선, 라디오와 선풍기 등 가전제품들의 부품, 가정용품, 조화류, 어망로프 등

- **전선:** 일명 PP 선이라고도 불리는 전선은 구리선에 CPP나 PVC를 피복한 것으로 전선이나 전화선으로 많이 사용되었음. 장시간 햇볕에 노출되어도 산화되지 않고, 온도차이가 심하거나 어떠한 기후에서도 변형되거나 기능을 손상하지 않음. 산간 오지에도 전기가 들어가 불을 밝혀 주었으며 군부대에서는 말단 외진 초소에까지 전화선이 들어가 통신할 수 있는 역할을 하였음. 그뿐 아니라 모든 가전제품이나 기계에 전기를 연결하는 전선으로 사용됨.

- **조화:** 손재주가 탁월했던 우리나라의 노동력은 플라스틱으로 생화와 구별할 수 없을 정도의 조화를 만들었음. 정교한 꽃, 넝쿨, 과일, 수초, 산호초, 다시마 등 200여 종의 조화와 장식품이 수출품목으로 일조함.

- **어망로프:** 1961년에 어망용 사랑사, 모기장, 선박용 밧줄 등을 만드는 폴리에틸렌, 폴리프로필렌 단섬유가 개발·보급되면서 배에서 사용되는 직물재료의 어망과 끈이 플라스틱으로 대체.

1960년대 후반

시트 및 레자제품, CPP·PET 필름, 아이스박스, 밀폐 용기 등

- **시트 및 레자제품:** 인조가죽이라고도 불렸던 PVC 레자는 소파나 의자의 커버, 자동차 시트, 각종가방 원단 등으로 사용 됨. 특히 중·고등학생들의 책가방은 면사를 직조하여 내측에 함침 시키고 찢어지는 것을 방지하여 큰 인기를 얻음. 이후 점차 소재가 다양화되고 기술이 발전되어 천연피혁같이 사용 됨.

- **CPP·PET 필름:** 특수필름의 개발은 사탕, 빵, 과자 등의 포장에 획기적 역할을 감당했음. 초기에 일본으로부터 수입하여 사용되었던 특수 필름들은 국산화되면서 식품공업과 포장산업 발전에 중요한 역할을 했으며 현재도 지속적인 발전이 이루어지고 있음.

1970년대 초반

PP 마대, 산업용 부품, 상자, 일회용 포장 용기, FRP선박, 단프라상자, 타포린 등

- **PP마대:** 쌀을 수확하여 보관하던 가마니는 농한기에 농가에서 짚으로 새끼를 틀고 짜서 만들어 사용했으나 내구성이 우수하고 가격이 저렴하며 취급이 간편한 PP 직조물인 PP 포대로 대체. 당초에는 방직공장처럼 공원들이 직기를 이용하여 생산했으나 써큘러 기계가 개발되면서 원통형의 자동화 시설로 대체. 1973년부터 입담배 포장대(일명 꺼치)로 사용되기 시작했으며 PP자루는 모래주머니로도 사용되어 군부대 벙커, 수해 복구용 등 다양하게 사용.

- **상자:** 나무로 만들어진 상자나 통이 주류, 음료수, 생선 등을 보관·운반하는 데 사용되었는데 못이 빠지거나 약하여 파손되고 위험성이 많았으나 플라스틱 상자는 가볍고 튼튼하며 위생성, 내구성이 뛰어나 제빵, 주류, 음료 등의 업계는 물론 농·수산 및 일반 산업계에서도 폭넓게 사용.

- **산업용 부품:** 컬러 TV가 보급되고 각종 전자제품의 수출 증대에 힘입어 TV, 오디오, VTR, 세탁기 등 각종 전자제품의 케이스와 부품이 플라스틱으로 개발 보급됨으로써 관련 산업발전에 획기적으로 기여. 자동차, 오토바이 등의 부품으로도 폭넓게 사용.

- **일회용 포장 용기:** 1973년 한남화학이 EPS 수지를 개발·보급하면서 PS발포 포장재·일회용 용기 등이 개발. 김밥·도시락 용기, 사과, 배 등 과일류 포장재로 사용. PS발포 제품은 건축자재용으로도 사용.

- **타포린:** HDPE사, PP사, 폴리에스터사, 나일론사 등으로 직조한 후 양면에 PVC, PE 등으로 코팅 또는 래미네이팅한 것을 타포린이라 하며 임시곡물창고, 양계장 천장, 컨테이너 백, 물탱크용 각종 커버, 차광막, 깔개, 텐트 원단 등으로 다양하게 사용.

- **FRP 선박 등:** 목조로 제조되었던 선박이 FRP선박으로 대체. FRP물탱크, 욕조, 화장실 등

1970년대 후반

육묘 상자, 창틀, 온돌 파이프, 일회용 주사기, 완구류, 랩, 각종 백과 포대 등

- **육묘 상자**: 1972년 생산이 시작된 육묘 상자는 농촌 일손 부족 때문에 농촌 기계화사업의 목적으로 보급된 이앙기와 더불어 1972년부터 본격적으로 생산·보급되어 농촌의 기계화 사업을 획기적으로 단축. 농촌의 모내기 일손 부족 문제해결.

- **창틀**: 1975년 LG화학이 국내 처음으로 생산한 PVC 창틀은 내후성이 강하고 반영구적이며 목재나 알루미늄 섀시를 대체, 해수(바다)바람에 손상되지 않고, 비틀림이 없으며 단열성, 보온성, 방수성이 우수. 촉감도 좋고 도장이 필요 없으며 간편히 시공할 수 있는 장점도 가지고 있어 아파트 문화의 우리나라 실정에 최적.

- **일회용 주사기**: 유리로 제조된 주사기가 PP수지로 대체되면서 위생성, 취급 편이성 등이 뛰어나 보편화 되었으며 수혈 세트 등이 플라스틱으로 대체.

- **온돌 파이프**: 주택 난방은 방고래 위에 구들장을 깔고 황토 흙으로 덮어 방바닥을 만들어 아궁이에서 불을 때 따듯이 하는 온돌방이었으나, 플라스틱 파이프가 개발되면서 부엌의 아궁이와 온돌 설치를 하지 않게 되었음. 가교화 HDPE, PP 온돌 파이프는 시공이 간편하며 값이 저렴할 뿐 아니라 한번 설치하면 반영구적으로 사용할 수 있고 에너지  효율도 높아 보일러를 설치하여 난방 문제를 해결하는 계기가 되었음. 아궁이에 나무를 때던 방식에서 연탄을 때는 보일러가 설치되면서 산림을 보호할 수 있었으며 난방을 위한 노력을 획기적으로 개선시키는 계기가 되었음.

2.6 산업을 발전시킨 플라스틱

지금까지 1970년대까지의 플라스틱 제품들에 대해 알아보았다. 1960~1970년대의 플라스틱은 생활용품, 잡화, 필름, 시트, 파이프 등 건축자재와 일부 농업용 제품들의 개발과 공급이었다면 1980년대의 플라스틱 제품은 고부가가치화, 다양화, 고급화 단계라고 할 수 있다.

플라스틱 산업은 전기, 전자, 기계, 자동차산업 등 전방산업의 급속한 발전과 수출 호조에 따른 수요증가에 힘입어 고부가가치의 산업 분야로 비중을 옮기는 분기점을 이루었다. TV를 비롯해 냉장고, 세탁기, 청소기, 믹서, 컴퓨터, 복사기 등의 케이스, 하우징 기어류 등에서 금속 소재를 대체시켰으며 자동차

부품으로도 소재와 기술의 발전이 이어짐에 따라 산업은 단순 가공에서 진일보되어 정밀화 고기능화 되기 시작했다.

이들 산업용 플라스틱의 수요증가는 엔지니어링 플라스틱을 요구하게 된다. 인장강도, 굽힘 탄력율, 내열성, 내마모성 등이 우수한 엔지니어링 플라스틱은 금속 재료의 우수한 점과 플라스틱 특유의 장점이 있으므로 산업용 부품 소재로 폭넓게 사용되었다.

LG화학은 미국, 독일, 일본 등에서 수입하던 엔지니어링 플라스틱 원료를 국산화하기 시작했으며 금형과 가공 기계 분야의 발전에도 큰 영향을 주었다. 정밀부품에는 금형 기술이 뒤따라야 하므로 정부에서는 뒤쳐있는 우리나라의 금형기술의 발전을 위해 특별한 정책적 지원책을 강구하였다. 이로 인해 특수 용도의 소형부품생산이 가능해지면서 카메라, 쌍안경 오디오, 자동차, TV, 사무기기 등 다양한 산업용 플라스틱 산업이 발전하게 되었고 이는 플라스틱 제품의 고부가가치화, 정밀화, 고급화의 기술을 촉발하는 계기가 되었다.

플라스틱 제품은 소재가 다양화되고 금형 등 관련 기술도 발전되어 금속 등 타 소재를 대체하여 다양한 산업에 적용되었으며 정밀화, 고기능화되고 사용 범위도 더욱 확대되기 시작했다. 플라스틱은 자동차, 전기·전자 등 관련 산업 발전에 원동력이 되고 수출증대에도 막중한 역할을 감당했다.

TV 등 많은 가전제품과 자동차 생산 업체들이 해외에서 인정받고 경쟁력을 갖추게 된 것은 중소 플라스틱부품 생산 업체들의 기술력과 노력이 있었기 때문에 가능했을 것이다.

다음은 1980년대부터 1990년대에 개발된 플라스틱 제품들을 살펴보기로 한다.

1980~1990년대

가전제품, 자동차부품, PP 끈, 랩 필름, 쓰레기 종량제 봉투, PET병, 합성수지 목재, 휴대폰 등

- **가전제품**: 1970년대 알루미늄, 목재 소재가 라디오, TV 케이스 등으로 사용되었으나 1980년대 컬러 방송이 시작되면서 외관이 미려하고 대형화·대량 생산이 가능한 플라스틱 하우징 사용. 냉장고, 세탁기, 진공청소기, VTR, 오디오, 팩시밀리, 컴퓨터, 복사기 등의 내·외

장재, 디스켓이나 CD 등.

- **자동차부품**: 1970년대 국산화에 성공한 자동차산업은 1980년대 들어 각종 부품 등의 국산화에 전력을 다했으며 수많은 부품개발이 중소기업에서 이루어졌음. 연료 소비 절감과 자동차의 경량화를 위해 강철이나 철과 같은 금속보다 알루미늄, 마그네슘 등과 같은 경금속이나 플라스틱이  요구되었음. 플라스틱은 재질마다 특유의 기능과 특성을 가지고 있어 자동차 앞부분의 계기 판넬, 계기판, 스테레오 하우징, 각종 기능조작 판, 램프 커버, 범퍼 등 수많은 부품과 내외장재에 다양한 플라스틱이 사용됨. 새로운 엔지니어링 플라스틱 개발과 적용은 현재도 진행 중임.

- **PP 끈**: PP 필름을 연신하여 길게 늘여 감은 PP 끈은 벼 수확을 바인더 기계로 할 때 볏단을 묶는 끈으로 사용되었으며 후에는 고추 끈, 밴드 등으로 널리 사용되었음.

- **랩 필름**: 초박막 PVC·PE 필름인 랩은 얇으면서도 인장력 등이 뛰어나 포장용으로 사용되었으며 특히 중국 음식점에서 음식을 배달할 때 그릇을 덮어씌우는 용도로 인기가 높았음.

- **쓰레기 종량제봉투**: 집집마다 대문 앞에 시멘트로 제작된 쓰레기통이 있었으나 88올림픽을 앞두고 재활용 분리수거 제도가 시행되면서 색상에 따른 쓰레기 분리수거용 봉투 사용. 1996년부터 전국적으로 쓰레기 수수료 종량제를 시행하면서 종량제봉투로 자리매김.

- **PET 병**: 가볍고 강하며 투명하면서 값도 저렴한 PET 병이 음료, 생수, 주류, 화장품 용기 등에 다양하게 사용.

- **합성수지 목재**: 건축, 토목, 인테리어 등에 사용되는 목재는 습기에 약하고 썩거나 해충에 약하나 합성 목재는 습기에 강하고 내구성이 강하여 건축자재나 산책로의 데크용 등으로 폭넓게 사용.

- **휴대폰**: 생활양식의 변화 및 IT 기술의 발전과 더불어 개발된 각종 첨단 전자제품들이 대부분 플라스틱과 접목되어 있을 정도로 플라스틱은 인류 생활과 떨어질 수 없는 관계가 되었음.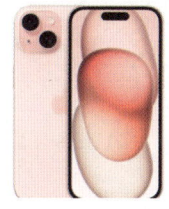

플라스틱의 종류와 특징
2장

1. 플라스틱의 종류

합성수지라 총칭되는 플라스틱은 고분자 화합물의 구조에 따라 분류되는 방법이 있지만, 공업적으로 열을 가했을 때 발생하는 유동(流動)에 따라 크게 두 개의 타입으로 분류된다. 하나는 열가소성(熱可塑性) 플라스틱, 또 하나는 열경화성(熱硬化性) 플라스틱이다.

열가소성 플라스틱은 시장규모, 내열성, 기계적 성질, 경제성 등에 의해 범용 플라스틱과 엔지니어링 플라스틱으로 구분되며, 엔지니어링 플라스틱도 범용 엔지니어링 플라스틱과 슈퍼 엔지니어링 플라스틱으로 나눠진다.

[표 2-1] 플라스틱의 종류

플라스틱
- 1) 열가소성 플라스틱
  - 범용 플라스틱 : 폴리에틸렌(PE), 폴리프로필렌(PP)
    폴리염화비닐(PVC), 폴리스타이렌(PS)
    ABS수지, AS수지, 메타크릴수지(PMMA)
    폴리비닐알코올(PVA) 폴리염화비닐렌(PVDC) 등
  - 엔지니어링 플라스틱
    - 범용 엔지니어링 플라스틱
    - 특수 엔지니어링 플라스틱
- 2) 열경화성 플라스틱 : 페놀수지(PF), 우레아수지(UF), 멜라민수지(MF)
  알키드수지, 불포화 폴리에스테르수지(UP)
  에폭시수지(EP), 폴리우레탄수지(PUR)
  실리콘수지, 디알릴프탈레이트수지 등

1.1 열가소성 플라스틱 (Thermo Plastic)

열가소성 플라스틱은 열에너지를 가하여 분자쇄가 유동성을 갖게 한 후 금형에 사출하거나 일정한 단면적을 가진 다이(Die)를 통해 압출한 다음 냉각시켜 고화시킨 플라스틱을 말하며 가열, 성형 공정 중 고분자의 화학적 변화 없이 물리적인 변화만 수반되는 재료를 말한다.

쉽게 말해서 열을 가하면 연화되어 용융이 일어나고 냉각하면 다시 고화되는 플라스틱을 말한다. [표 2-1]에서 보는 바와 같이 석유화학 산업에서 제조되는 폴리에틸렌 등을 말하며 PE, PP, PVC, PS, ABS를 5대 범용수지라고도 한다.

열가소성 플라스틱은 가열 시 열운동이 왕성해져 쉽게 부드러워지며 끈적끈적한 액체가 되고 계속 열을 가하면 각 분자가 따로따로 흩어져서 기화되는 것이 당연하지만 고분자량이기 때문에 기화에는 상당한 고온이 필요하다. 더욱 강하게 가열하면 탄소와 수소로 되어 있는 중합체의 열분해가 일어나므로 끈적끈적한 액체 정도까지만 가열시켜 성형하게 된다.

열가소성 플라스틱

이와 같은 중요 열가소성 플라스틱의 종류와 용도, 물성 등을 알아본다.

  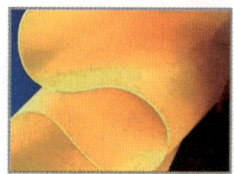

열가소성 플라스틱 성형제품들

1.1.1 열가소성 플라스틱의 생산과정

우리가 잘 아는 바와 같이 플라스틱의 주된 원료는 석유이다. 그러나 석유로부터 바로 플라스틱이 되는 것이 아니다. 몇 단계의 화학 반응을 거쳐 합성수지가 만들어지고 또다시 성형 가공 과정을 거쳐야만 비로소 다양한 종류의 플라스틱 제품으로 탄생된다.

플라스틱은 석유를 고도의 정제 과정을 이용한 산물이라고도 할 수 있다. 따라서 플라스틱이 나오기까지의 과정에서 석유를 제외할 수 없는 것이다. 석유로부터 출발하여 플라스틱 제품이 나오기까지의 과정을 알기 쉽도록 요약하여 정리한다.

[표 2-2]에서 보는 바와 같이 원유는 석유정제 공장의 증유 시 끓는점의 차이에 따라 석유 가스, 가솔린, 나프타, 등유, 경유, 중유, 아스팔트로 각각 나누어진다. 이중 나프타(조제 가솔린이라고도 불린다)는 석유화학 공장에 보내져 플라스틱의 원료 등으로 사용된다.

석유화학 공장에서는 나프타를 나프타 분해 장치라고 하는 용광로 안에서 가열하여 분해시켜서 간단한 구조의 물질로 바꾸고 물질에 따라 나누어 뽑아낸다. 이러한 과정을 통해 만들어진 것이 에틸렌, 프로필렌, 부틸렌 등의 물질이며, 이것은 합성수지의 원료가 된다.

석유화학공장

에틸렌이나 프로필렌 등 화학 반응의 기술을 같은 물질의 분자와 분자를 결합하여(중합 반응이라고 함) 지금까지 없었던 새로운 성질의 물질로 만든다. 이것이 합성수지 또는 중합체(폴리머)라고 한다.

여러 과정을 통해 만들어진 합성수지는 분말이나 부정형(不定形)의 덩어리이다. 이것을 다루기 쉽도록 일단 녹여서 필요한 첨가제(가공하기 쉽거나 제품에 뛰어난 성질을 주거나 하는 것)를 넣고 가공 기계인 압출기(컴파운딩기) 장치를 통해 생산된 펠릿(Pellet)을 포장하여 성형공장으로 출하한다. 일반적으로 합성수지는 플라스틱 제품을 만드는 원료를 말하며 제품된 것을 플라스틱이라고 부른다.

펠릿

[표 2-2] 플라스틱 제품이 나오기까지

석유정제공장	석유화학공장	성형공장
휘발성에 의한 분리	열분해 화학조직, 중합반응 등	성형가공

원유
- 가스 10%
- 가솔린 20%
- 나프타 6%
- 등유 14%
- 경유 15%
- 중유 25%
- 증유탑 – 아스팔트

나프타 분해장치
- 에틸렌 ┬ 폴리에틸렌
       └ 염화비닐수지
- 프로필렌 ┬ 폴리프로필렌
         └ 폴리우레탄
- 부탄·부틸렌 – 부탄전수지
- 분해유
- 분해중유
- 오존가스

BTX 장치 – 벤젠 – 스타이렌 모노머 ┬ 폴리스타이렌
                              └ ABS

- 석유통, 농업용접근
- 파이프, 창틀
- 양동이, 상자
- 소파시트커버
- 식품 용기, TV
- 완구, 구두 힐

1.1.2 석유화학 제품 체계도

플라스틱은 생산 원천이 석유에서 시작되며, 석유정제 과정에서 여러 가지 기법의 적용을 통해 플라스틱 이외의 합성고무나 합성원료 또는 중간 원료들이 만들어지기도 한다. 석유화학공업의 이해를 돕기 위해 국내 석유화학 제품 체계를 알아본다.

[표 2-3] 우리나라 석유화학 제품체계도 일례

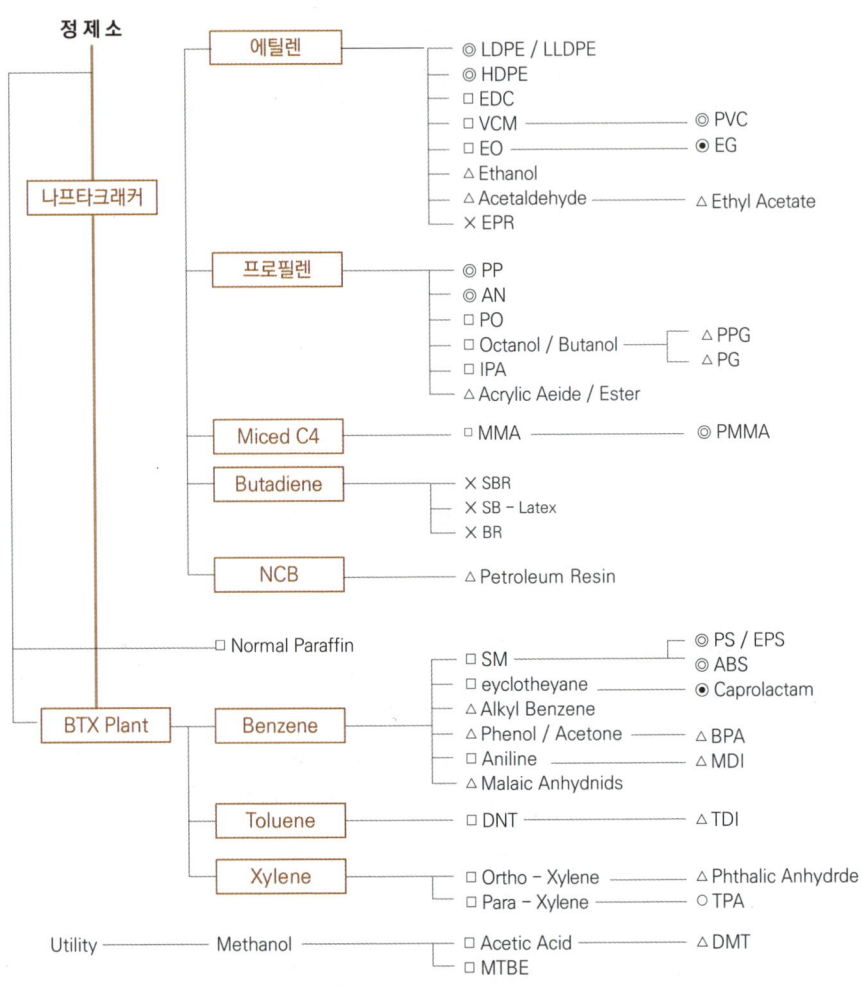

1.1.3 열가소성 플라스틱별 개요와 용도

플라스틱은 금속처럼 매우 다양하다. 금속이 철, 구리, 아연, 알루미늄 등 종류와 용도가 매우 다양한 것처럼 플라스틱도 PE, PP, PVC, 엔지니어링 플라스틱 등 물성이 다른 수많은 종류로 구분되며, 이들 플라스틱은 각각의 특성과 용도에 맞는 제품들로 개발되어 일상생활 및 산업용으로 사용되고 있다. 여기에서는 주요 열가소성 플라스틱 제품들의 대략적인 제품 개요와 용도 등을 알아본다.

폴리에틸렌 (PE-Polyethylene)

- **제품:** 유백색, 불투명 또는 반투명으로 분말 또는 입상으로 되어있다.
- **개발:** 1933년 영국의 ICI사에서 고압법으로 개발
  1940년 미국에서 고압 중합에 따른 공업화 기술 확립
- **제조공정:** 에틸렌을 중합하여 생산
- **종류:** 중합법(重合法)이 다르면 얻어지는 폴리에틸렌의 성질도 다르다.
  고압법, 중압법, 저압법과 같이 제조하는 방법에 따라 분류할 수 있지만 저밀도(0.910~0.925), 중밀도(0.926~0.940), 고밀도(0.941~0.965)로 분류되어 있다. 폴리프로필렌 등과 일괄하여 폴리올레핀이라고도 불린다.

고밀도 폴리에틸렌 (HDPE-High Density Polyethylene)

- **제품:** 반투명 고체로서 분말 또는 입상, 밀도가 0.94 이상으로서 강성이 있다.
- **분자식:** $[CH_2 - CH_2]n$
- **제조:** HDPE-1을 생산하는데 에틸렌 1.02~1.04 필요
- **비중:** 0.941~0.965
- **융점:** 130°C~134°C

▶ 주요용도

사출 – 상자, 파렛트, 장난감, 주방용품
압출 – 필름, 멀칭용 필름, 상품 포장용, 쇼핑백
파이프 – 산업용파이프, 프로파일
중공 – 화장품·세제 용기, 우유병, 막걸리병, 각종 플라스틱 용기, 자동차 연료탱크, 식용유 용기
연신 – 로프, 어망, 테이프, 타포린, 연료탱크

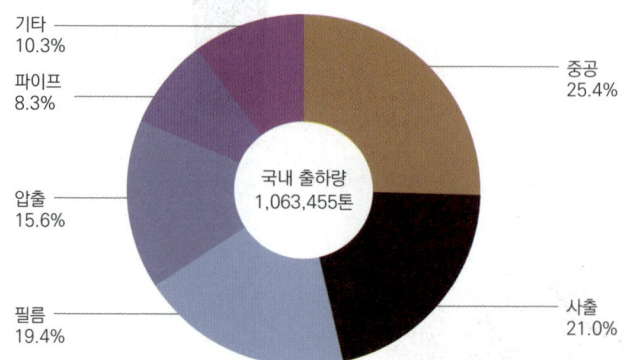

[표 2-4] 용도별 시장현황 (2021년)

국내 출하량 1,063,455톤

- 중공 25.4%
- 사출 21.0%
- 필름 19.4%
- 압출 15.6%
- 파이프 8.3%
- 기타 10.3%

국내생산업체: 대한유화, DL케미칼, 롯데케미칼, SK지오센트릭, LG화학, GS칼텍스, 한화토탈에너지스, 현대케미칼

저밀도 폴리에틸렌 (LDPE-Low density Polyethylene)

- **제품:** 투명 고체로써 분말 또는 입상
- **분자식:** $[CH_2 - CH_2]n$
- **제조:** LDPE 1을 만드는데 에틸렌 1.03 필요
- **비중:** 0.910~0.925
- **융점:** 110℃

▶ 주요용도

사출 – 정밀공업부품
압출 – 하우스용 필름, 공업용 필름, 전선피복 등 일반
　　　　포장필름, 모노필라멘트, 파이프이음관
중공 – 병, 통

[표 2-5] 용도별 시장현황 (2021년)

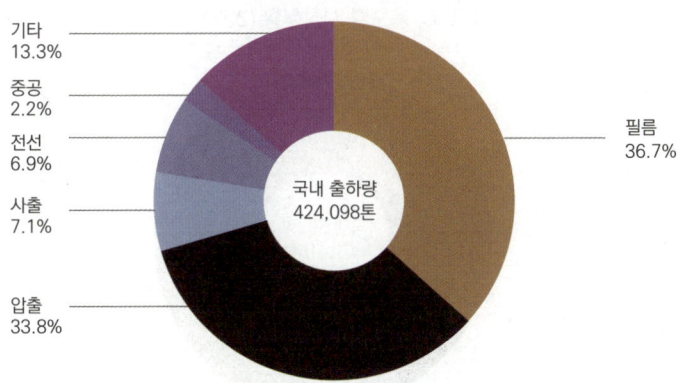

기타 13.3%
중공 2.2%
전선 6.9%
사출 7.1%
압출 33.8%
필름 36.7%
국내 출하량 424,098톤

국내생산업체 : LG화학, 한화솔루션, 한화토탈에너지스, 현대케미칼

선형저밀도 폴리에틸렌 (LLDPE-Liner Low density Polyethylene)

- **제품:** 투명 고체로써 분말 또는 입상
- **비중:** 0.926~0.940
- **융점:** 118°C~125°C

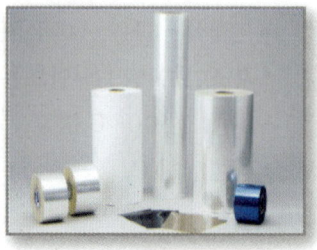

▶ 주요용도

내충격성, 내열성 등이 우수하여
포장용, 식품 용기, 캡, 전선 피복, 파이프,
공업 부품 등에 사용

[표 2-6] 용도별 시장현황 (2021년)

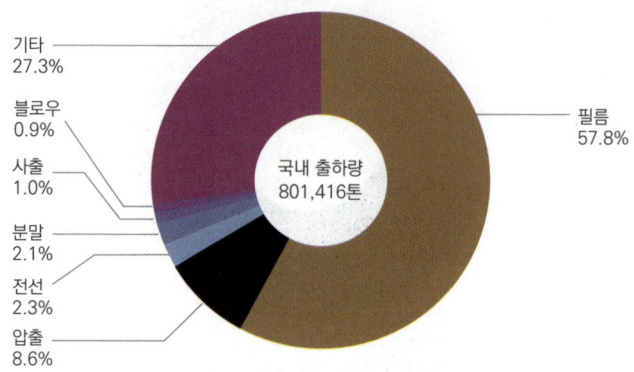

- 기타 27.3%
- 블로우 0.9%
- 사출 1.0%
- 분말 2.1%
- 전선 2.3%
- 압출 8.6%
- 필름 57.8%

국내 출하량 801,416톤

국내생산업체 : DL케미칼, 롯데케미칼, SK지오센트릭, LG화학, 한화솔루션

폴리프로필렌 (PP-Polypropylene)

- **제품:** 인장강도가 우수하며 압축, 충격 강도가 양호하고 표면 강도가 높음
  내열성이 높고, 유동성이 좋으며 내열, 내약품성이 양호
- **개발:** 1953년 이탈리아의 Natt 교수가 개발
  1957년 Montecatin사가 상업 생산 개시
- **분자식:** $[-CH_2 - CH - (CH_3) -]n$
- **제조공정:** 프로필렌을 적절한 촉매에 중합하여 제조
  PPI를 생산하는데 프로필렌 1.05~1.10 필요
- **밀도:** 0.9~0.91
- **융점:** 160℃~170℃

▶ 주요용도

필름용 – IPP · CPP · OPP 등의 필름, 각종 포장재,
  증착 필름, 연신 필름
사출용 – 가전부품, 자동차 내외장재, 배터리케이스,
  일회용 주사기, 주방용품 등
연신용 – 각종 포대, 끈
섬유용 – 끈, 어망, 로프
중공용 – 양념 병, 배터리케이스 등

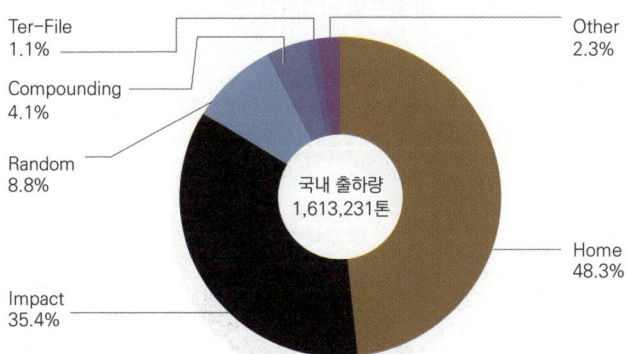

[표 2-7] 용도별 시장현황 (2021년)

Ter-File 1.1%
Compounding 4.1%
Random 8.8%
Impact 35.4%
Home 48.3%
Other 2.3%
국내 출하량 1,613,231톤

국내생산업체 : 대한유화, 롯데케미칼, S-오일, SK지오센트릭, LG화학, GS칼텍스, 폴리미래, 한화토탈에너지스,
  현대케미칼, 효성화학

폴리염화비닐 (PVC-Poly vinylchloride)

- **제품:** 무색무취의 분말로 불에 잘 타지 않고 전기적 성질이 좋으며 내약품성이 우수하다. 자외선에 의해 분해되므로 반드시 안정제가 첨가되어야 한다.
- **개발:** 1912년 Grieheim-electron 사에서 발견, 1931년 독일에서 최초의 상업화가 이루어졌으며, 1933년 미국 B.F Goodrich 사에 의해 상업적 생산
- **분자식:** $[-CH_2 - CHCl -]n$
- **제조공정:** 에틸렌과 chlorine을 50℃~90℃, 0.7atm 조건에서 촉매 존재 하에 반응시켜 EDC를 얻고, EDC를 분해하여 VCM을 제조한 후 VCM(Vinyl chlorid Monomer)을 중합하여 제조
  PVC 1톤 생산 시 VCM 1.05톤 소요
- **밀도:** 경질->1.35~1.45, 연질->1.16~1.35
  내열 온도 66℃~79℃, 120℃~150℃에서 가소성을 갖고 170℃에서 용융하며 190℃ 이상에서 염산을 방출하며 분해함

▶ 주요용도

필름용 - 포장재, 농업용
사출용 - 기계, 전기부품, 잡화, 이음관
압출용 - 파이프 전선용 튜브, 바닥재, 창틀
진공용 - 대형용기, 복잡한 형의 표면 용기
캘린더용 - 가구용, 의류, 잡화

[표 2-8] 용도별 시장현황 (2021년)

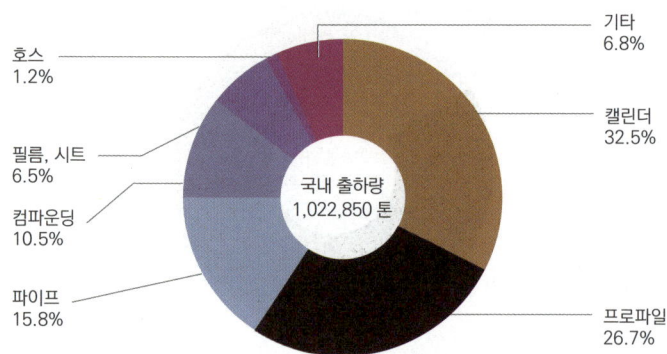

국내생산업체: LG화학, 한화솔루션

폴리스타이렌 (PS-Polystyrene)

- **제품:** GPPS는 무미, 무취, 무독성으로 내수성이 높고 투명도와 치수 안정성이 좋으나 내충격성이 약하다. HIPS는 스티렌모노머를 중합시킬 때 합성고무 또는 고무 라텍스를 첨가해 GPPS의 내충격성을 개량한 제품으로 성형성, 내약품성은 우수하나 투명성이 약하다. GPPS는 폴리스타이렌을 발포하여 만든 제품이다.
- **개발:** 1930년경 독일에서 개발 공업화되고 이어서 1937년 미국에서 공업화되었지만, 본격적인 발전은 제2차 세계대전 후인 1946년부터 이루어졌다.
- **제조공정:** 벤젠과 에틸렌으로부터 에틸벤젠을 만들고 이를 탈 수소화해서 스티렌모노머를 만든 다음 이것을 중합하여 제조한다.
  GPPS 1톤 생산 시 SM 1.012 톤 소요
- **비중:** GPPS 1.04, HIPS 1.05, 내열 그레이드 1.07
  내열온도 66℃~79℃, 120℃~150℃에서 가소성을 갖고 170℃에서 용융하며 190℃ 이상에서 염산을 방출하며 분해함
- **성형설정온도:** 후부 160℃~250℃, 중앙 180℃~270℃, 전부 200℃~300℃, 노즐 200℃~280℃

▶ 주요용도

사출용 – 전기·전자부품, 문구, 완구, 건축자재, 포장 용기
압출용 – 포장재, 건축자재, 단열재

[표 2-9] 용도별 시장현황 (2021년)

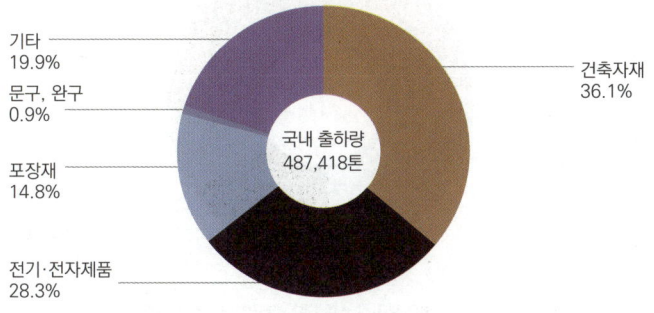

- 건축자재 36.1%
- 전기·전자제품 28.3%
- 포장재 14.8%
- 문구, 완구 0.9%
- 기타 19.9%
- 국내 출하량 487,418톤

국내생산업체: 금호석유화학, SH에너지화학, 한국이네오스스티롤루션, 한국바스프

ABS (Acrylonitrile Butadiene Styrene)

- **제품:** 강하고 단단하며 자연색은 엷은 상아색을 띠지만 어떤 색으로든 착색할 수 있고 광택이 있는 성형품에 유리하다.
- **개발:** 1947년 Rubber 사에 의해 개발
  1954년 Marbon Chem 사에 의해 제조 판매
- **제조공정:** 부타디엔과 아크릴로니트릴, 스타이렌을 중합하여 제조
  ABS 1톤 생산 시 SM 0.7톤 부타디엔, AN각각 0.15톤 소요
- **비중:** 난연 1.01~1.05, 투명: 1.02~1.05, 발포: 1.04~1.06, 도금 1.04~1.06
- **성형설정온도:** 후부 150℃~180℃, 중간 180℃~260℃, 전부 218℃~280℃, 노즐 210℃~280℃

▶ 주요용도

전기·전자제품, 자동차 내외장재, 가구, 악기, 잡화

[표 2-10] 용도별 시장현황 (2021년)

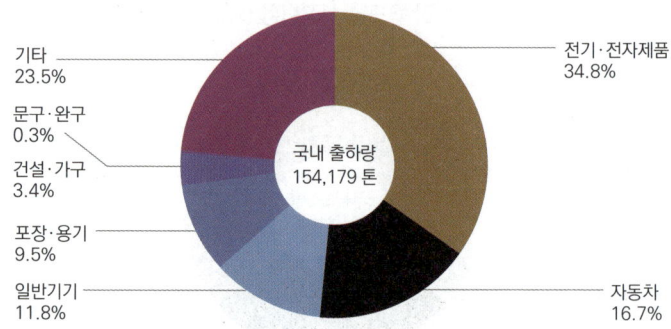

- 기타 23.5%
- 문구·완구 0.3%
- 건설·가구 3.4%
- 포장·용기 9.5%
- 일반기기 11.8%
- 국내 출하량 154,179 톤
- 전기·전자제품 34.8%
- 자동차 16.7%

국내생산업체: 롯데케미칼, LG화학, 한국이네오스스티롤루션

SAN/AS (Styrene Acrylonitrile)

　SAN수지 또는 AS수지로 알려진 Styrene과 Acrylonitrile의 중합체는 투명성, 내열성이 우수하여 소비량이 급격히 신장하고 있는 주로 가전제품, 자동차, 포장, 건축, 의료기기 등에 사용되고 있으며, ABS 수지 제조 시 블랜드(Blend)용으로 사용된다. 뛰어난 유동성을 가지고 있으며 성형 시 성형 사이클(Cycle)을 단축하는 높은 생산성 및 경제성을 보유하고 있다.

• 비중: 1.04~1.07

　SAN은 Polystyrene보다 Acrylonitrile에 의해 0.3~0.6%의 수분을 함유하고 있어 흡수성이 높으므로 습도가 낮은 장소에 보관해야 하며, 건조는 열풍 순환식 건조기, Hopper Dryer 80℃~85℃에서 2~4시간 건조하여 사용하는 것이 바람직하다. 장시간 건조 시 황색으로 변하는 것에 주의해야 한다.
　SAN은 Methacrylic계 수지보다 유동성이 좋으나 폴리스타이렌(PS)에 비교하면 유동성이 대등하거나 다소 나쁘므로 실린더 온도, 사출압력, 금형 온도 등의 성형조건에 주의해야 한다. 일반적으로 실린더 온도는 200℃~220℃이고 최고 260℃까지 가능하나, 실린더 온도가 너무 높게 되면 변색 문제가 생긴다.

▶ 주요용도

가습기 물통, 믹서(Mixer), 캡, 문구류, 볼펜 대
선풍기 날개, 식기 건조기 커버 등

참고로 [표 2-11]에 투명 플라스틱 종류와 이들의 물성들을 비교했다.

[표 2-11] 투명 플라스틱의 종류와 물성 비교

투명 플라스틱	열변형온도 ℃	인장강도 (kg/)	굴곡강도 (kg/㎠)	광투과율 (%)	Haze (%)	굴절률
SAN	95~100	680~840	37,930~42,910	85~89	2~3	1.57
GPPS	77~93	365~530	28,130~33,060	87~92	1~3	1.59
S-B	70~76	280	12,660	89~90	1~3	1.59
PVC (투명)	65~66	422~540	25,320~26,020	76~82	8~18	1.53
PMMA	74~99	490~770	26,730~31,650	88~92	2~3	1.49
SMMA	96~99	570~680	31,650~35,170	90	2~2	1.57
ABS (투명)	71	515	30,000	72~88	6~10	1.54
SMA	105~115	361~570	22,510~33,050	86~88	1~2	1.58
GAP	43~110	140~550	8,440~24,600	87~89	1~3	1.47
PC	130~140	560~740	21,100~24,600	86~89	2~4	1.58

메타크릴수지 (PMMA-Polymethlyl Methacry late)

메타크릴수지는 메타크릴산 에스테르 폴리머의 총칭이며 일반적으로 메타크릴산 메타(MMA)를 주성분으로 하는 비결정성 플라스틱을 말한다. 투명 플라스틱 중에서 가장 투명도가 좋고 가시광선 영역(420~750nm) 광선 투과율은 두께 3mm로 약 93%이다. 메타크릴수지는 모노머로 사용되는 경우와 폴리머로써 사용되는 때도 있다.

▶ 주요용도

모노머 – 도료용: 지류 개질용, 염화비닐수지 개질제, 인공대리석
폴리머 – 차량용: 미등, 햇빛 가리개, 메타커버 등
전기·공업용: 프린터 커버, 명판, 렌즈 등
잡화: 용기류, 선글라스, 수조, 시계 등

폴리에틸렌 테레프탈레이트 (PET-Polyethylene Terephthalate)

테레프탈산과 에틸렌글리콜을 중합하여 얻어지는 포화 폴리에스테르이다. 내열성, 내약품성, 전기적 성질, 역학적 성질이 우수하므로 섬유, 필름, 시트(Sheet), 보틀 분양에 널리 사용된다. 결정화 속도가 늦어서 고온 금형이 필요하다.

- 비중: 1.34
- 성형온도: 240℃~270℃

▶ 주요용도

(50%가 섬유용이며 비 섬유용으로는 보틀, 필름용이 주종이며 사출은 3.5% 정도임)

보틀용 – 청량음료, 생수, 간장, 세제, 샴푸 등

사출용 – 가전, 전자, 자동차, 드라이어, 다리미, 전기밥솥 등

진공성형 – 트레이류(투명성이 좋아 제품의 모양이나 색상 구분이 쉽다)

1. 2 열경화성 플라스틱 (Thermosetting plastic)

1.2.1 열경화성 플라스틱이란?

열경화성수지는 열을 가하면 우선 유동하지만, 다음에 3차원적으로 가치구조가 생성되면서 경화한다. 이것은 재가열해도 빨리 용융하지 않는다. 열경화성 플라스틱의 성형 재료는 비교적 저분자량이며 가열로 유동성(혹은 가소성)을 나타내지만 첨가하는 경화제, 촉매, 가교 반응에 따라 이음매 상의 3차원 구조가 되면서 고분자화 되어 분자의 자연스러운 움직임을 속박하여 용융하지 않게 된다.

이 때문에 재가열해도 연화하지 않는다. 이음매 구조가 치열할수록 내열성, 내용재성이 향상된다. 열경화성 플라스틱은 경도가 높아 기계적 성질이나 전기적 성질이 뛰어나므로 공업재료나 식기 등으로 폭넓게 쓰이고 있다.

이처럼 열경화성 플라스틱은 여러 종류가 있으며 각각의 특성이 있다. 일반적으로 많이 알려진 열경화성수지로는 페놀수지, 우레아수지, 불포화 폴리에스테르수지, 폴리우레탄, 알키드수지, 멜라민수지, 에폭시수지, 규소수지 등이 있다.

1.2.2 열경화성 플라스틱별 개요와 용도

페놀수지 (PF: Phenol, 석탄산수지)

1872년 독일의 바이엘(Bayer) 사가 페놀과 포름알데히드를 반응시켜 수지 상태의 페놀수지를 만들고 1909년 미국의 베이클랜드(Leo Hendrik Baekeland)가 만드는 방법의 특허를 내고 공업화에 성공했다. 일명 베크라이트라고 불리는 페놀수지는 플라스틱 중에서 가장 역사가 깊은 수지로 내열성, 치수 안정성, 가공성 등이 우수하고 가격 면에서도 유리하여 전기절연물, 공업 부품, 일용품 등

베이클랜드

에 폭넓게 사용되며 현재에도 각종 산업 분야에서 기초자재로 중요한 위치를 점유하고 있다.

알칼리를 촉매로 하여 페놀과 과잉의 포름알데히드를 반응시키면 물엿 상태의 수지가 생긴다. 이것을 레졸(resol)이라고 부르며 이것을 가열하면 레지톨(resitol)이라고 하는 약한 고체가 되는데 계속 가열하면 열경화성이 되어 레지트(resite)라고 불리는 불용(不溶), 불융(不融)성 수지가 된다. 이 수지화 반응의 진행 정도를 A 상태, B 상태, C 상태 수지라고도 한다(일단법수지).

산을 촉매로 하여 과잉의 페놀과 포름알데히드와 반응시키면 가용(可溶), 가융(可融)성의 노볼락(novolak)이 생산된다. 이것은 송진 상태의 약한 고체이지만 헥사메틸렌 테트라민을 경화제로 사용하여 가열하면 불용, 불융성 수지가 된다. 이 방법으로 만든 수지를 이단법수지라고 한다. 페놀 대신에 알킬페놀(alkyl phenol)을 사용하면 알코올 페놀수지, 크레졸(cresol)을 사용하면 크레졸수지라고 한다.

[표 2-12] 페놀수지의 용도

N: 이단법수지(novolak)   R: 일단법수지(resol)   A: 알킬페놀(alkyl phenol)

페놀수지는 우수한 특색을 갖고 있고, 제조법, 성형가공기술, 공중합이나 블렌드(blend)에 의한 개질법 등에 있어서 기술발전이 현저하여 앞으로도 산업 부문에서 계속 발전할 것으로 전망된다.

불포화 폴리에스터 (UP- Unsaturated Polyester resin)

불포화 폴리에스터는 비교적 저점도의 액상 수지로 사용법에 따라서는 실온에서도 경화한다. 경화 시에는 다른 많은 열경화성 수지와 같은 가스(gas)를 부생하지 않음으로 성형 시 거의 압력을 가하지 않아도 되며, 이 때문에 유리섬유에 함침(含浸) 시켜 대량의 성형품을 만드는데 용이하여 강화 플라스틱용 수지로 발전해 왔다.

폴리에스터는 일반적으로 액상 그대로 사용되는데 경화촉매, 유리섬유, 기타 충진제, 활제 등을 배합한 성형 재료도 있다. 폴리에스터는 배합조정을 변화시키는 것에 의해 각종 성질의 것을 만들 수 있고 그 종류도 많다. 그러나 일반적으로 크게 나누면 일반계, 이소프탈산계, 비스페놀A계로 나눌 수 있다.

▶ 주요용도

건축자재 분야 – 물탱크, 욕조, 방수벽, 세면·화장대, 정화조, 간이화장실 등
공업용 자재 분야 – 약품 탱크, 파이프, 굴뚝, 헬멧, 형광등 안정기 등
수송기기 분야 – 어선, 요트, 차체(body), 의자, 연료탱크 등

우레아수지 (UF: Urea-Formaldehyde, 요소수지)

1920년경 이미 공업적인 연구가 진행된 우레아수지는 Urea-Formaldehyde를 반응시킨 무색투명의 열경화성수지다. 우레아수지는 착색이 자유롭고 접착 강도가 크며 경화가 빠르고 가격이 저렴하여 생산량 대부분(80% 이상)이 합판용 접착제로 사용된다. 이밖에도 화장품 용기, 단추, 식기류, 조명기구, 라디오 캐비닛, 전기부품, 바니시, 페인트, 붓 등으로 사용된다.

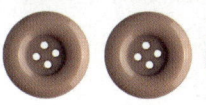

멜라민수지 (MF: Melamine Formaldehyde)

1983년 스위스의 Chiba 사에 의해 개발된 멜라민수지는 Melamine(결정성 백색 분말)과 Formaldehyde를 염기성 촉매 존재 하에 반응시킨 무색투명의 열경화성수지다.

비중이 1.48 정도이며 충전재에 의해 2.0 정도까지 가능하고 표면 경도가 현재 생산되고 있는 합성수지 중 가장 단단하다. 식기류, 찻잔, 식기, 일용품, 전기부품, 도료, 적층 판 등으로 사용된다.

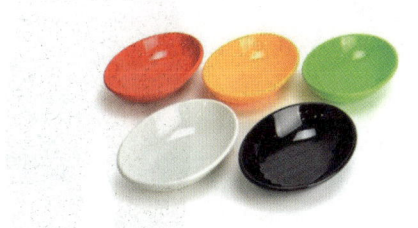

멜라민파우더

에폭시 (EP: Epoxy)

분자 중에 에폭시 기를 가진 수지의 총칭으로 많은 종류가 있지만, 비스페놀A와 에피크롤히드린과 축합으로 얻어진 에폭시수지가 많이 사용된다.

에폭시수지는 도료, 접착제 등과 같이 성형 가공이 필요 하지 않은 것에 많이 사용되지만, 주형품, 적층품, 성형품도 사용된다. 성형은 분말의 에폭시수지 성형 재료로 압축성형 트랜스퍼 성형으로 실행한다. 전기적 성질이 우수하고, 내열성, 방한성, 역학적 성질이 좋으며 경화할 때 물 이외에 부생 성물이 없고 치수 안정성이 좋다. 내수성, 내습성이 좋고, 금속, 목재, 시멘트, 플라스틱과의 접착성이 좋다.

▶ 주요용도

전기분야 – 적층 판(회로용 등) 봉지재,
　　　　　주형(변압기, 애자, 절연 개폐기) 등
자동차 – 피스톤링, 도어–록 패킹, 밸브 리프터 등
사무용 기기 – 복사기부품, 프린터 베어링 등
기타 – 화학 플랜트의 보호 도장용, 콘크리트 구조물의 보수, 보강 등

폴리우레탄 (PU: Polyurethane)

1937년 독일의 Q. Bayer에 의해 개발되어 1940년대에 공업화되기 시작했다. 탄성, 강인성이 풍부하고 인열강도가 크고 내마모성이나 내노화성, 내유·내용제성이 우수하고 저온 특성도 우수하다. 그러나 가수분해가 쉽고, 산 알칼리에 비교적 약하고 일부의 수지를 제외하고 열이나 빛의 작용으로 황 변화하는 결점이 있다.

▶ 주요용도

– 발포제 (Foam)
　연질 – 쿠션제, 데트라스나 시트, 흡음재, 에어필터
　경질 – 방음과 장식을 겸비한 건축재료, 건축재,
　　　　 항공기, 선박 등

– 탄성제
　탄성, 진동 흡수성, 내마모성, 인열강도, 내유·내용제성, 내노화성, 저온 특성이 우수하고 액체 그대로 주형할 수 있으므로 용도가 넓다. 구두 밑창, 타이어 프레임, 합성피혁, 도료, 섬유, 우레탄 타일 등에 주로 사용된다.
　합성피혁 – 천연피혁과 유사
　도료 – 각종 필름, 금속, 직물, 나무 등과도 접착이용
　섬유 – 스판덱스, 스키 바지

실리콘 (Silicone, 규소수지)

　실리콘수지의 종류는 실리콘 고무, 실리콘 발포체, 실리콘유 등이 있다. 중합으로 생성된 고무에 충전제, 기타 첨가제를 혼합해서 고무 컴파운드를 만들고 이것을 가압, 가열해 좋은 탄성을 보유하고 전기적 성질이 뛰어난 성질의 실리콘 고무를 만든다. 항공기 산업에 대량으로 이용되고 수혈관 등에도 사용된다.

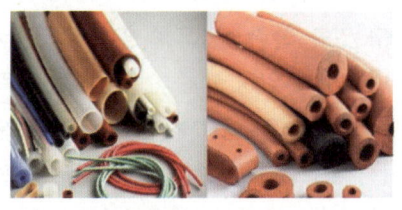

▶ 주요용도

실리콘 발포체 – 방음, 방화, 방수를 목적으로
　　　　　　　　 각종 패널 심재로 사용
실리콘류 – 이형제, 윤활유, 전기절연유, 그리스 등

1.3 엔지니어링 플라스틱

1.3.1 엔지니어링 플라스틱의 개발과 정의

범용 플라스틱은 가공성이 좋고 녹슬지 않으며, 또 가볍고 전기절연성, 대량 생산 등의 장점이 있어 기존 천연재료의 대체재로 개발되어 사용량이 급속히 증가했지만, 보다 열에 강하고, 보다 강도가 좋고, 보다 내구성이나 치수정밀도가 좋은 재료가 요구되었다. 이와 같은 요구는 원자재의 고성능화 기술을 발전시켜 왔으며 지금도 계속 진보해 나가고 있다.

엔지니어링 플라스틱(엔프라)이라고 하는 단어가 지금의 의미로 사용된 것은 1958년 미국의 DuPont 사가 폴리아세탈(POM) 호모폴리머를 『금속에 도전하는 플라스틱』으로 명명해서 시장을 개발하기 시작하면서부터로 여겨진다.

엔프라

현재 엔지니어링 플라스틱의 정의는 없지만 플라스틱에 비해 보다 금속과 같은 재료로 생각하면 좋다. 일본에서는 『자동차부품이나 기계부품, 전기·전자부품과 같은 공업 용도에 사용할 수 있는 플라스틱으로 인장강도, 굽힘 탄력률, 내열성이 일정 수준 이상인 것』으로 『내열성이 대단히 높고 150℃ 이상의 장시간 사용할 수 있는 것을 특수 엔프라 또는 슈퍼 엔프라 라고 한다.』라는 주장이 있기도 하다.

자동차 부품

엔지니어링 플라스틱은 금속 재료의 우수한 점과 플라스틱 특유의 장점을 함께 가진 재료로서 과학기술의 발전과 함께 전기·전자, 자동차, 항공기, OA 기기 정밀분야 등에 적용되어 급속한 발전을 이루어 왔으며 그 연구는 계속되고 있다.

1.3.2 엔지니어링 플라스틱의 종류

공업적인 분야에서 주로 금속 대신에 사용되는 엔지니어링 플라스틱은 다음과 같이 범용 엔지니어링 플라스틱과 특수 엔지니어링 플라스틱으로 구분된다.

[표 2-13] 엔지니어링 플라스틱 재료 분류

1.3.3 엔지니어링 플라스틱 개발 동향

각종 플라스틱은 나름대로 특성이 있으나 각종 물성을 보면 장점뿐 아니라 모두 단점도 가지고 있다. 분자구조에서 흡수성이 높은 반면 내후성이 약하거나 마찰 마모성은 높은 반면 성형성이 좋지 않은 것 등을 말한다.

이와 같은 단점들을 보완하거나 더 좋은 장점을 갖도록 복합화에 의한 신규 재료로 개발되고 있으며 최근 유리섬유와 탄소섬유 등의 강화제를 충진해서 또 다른 물성을 가진 엔지니어링 플라스틱을 개발하여 사용되는 경우가 많아졌다.

엔지니어링 플라스틱의 개발 연대로 알아본다[표 2-14].

1.3.4 주요 엔지니어링 플라스틱의 특징과 용도

엔지니어링 플라스틱 중 그동안 많이 사용되고 있는 주요 품목의 특성과 용도를 정리했다[표 2-15].

[표 2-14] 엔지니어링 플라스틱 시판 시기

연대	연차	수지명	회사명
1940	1938	(PA66) (PA6)	Dupont IG
1950	1948 1952 1958	PET PA66 PC POM(Homopolymer)	ICI Dupont Bayer Dupont
1960	1961 1964 1965 1966 1967	POM(Copolymer) PI PPE PSF GF-PET M.PPE	Celanese Dupont SABIC(구, GE) UCC 帝人(木朱) SABIC(구, GE)
1970	1970 1971 1972 1973	PBT PPS PAI PES PAR	Celanese Philips Amoco ICI 유니티카
1980	1980 1982 1984 1986	PEEK PEI LCP PEK	ICI SABIC(구, GE) Dartoco ICI

[표 2-15] 엔지니어링 플라스틱의 특성과 용도

수지명	특징	용도
PA 폴리아미드 (나일론)	• 마찰 마모성이 우수하다 • 화학약품에 대한 저항성이 강하다 • 가스배리어성이 좋다 • 강하고 인장력이 좋다 • 흡습율이 크다	• 자동차용 약 33% (라디에이터 탱크, 타이어 호일커버 등) • 전기·전자 약 20% (커넥터, 코일보빈 스위치 등) • 일반기계 약 10% (OA기기, 섀시, 기어, 의자 다리 등) • 필름, 모노필라멘트 (식품포장재, 낚시 줄, 단추 등)
POM 폴리아세탈	• 마찰 마모성이 우수하다 • 성형성이 좋다 • 유기용제의 투과율이 작다 • 자외선에서 열화하기 쉽다	• 전기·전자, OA, 자동차 75% (핸들류, 스위치류, 기어류, 지퍼, 유성펜 뚜껑 등)
PC 폴리카보네이트	• 내후성이 우수하나, 자외선에 약하다 • 전기적 성질이 우수하다 • 강하고 인장력이 좋다 • 마찰마모성은 약하다	• 전기·전자, OA 분야 40% (CD DVC, 휴대전화 하우징) • 자동차 19% (렌즈, 도어핸들, 콘솔박스) • 시트, 필름, 의료 21% (인공투석기, 혈액여과기) 도시락용기
PBT 폴리부틸렌 텔레프탈레이트	• 빠른 경화성을 가지고 있다 • 신도가 크고 끈기가 강하다 • 내크리프성(Creep)이 강하다 • 우수한 유동성을 가지고 있다 • 내약품성이 우수하다	• 자동차부품 • 헤어드라이케이스 • 전기·전자부품 • 계측기부품

종류	특징	용도
PET 강화폴리에틸렌 테레프탈레이트	• 열가소성수지 중 최고의 내열성 보유 • 전기적 특성이 우수하여 온도와 습도의 영향 있고, 유류에 대한 저항성이 강하다 • 흡수성이 적고 치수안정성이 우수하다	• 전기·전자 (반도체케이스, 핸드폰 등) • 자동차 (스위치류, 기어, 모터부품) • 용기 (화장품, 세제류, 맥주 등의 용기)
PES 폴리에테르술폰	• 충격에 강하다 • 약품에 강하다 • 전기적 성질이 양호하다 • 치수안정성이 좋고 투명하다	• 전기·전자 (코일보빈, 타이밍 이어창) • 자동차 (베어링, 자동변속기어) • 기계분야 (온수기부품, 열수 라이프) • 항공기 창틀 등
PSF 폴리술폰	• 엷은 호박색의 투명하고 수려한 외관을 갖고 있다 • 단단하고 질긴 성질을 가지고 있다 • 열적성질이 우수하다 • 전기적 성질이 우수하다 • 우수한 난연성 소재이며 안전성 양호하다	• 식품산업기기 (식품공업기부속, 전자레인지) • 의료기기 (의료용 카메라부품, 수술용 보조구 등) • 자동차 (라이트부품, 밧데리 케이스) • 시계의 외장, 카메라부품
PPS 폴리페닐렌술 파이프	• 섬유 보강재, 무기 충진물과 혼합사용 가능하다 • 산, 알칼리, 유기용제에 강하다 • 온도에 강하다 (-50℃~250℃) • 절연성이 우수하다	• 식품이나 음료수와 접촉하는 분야에 많이 쓰임 • 전기·전자부품 (전자레인지) • 시계부품, 자동차부품
PAR 폴리 알릴레이트	• 투명하고 내후성이 우수하다 • 충격강도가 크고 치수안정성이 우수하다 • 자외선, 수증기 가스배리어성이 우수하다	• 전기·전자제품 • 자동차부품 • 기계분야 (시계, 기어, 스피커진동관) • 칫솔손잡이
PAI 폴리아미드 이미드	• 내약품성이 우수하다 • 내자외선성, 내방사선성 우수하다 • 강도가 높고, 열적성질 우수하다 • 내마모성, 전기절연성 우수하다	• 소켓, 커넥터, 스위치부품 • 자동차부품 (배기가스 처리장치, 밋손 슬러스트) • 콤프레셔 리스톤링 • 원자력 관련 부품
PEI 폴리에테르 이미드	• 우수한 내열성과 연소 시의 발연성이 적다 • 전기적 안정성이 우수하다 • 내약품성, 내가수분해성을 가지고 있다 • 내후성이 우수하다	• 자동차 분야 (퓨즈, 밸브 램프) • 전기·전자 분야 (회로부품, 커넥터, 제어기기) • 가전기기 (전자레인지, 조명기기) • 기타 (항공기, 의복)
PEEK 폴리에테르 에트로케톤	• 매우 강인한 수지이다 • 약품성이 우수하고, 열에 강하다 • 우수한 성형성을 가지고 있다	• 케이블, 와이어 피복 • 자동차부품, 항공기부품 • 와이어 필라멘트
PI 폴리이미드	• 물과 친화성이 좋다 • 유동성과 성형성이 좋다 • 강산, 강염기에 약하다 • 내열성, 절연성이 우수하다	• 전선케이블 • 발전기 모터 등 • 카메라 시계, OA기기 등 • 항공기, 전투기 등의 부품
LCP 액정 폴리에스테르	• 고강도, 고탄성을 가지고 있다 - 고유동성을 가지고 있다 • 고온에서 팽윤, 열화하지 않는다 • 내유기용제성, 내유성이 우수하다	• 전기·전자부품 (전자 오븐레인지, 헤어드라이기) • 자동차부품 • 섬유 및 필름
PTFE 폴리테트라 플루오르에틸렌	• 내열성이 우수하다 • 내약품성이 우수하다 • 저마찰계수와 비점착성이 우수하다 • 전기 절연성이 우수하다	• 화학 장치 부품 • 프라이팬, 전기다리미 • 창문이나 지붕재료

다음 [표 2-16]은 주요 엔지니어링 플라스틱의 특성을 비교한 것이다.

[표 2-16] 엔지니어링 플라스틱의 특성 비교

	경량성	성형성	성형수축률	흡수성	저온물성	강인성	휨강도	내용제성	내후성	내연성	전기특성	내마찰마모성	용적코스트
ABS	◉	◉	◉	△	○	○	△	△	X	○	◉	△	◉
PA6	○	○	○	X	○	◉	△	◉	△	○	△	◉	◉
PA66	○	△	○	X	○	◉	△	◉	△	○	△	◉	◉
POM	△	○	○	○	○	○	◉	◉	X	X	△	◉	○
PC	○	△	◉	◉	◉	◉	◉	△	X	△	◉	△	△
변성 PPE	◉	○	◉	◉	△	○	○	△	○	○	◉	△	◉
PBT	△	○	△	◉	△	○	○	◉	○	○	◉	○	○
GF-PET	△	△	○	◉	△	△	◉	◉	○	○	◉	○	○
PPS	△	△	○	◉	△	△	◉	◉	◉	◉	◉	◉	○
PAR	○	△	◉	○	○	◉	◉	○	◉	◉	◉	△	△
PSF	○	△	◉	○	△	◉	◉	○	○	◉	◉	△	△
PES	△	△	◉	△	△	◉	◉	○	◉	◉	◉	◉	X
PEEK	△	X	○	◉	△	◉	◉	◉	◉	◉	◉	◉	X
PEI	△	X	◉	○	△	○	◉	◉	◉	◉	◉	◉	X
PAI	△	X	◉	△	△	◉	◉	◉	◉	◉	◉	◉	X

◉ 매우 뛰어나다   ○ 우수하다   △ 그다지 양호하지 않다   X 나쁘다

1.4 그 밖의 복합재료

1.4.1 그 밖의 복합재료와 고성능 고기능성의 플라스틱

플라스틱의 종류 중 열가소성 플라스틱, 열경화성 플라스틱, 엔지니어링 플라스틱에 대해 알아보았다. 하지만 그 외에도 복합재료나 고성능, 고기능성을 갖는 플라스틱들이 무수히 많이 있으며 현재에도 지속해서 개발되고 있음을 알 수 있다. 복합재료만 하더라도 A, B, C(Alloy, Blend, Composite)의 복합화 방법이 있으며, 기능성(도전성, 접동성, 난연성, 투과성, 배리어성, 흡수성, 항균성, 투명성 등)의 부여를 위해 유리섬유나 탄소섬유 등 여러 종류의 충진제 등을 사용하기도 한다.

페놀, 멜라민, 우레아 등 열경화성수지는 각각 단독으로 성형이 곤란하며 강도 그다지 높지 않으므로 목분, 종이, 면포 등에 수지를 결합하여 성형되고 있다. 강화제로 유리섬유가 가장 많이 사용되고 있지만, 이 밖에도 카본섬유, Whisker, Asbest, Mica 등 무기재료나 아라미드(Aramid) 섬유, 면마, 레이온

(Rayon), 비닐론(Vinylon), 아크릴섬유(Acrylic), 폴리에스테르섬유(Polyester) 등 각종 유기 섬유도 사용되고 있으며 불포화 폴리에스터, 에폭시수지, 페놀수지, 푸란(Furan)수지 등 열경화성수지뿐만 아니라 열가소성 수지에도 적용된다.

이처럼 플라스틱 종류는 이루 말할 수 없을 정도의 종류가 존재함을 알 수 있다. 복합재료를 만드는 방법의 하나인 얼로이(Alloy)만 하더라도 수많은 종류가 개발되어 다양한 요구에 대응하고 있다. 일반적으로 성질이 다른 2종류 이상의 플라스틱 재료를 혼합한 것을 폴리머 블랜드, 폴리머 사이에 화학적 결합이 있는 경우를 폴리머 얼로이라고 한다. 그러나 일반적으로 블랜드와 얼로이의 구별은 그렇게 확실하지 않으며 대부분은 얼로이라고 칭하는 경우가 많다. 폴리머 얼로이는 여러 가지 목적하는 바에 따라 이루어지며 예를 들어 경제성(PA/PP, PA/ABS), 성형 가공성(PPE/PS, PBT/PET), 내유성(PBT/ABS), 내충격성(PA/EPDM, POM/PUM), 내열성(PPE/PA), 도금 가공성(PC/ABS), 내후성(PC/AES) 등이 있다.

다음은 에폭시에 복합재료를 이용하여 항공기 구조 부품에 적용된 예를 보여준다.

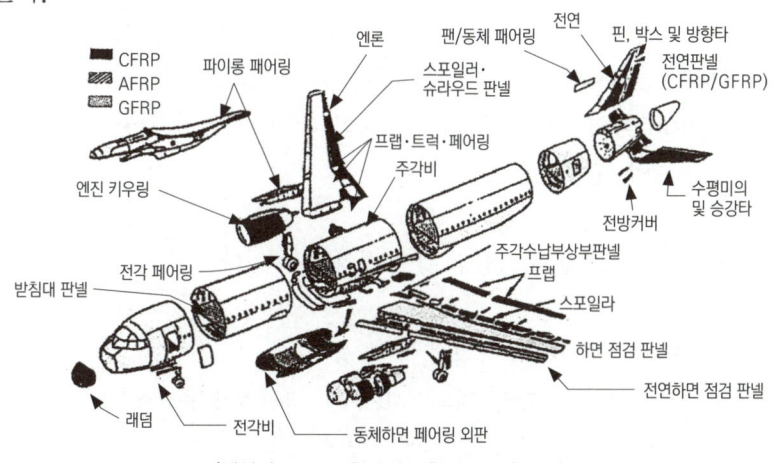

〈에어버스 A320형기의 복합재료 사용개소〉

앞으로도 플라스틱 복합화, 고성능·고기능성을 통한 발 전이 계속 이루어져 의료용은 물론 항공, 우주 산업에서도 무수히 많은 소재가 개발되고 사용될 것으로 예측된다. 어쩌면 이러한 기술개발이야말로 국가 경쟁력을 좌우하게 되는 근본이 될 것이다.

3장 플라스틱 성형재료의 개질과 첨가제

1. 플라스틱 성형 재료의 개질과 첨가제

플라스틱은 재료가 갖고 있는 기능과 물성 등을 개선하거나 요구하는 색상 등을 내기 위해 여러 가지 종류의 첨가물을 가하여 성형 재료를 만들 수 있다. 고분자 원재료에 여러 종류의 첨가제나 보강제, 개질제 등을 콤파운드(Compound)하여 사용 목적에 적합하고, 성형 가공이 가능한 성형 재료(Pellet)를 만들어 사용한다.

첨가제는 사용 목적별로 다음과 같이 정리될 수 있다.

가공성: 가소제, 열안정제 활성제, 핵제 등
내열성: 산화방지제(화학적) 자외선 흡수제, 광안정제 등
내후성: 산화방지제, 자외선 흡수제, 광안정제 등
난연성: 난연제, 난연조제 등
대전방지성: 대전방지제, 도전제 등
도전성: 도전성 카본블랙, 카본섬유, 금속섬유 등
색상: 염료, 안료 등
경량화: 발포제 등

항균성: 곰팡이 방지제, 항균제 등
윤활성: 석유계, 합성유, 그래파이트, 실리콘 등
유연성/충격성: 고무, 엘라스토머(플라스토머), 가소제 등

주요 플라스틱 첨가제를 알아본다.

1.1 가소제 (Plasticizer)

가소제(可塑劑)는 수지에 가하여 가공성을 향상하게 하거나, 제품의 유연성, 가소성을 부여하는 것으로 가소제를 첨가하면 플라스틱의 가공성이나 성형성이 향상되고 가소성(휨성, 굴곡성), 내한성 등도 향상된다. 가소제는 일반적으로 수지와의 상용성이 좋고, 이행(migration)이나 휘발성이 적고 내수성, 내유성, 내약품성이 있어야 하며 무색으로 독성이나 냄새가 없어야 한다.

가소제는 내열성(열안정성)과 내후성, 내한성, 전기절연성, 유연화 효율, 가소화 효율 등이 좋아야 하며 대부분 PVC 수지에 첨가되어 사용되는데 PS, PVA, PVDC, PC, PA, PUR, MF, 고무, 도료, 첨가제 등에도 이용되고 있다.

■ 주요 가소제의 종류

- 프탈산 에스테르계 (상용성, 내한성, 내후성)
  - DOP(Dioctyl Phthalate)
  - DBP(Dibutyl Phthalate)
  - DIHP(Disoeptyl Phthalate)
  - DINP(Disononyl Phthalate)
  - DIDP(Disodesyl Phthatlate)

- 지방산 에스테르계 (내한성)
  - DOA(Dioctyl adipate)
  - DOS(Dioctyl sebacate)

- 고분자량 에스테르계 (내열성)
  - 폴리에스테르계 가소제

- 에폭시화 지방산계(열안정성)
  - ESPO (Epoxydized Soybean Oil)

- 인산 에스테르계 (내한성)
  - TCP(Tricresyl Phosphate)
  - TOP 등

- 주요 무독성 가소제
  - BPBG(Butyl Phthalyl Butyl Glycolate)
  - ATBC(Acetyl Tributyl Citrate)
  - NBR(Nitrile Butadiene Rubber) 등

고분자에서 가소화란 "변형이나 가공이 곤란한 플라스틱에 있어서 분자 간의 강한 힘을 약하게 가소성(可塑性)[1]을 부여하는 것으로, 외부 가소화와 내부 가소화로 나뉘며 플라스틱 시트의 가소화 방법은 다음과 같다.

- 물리적 방법

가소제, 비교적 분자량이 낮은 폴리에스테르, 니트릴계 합성고무(고분자 가소제)를 플라스틱에 첨가하여 물리적 혼합에 의하여 가소화하는 방법. 외부 가소화라고도 한다.

- 화학적 방법

고분자를 합성할 때 유연한 단량체 성분을 공중합 하거나 적당한 사이드 체인을 붙임으로써 화학적 결합으로 T_g를 낮추어 가소성을 높이는 방법. 내부 가소화라고도 한다.

1) 가소성(可塑性): 물체에 힘을 가하면 비틀림이 생긴다. 응력이 적을 동안에는 응력을 제거하면 비틀림은 소실된다. 즉, 탄성을 나타내는데 응력이 탄성한도 이상이 되면 응력을 제거해도 비틀림의 일부 또는 대부분이 그대로 남아 재료는 변형된 채로 있게 된다. 이러한 성질을 가소성 또는 소성이라고 한다. 열가소성 수지는 가열상태에서 가소성을 현저하게 나타낸다. 즉, 비교적 적은 힘으로 소성 변형 또는 유동을 일으키므로 이러한 이름으로 불리게 되었다.

● 가소화 효율

폴리염화비닐 100파트에 대하여 DOP 50파트를 가했을 때의 유연성을 표준으로 해서, 이때 이와 동일한 가소화 상태를 나타내는 가소제 양의 비율을 말한다. 참고로 가소화(可塑化) 관련 용어에는 다른 3종류의 의미가 있음을 알 수 있다.

- Plastication: 가열과 기계적 조작에 의하여 열가소성 플라스틱을 유연하게 하는 것
- Plastfication: 열가소성 플라스틱을 열만으로 연화시키는 것
- Plasticization: 가소제의 작용에 의하여 가소제를 부여하여 2차 전이점(Tg)을 낮추어 가공성을 향상하게 하는것

1.2. 열 안정제 (Thermal Stabilizer)

열 안정제는 수지에 혼합하여 가공과 완성된 플라스틱 제품의 사용 기간 중 수지의 물리적, 화학적 성질을 유지하도록 도와주는 화합물로서 주로 염화비닐 수지의 성형 시 사용된다. 염화비닐수지는 65~85℃에서 연화하고, 120~150℃에서 완전히 가소화한다. 170℃ 이상에서는 융해하여 190℃ 이상이 되면 격렬히 염산을 방출하여 분해하며, 이 탈 염산 반응은 빛으로 촉진 된다. 탈 염산으로 점차 황색 또는 갈색으로 변한다. 이와 같은 탈 염산 반응을 방지하기 위하여 가공할 때 안정제를 첨가한다.

열 안정제 종류로는 납계, 유기석계, 복합금속 비누계가 있는데, 큰 과제는 중금속 화합물의 독성에 의한 탈 Cd, 탈 Pb 등이다.

● 주요 안정제
- 주석화합물(디옥틸석(錫) 말레이트): 투명성
- 고급 지방산염(칼슘스테아레이트)(아연스테아레이트): 장기 열 안정성
- 에폭시화 대두유, 기타 안정제와의 병용

● 주요 무독성 안정제
- 칼슘 – 아연계(Ca-Zn)
- 바륨 – 아연계(Ba-Zn)
- 스테아린산칼슘, 스테아린산아연 등

1.3 대전방지제 (Antistatic agent)

플라스틱은 물체와 접촉하거나, 마찰 또는 박리에 의해 정전기를 발생시키고 이 정전기에 의해 공기 중의 먼지 등을 흡착하여 상품가치를 잃어버리게 되고, 생산성을 감소시키거나 화재, 감전 등의 원인이 된다. 대전 방지란 고분자의 절연성을 저하시켜 정전기를 잔류시키지 않고 도전성으로 하는 기술이다. 대전 방지성은 정전 방전이라고도 표현된다.

플라스틱 재료의 대전을 방지하는 방법은, 표면 면만을 도전성으로 하는 방법과 전체를 도전성으로 하는 방법이 있는데 대전방지제의 표면도공, 분무, 침지, 그리고 플라스틱 재료에 직접 혼합시켜 사용하는 방법들이 있으며, 주로 혼입시키는 방법이 사용되고 있다.

대전방지제로는 주로 계면활성제가 사용되고(예, GMS – 주로 PP, PE) 무기염류, 다가알코올, 금속화합물, 카본 등이 있다. 대전방지제로서는 제4급 암모늄염화화합물 형이 우수하고, 알킬베타인 형의 양성 활성제, 알킬이미더 졸린 형 양성 활성제, 폴리옥시에틸렌알킬아민, 폴리옥시에틸렌알킬아미드 등의 질소를 함유한 비이온성 활성제 등이 좋다. 고분자 형의 영구 대전방지제로서는 폴리에스테르아미드가 대표적이다.

1.4 도전제 (Electrically conductive agent)

도전 재료로서는 카본섬유, 도전성 카본블랙 금속 플레이크 등이 사용된다. EMI 실드 같은 도전성이 요구되는 경우에는 카본블랙 이외에 금속도전필터, 특히 스테인리스 마이크로 필러나 카본나노튜브 등이 사용된다.

1.5 착색제 (Colorant)

플라스틱 제품에는 투명성을 살린 것과 착색제를 첨가하여 착색한 것 등 다양하다. 플라스틱의 착색제에는 안료와 염료가 있다.

① 안료 (顔料, Pigment)

물이나 기름에 녹지 않는다. 무기화합물이 많다. 착색하고자 하는 수지에 첨가제로 소정의 처방에 따라 고농도에서 미리 혼합한 재료를 만드는데 이것을 마스터 배치(Master batch)라고 한다. 안료는 무기안료와 유기안료로 크게 분류하며, 플라스틱에는 일반적 안료가 사용된다.

② 염료 (染料, Dye)

물이나 용매에 녹는다. 유기화합물 직물이나 종이의 염색에 널리 사용되고 있다. 플라스틱에 용해하고 착색제로 사용된다. 안료에 비해서 내열성, 내후성, 내용제성이 떨어지며 이행성에 문제가 있다.

③ 핵제 (核劑, Nucleating agent)

안료로 결정성을 높이고 분산시키는 작용을 한다. 안료를 배합하면 밀도가 커진다. 결정핵제(조핵제)라고도 불리며 PP나 폴리에스테르 등의 결정화 속도나 결정화 온도를 높여 성형효율을 향상하게 하고 강성 등의 기계적 성질이나 투명성 등 광학적 성질을 향상하기 위한 첨가제이다.

결정성 플라스틱은 응고속도에 따라 미세구조가 변하는데 핵제 첨가에 따라 균일하고 미세한 구조를 부여하여 성질이 변화한다. 대표적인 조핵제로는 금속염 타입(주로 물성 향상제)과 솔비톨의 아세탈 타입(주로 투명성 향상제)이 있다.

④ 시트에 백과 흑의 대표적 착색제

- PVC를 백색으로 하는 착색제: 산화티탄(티탄화이트) 연백(鉛白)
- PP를 백색으로 하는 착색제
  - 탈크: 백색 충전제, 중량제(비중 2.7~2.8)
  - 탄산칼슘: 내열성도 향상하게 함(비중 2.71)
- PVC, PP 등을 흑색으로 하는 착색제(유기안료)
  - 철흑(鐵黑) 아닐릭블랙: 착색력이 좋지 못함
  - 카본블랙: 흑색에는 거의 사용되고 있음
- 일반적으로 흑색의 경우: 카본블랙 또는 흑색산화철, 적색의 경우 산화철, 청색의 경우 군청, 감청 등 무기안료가 사용된다.

1.6 발포제 (Foam Agent)

발포 성형은 경량화, 단열성 부여, 완충성 부여, 휨 방지 등을 목적으로 사용된다. 수지로는 발포스티렌, 폴리우레탄, 폴리올레핀 등이 많이 이용되고 있고, 저 발포 제품(1~3배 배율), 고 발포 제품(40~50배 배율)이 있다.

트레이는 폴리스타이렌을 7~15배 발포(두께 0.25~2.5mm), 접음 상자용은 10~15배(두께 3~10mm), 단열재는 20~30배(두께 20~50mm)의 발포스티렌도 있다. 그 외 PP나 PE 에틸렌초산비닐을 발포시켜 만든 매트, PE를 발포시킨 비트 판, 과일류 등의 포장용 네트나 시트가 있다.

단열용, 완충용 등의 포장재로서 여러 가지 발포제가 개발되고 있으며, 크게 기체 혼입에 의한 물리적 발포제와 열분해형 발포제가 있고, 마스터 배치(MB)로 사용되는 발포제는 유기계의 열 분해성 화학발포제가 주류를 이룬다.

● 물리적 발포제

휘발성 액체의 기화에 의해 발포가 행해지고 발포제에는 지방족 탄화수소(펜탄, 핵산, 헵탄), 염소화 지방족 탄화수소(메틸렌), 불소 지방족 탄화수소(트리클로로 폴로로메탄) 등이 있다.

● 열 분해형 발포제

발포제의 열분해 화학반응에 의해 가스의 발생이 일어나 발포되는 것이다. 가스로는 N_2, CO, CO_2, NH_3 등이 있다.

● 분해형 발포제

유기 발포제와 무기 발포제가 있고, 무기 발포제는 중탄산나트륨, 중탄산암모늄 등이 있다. 유기 발포제는 ADCA DPT, OBSH, TSH 등이 있다. 유기 발포제는 가스 발생이 예민하고 분해온도도 발포보조제 등의 첨가로 조정이 가능하고, 독립 기포를 얻기 쉬우므로 광범위하게 이용되고 있다.

● 마스터 배치로 사용되는 발포제

제품의 형태나 성형방법에 따라, 발포 온도, 속도, 가스량 등을 최적화할 필요가 있으므로 복수의 발포제를 병용하거나 열분해 반응을 촉진하는 산화아연 등의 조제를 가하고 있다. AIBN(PE 용), OBSH(PE 용), ADCA(PE, PP 등), BADC(PS, ABS 용) 등이 있다.

1.7 산화방지제 (Antioxidant Agent)

플라스틱 제품을 외부에 장기간 방치해두면, 열에 의한 열화와는 달리 공기 중의 산소에 의하여 열화가 나고, 더욱이 빛에 의해 촉진된다. 이러한 현상을 플라스틱의 노화 현상이라고 말하고 이처럼 빛이나 열에 의해 촉진되는 산화분해 방지를 위해 성형 시 산화방지제를 첨가한다.

산화방지제는 폴리올레핀 수지를 중심으로 PS, ABS, PU, 폴리아세탈 등의 수지에 사용되고 있다. 산화방지제는 원료 면에서 페놀계(BHT, BHA), 유황계 (DSTDP), 인계(TPP), 산화방지제 등이 2종류 또는 그 이상이 병용되어 사용되고 있다.

1.8 자외선 안정제 (자외선 흡수제, Ultraviolet Stabilizing Agent)

빛에는 여러 파장이 있는데, 그 파장에 따라 에너지가 달라지고, 파장이 커지면 에너지는 작아진다. 자외선(파장 290~380nm)은 가시광선(380~720nm), 근적외선보다 에너지가 크기 때문에 플라스틱을 잘 열화 시킨다. 그러므로 자외선 흡수제로 자외선을 흡수시킴으로써 플라스틱의 열화를 방지하고 있다. 이러한 자외선을 흡수하거나 차단하여 플라스틱을 보호할 목적으로 첨가하는 첨가제를 자외선 안정제라고 부른다.

안정제는 흡수제, 니켈 유도체, 자외선에 의해 발생한 래디컬을 포착하여 기능을 발휘하는 HAIS로 구성하는데 흡수제에는 벤조페놀계, 벤조트리아졸계, 살리실레이트계, 아크릴로니트릴계 등이 있으며, 상용성, 열 안정성, 비 휘발성, 자외선 흡수능력, 무색투명성, 무독성, 가격 등을 고려하여 2종류 또는 그 이상의 흡수제가 병용되고 있다.

1.9 활성제 (윤활제, Lubricant, Slip Agent)

필름, 시트, 파이프, 튜브 등의 성형 가공성에 있어서 플라스틱 재료를 압출이나 캘린더 링에서 가열하며 녹여 가공하는데, 이때 성형기의 스크루, 금형, 롤 등의 금속 면에 플라스틱이 부착하거나 성형품의 후 공정에서 표면의 활성 부족에 의해 가공작업 적성 불량 등이 발생한다.

이것을 개선하기 위해 활성제(윤활제)가 필요하다. 플라스틱을 성형 가공할 때, 플라스틱 재료의 가열 용융 혼합 공정에서 폴리머 간의 마찰을 감소시켜 발열을 방지하고 유동성을 향상시키는 작용(내부 활성), 성형기 내에서 재료와 접촉하는 금속 면과의 마찰을 감소시켜 금속 면으로의 부착을 방지하는 작용(외부 활성), 성형품의 표면 상태나 후가공 공정에서 작업성을 향상시키는 작용(서비스 활성)을 한다.

활성제에는
- 탄화수소계: 천연유동파라핀, 파라핀왁스, 폴리에틸렌 왁스 등
- 지방족 알코올계: 스테아린알코올, 스테아린산, 12 히드록시 스테아린산 등
- 지방산 아미드계: 스테아린산아미드, 오레인산아미드, 엘카산아미드 등
- 에스테르계: 경화유, 스테아린산 모노글리셀라이드, 스테아린산부틸 등
- 금속석검(비누)계: 스테아린산 Ca, 스테아린산 Zn, 스테아린산 Pb 등이 있다.

이들은 2종 또는 그 이상 병용되고 있으며, PE 및 공중합체, PP, PS, PVC, PA(Ny), PET 등에 사용되고 특히 인플레이션 필름의 대부분의 수지에는 활성제가 첨가되고 있다(보통 0.03~0.5%).

1.10 난연제 (Fir Retardant, Flame Retarder)

연소하기 쉬운 성질을 가지고 있는 플라스틱을 물리, 화학적으로 개선하여 잘 타지 못하도록 첨가하는 물질을 난연제라고 한다. 첨가제는 구성 성분에 따라 유기계와 무기계로 구분된다.

- 유기계
  - 인계: TCP, TPP, CDP 등
  - 브롬계: TBBA 등
  - 염소계: 염소화 파라핀, 염소화 폴리에틸렌 등

- 무기계
  - 수산화알루미늄(Al(OH)3)
  - 안티몬계(SP202) 등
  - 수산화마그네슘, 페로센
  - 산화몰리브텐 화합물 등이 있다.

1.11 유연성 개질계

탄성률을 적게 하거나 충격 에너지를 흡수하기 위하여 고무, 각종 열가소성 엘라스토머, 가소제 등을 첨가한다. 고무로서는 SBR, 아크릴고무, 에틸렌프로필렌 고무 등이고 가소제로서는 프탈산에스테르계, 인산에스테르계, 지방산에스테르계, 에디핀산에스테르계, 에폭시계 등이 있다.

1.12 기타 나노 사이즈 콤포지트 필러 첨가제 등

분산 입자의 크기를 초미립자 함에 따라 첨가량이 적어도 복합계의 제 물성이 향상된다. 나노 콤포지트에 의하여 열적 성질(인장력, 굴곡강도, 탄성률, 마모성, 내열성, 투명성, 접착성 등), 기능적 성질(수증기 투과도와 가스 투과도의 감소 등), 성형성 등 새로운 물성을 향상시킬 기능성이 있는 차세대 복합재를 얻을 수 있다. 이 밖에도 많은 첨가제가 있다.

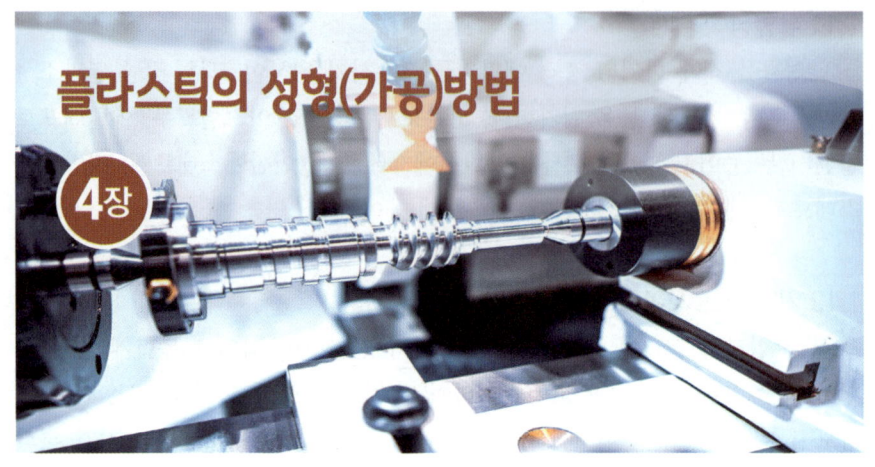

플라스틱 성형(가공)방법

　그동안 플라스틱 원료의 종류들과 수많은 용도에 대해 알아보았다. 이처럼 인류 생활과 밀접한 관계를 맺고 있는 플라스틱 제품들은 어떻게 만들어지는 것일까? 플라스틱에 대해 잘 알고 있지 못하는 독자들을 위해 이해하기 쉬운 방법의 예를 들어 보고자 한다.

　우선 화학이니 고분자니 하는 고도의 기술일 것이라는 관념에서 벗어나 떡 방앗간을 연상하기 바란다. 쌀을 곱게 빻아 물과 적당히 배합한 후 열을 가해 쪄서 이것을 나사 모양으로 된 기계에서 반죽하면서 밀어내고, 출구에서는 원형 틀에 의해 굵기가 조정되어 나오면 이를 적당한 크기로 자르고 물에 넣어 누긋누긋하게 식히면 떡가래가 만들어진다. 기계 출구에 굵은 원형 틀을 끼우면 떡가래가, 가느다란 원형들을 끼우면 떡볶이 떡이, 넓적한 틀을 끼우면 절편 떡이 만들어진다.

　또 하나의 방법은 한과의 다식을 만드는 방법이다. 붕어빵 만드는 기계를 연상해 본다. 모형 틀에 밀가루 반죽이나 재료를 넣고 열을 가열하여 익힌 다음 모형이 완성되면 이를 빼내어 식히거나 건조하면 붕어빵이 되고 다식이 됨을 알 수 있다. 전체는 아니지만 많은 플라스틱 제품들이 이와 같은 원리로 적용되고 만들어진다. 원료를 가열하여 용융시킨 다음 일정 모형의 틀에 의해 형

(形)을 만들고 이를 냉각시키는 공정으로 되어 있다. 플라스틱은 여러 가지 성형 방법으로 만들어진다.

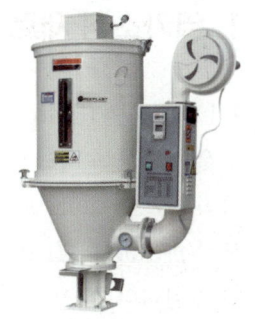

플라스틱 산업이 오늘날과 같이 발전된 것은 플라스틱 원료의 발명과 함께 성형기술의 발전에 힘입은 바 크다. 일반적으로 성형(成形)이란 "재료를 금형 또는 형틀에서 압력과 열을 가해 어떤 모양으로 만드는 과정"이라고 정의하고 있으며, 영어는 mold, mould로 쓰이는데 미국은 mold로 영국은 mould로 사용하고 있다.

플라스틱의 성형방법은 여러 가지 주장이 있으나 일반적으로 다음과 같은 방법이 적용되고 있다.

■ 열가소성 재료의 성형방법
　① 압출성형 (壓出成形: Extrusion Molding)
　② 사출성형 (射出成形: Injection Molding)
　③ 중공성형 (中空成形: Blow Molding)
　④ 진공성형 (眞空成形: Thermo Forming)
　⑤ 캘린더성형 (Calender)
　⑥ 압축성형 (壓縮成形: Compression Molding)
　⑦ 회전성형 (回轉成形: Rotational Molding)
　⑧ 기타

■ 열경화성 재료의 성형방법
　① 압축성형 (壓縮性形: Compression Molding)
　② 이송성형 (移送成形: Transfer Molding)
　③ 사출성형 (射出成形: Injection Molding)
　④ 적층성형 (積層成形: Laminating Molding)
　⑤ 주형성형 (注型成形: Casting)
　⑥ FRP성형

다음은 각 성형방법에 대해 구체적으로 알아보기로 한다.

1. 열가소성 재료의 성형방법

1.1 압출성형 (Extrusion Molding)

열가소성 수지를 실린더에 넣고 가열 용융시켜 스크루(screw)를 이용해 연속적으로 다이(die)로부터 압출하여 성형하는 방법을 말하며 이러한 기계를 압출기(押出機: extruder)라고 한다. 쌀(원료)에 열을 가하고 쪄서 (용융)기계에 넣고(실린더) 나사 모양의 봉(스크루)으로 압을 가하며 밀어내어 원형의 틀(die)에 의해 떡가래(파이프 등)를 만드는 원리와 비슷하다.

파이프(Pipe), 시트(Sheet), 필름(Film), 전선 피복, 이형품, 펠릿(Pellet) 등이 압출기에 의해 생산된다. 실린더에는 열을 가하는 히터가 붙어있어 고체인 원자재를 용융시켜 부드럽게 해준다. 스크루는 1축과 2축 두 가지가 있는데 2축 스크루에는 물림형, 빗물형, 동방향회전형, 이방향회전형 등이 있으며 제품 생산 목적과 특성에 맞도록 각각 다르게 사용된다.

압출기에서 배럴은 원재료의 성질과 혼련 정도에 따라 안지름이 결정되고 스크루의 길이, 홈 길이, 나선-각, 배럴과 나사 사이의 클리어런스(Clearance), 스크루의 회전 수 등이 고려되어야 한다.

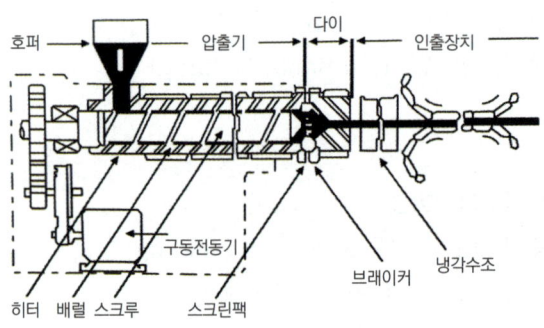

〈그림 4-1〉 압출성형기의 예

압출기를 베이스로 하여 여러 가지 용도에 맞는 성형방법이 적용되며 제품에 따라 다음과 같은 기법이 있다.

① 시트, 필름, 튜브 생산을 위한 인플레이션 압출
② 시트, 필름 생산을 위한 T 다이 압출

③ 파이프, 튜브, 이형품 압출
④ 둥근 봉 압출
⑤ 모노 필라멘트 압출
⑥ 전선 피복 압출
⑦ 연신 성형법
⑧ 압출코팅
⑨ 발포 성형 압출
⑩ 기타

1.1.1 시트, 필름, 튜브 생산을 위한 인플레이션(Inflation) 압출

가열, 용융 된 원료는 원형 고리 모양의 다이로부터 원통 형태로 압출되고 부드럽게 용융 되어 긴 원통형의 형물 내에 공기를 넣어 팽창시키면서 냉각시켜 필름을 만드는 방법을 인플레이션(inflation) 방법 또는 튜브 방법이라고 하는데 풍선을 팽창시킨 것과 비슷하다.

용융 체를 위로 배출하는 것과 옆이나 아래로 배출하는 방법이 있으며 냉각시키는 방법도 수냉식과 공랭식 방법이 있다. 수냉하면 투명성이 향상되며 특히 PP는 냉각 속도에 의해 결정 구조가 변화되기 때문에 수냉법에 의해 투명성과 강도 인장력이 있는 필름을 만들 수 있다.

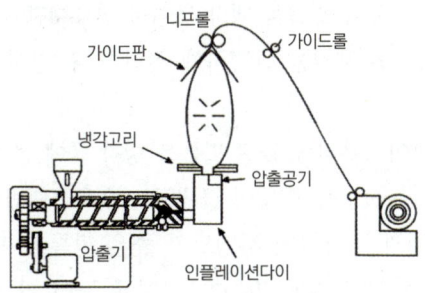

〈그림 4-2〉 필름 인플레이션법의 예

또한, 2대 이상의 압출기에서 하나의 다이 내로 압출해 다층구조의 인플레이션 필름을 만들 수 있다. 같은 폴리올레핀계 수지에서 다층으로 내·외층의 특성을 변화시키거나 기능성 수지나 접착성 수지를 사이에 끼워 서로 다른 수지로 다층구성 인플레이션 필름을 생산하여 식품 포장 등에 널리 사용되기도 한다.

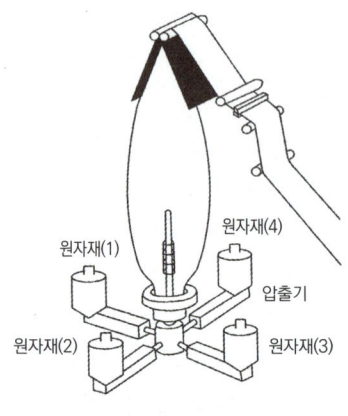

〈그림 4-3〉 다층인플레이션

1.1.2 시트·필름 생산을 위한 T다이(T-Die) 압출

시트(sheet) 또는 필름을 성형하기 위해 옆으로 긴 직선상의 다이를 통해 압출하는 제조공정이다. 다이의 모양이 T자형(字形)을 하고 있으므로 이러한 이름이 붙여졌으며, 용융 된 폴리머는 T자의 다이에 해당하는 부분에서 다이로 내려져 다이 안에서 좌우로 확산하여 T자 위의 횡 부분에서 압출된다.

T다이에서 압출된 시트나 필름을 냉각 롤에서 냉각하면 동시에 광택이 생기고 한 번 더 공냉(空冷)한 후 양옆을 단정하게 절단한 후 말아서 감거나 절단하여 제품화한다.

냉각방법은 T형 다이로부터 압출된 필름을 냉각 롤에 급냉하는 칠-롤(Chill-roll extrusion) 법과 수조(水槽)에 넣어 급냉하는 수욕급냉법(水浴急冷法)이 있다.

인플레이션 압출법과 비교하면 투명도가 좋은 필름을 고능률로 얻을 수 있지만, 인플레이션법보다 설비가 비싸다. 근래에 들어 가스배리어성, 내열성, 강인성, 투명성, 적외선차단 등 특수 용도에 맞는 다층 시트나 필름이 요구되고 있어 2대 혹은 3대 이상의 압출기를 이용한 T다이 성형기술이 슈퍼 엔지니어링 플라스틱 등 다기능, 고기능 수지의 개발과 함께 급속히 발전되고 있다.

T다이에서 생산되는 필름이나 시트는 1축 또는 2축으로 몇 배를 늘이도록

4장 | 플라스틱의 성형(가공)방법

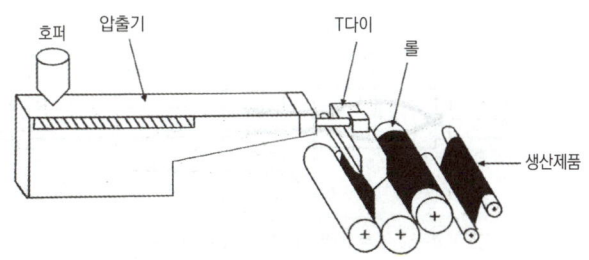

〈그림 4-4〉 T다이 압출의 예

하는 연신도 가능하며, 수축 필름도 만들 수 있다. 다층 T다이형 압출기는 두께 자동조절장치, 전혀 다른 성질을 가진 수지의 융합, 색 전환 및 수지전환을 쉽게 하는 스크린 체인저 기술, 립 조정장치, 각 수지별 온도제어장치, 고속화를 위한 고속냉각, 인취 장치 등 수많은 기술이 요구되며 이미 개발되었거나 현재 개발 진행 중인 것도 있다.

T다이 압출을 통해 생산된 시트나 필름은 이차가공(제대나 열 성형)을 거치는 등을 통해 대부분 포장재와 용기로 사용되며 보편적으로 두께 2.54mm 이상은 시트로, 이하는 필름으로 불린다.

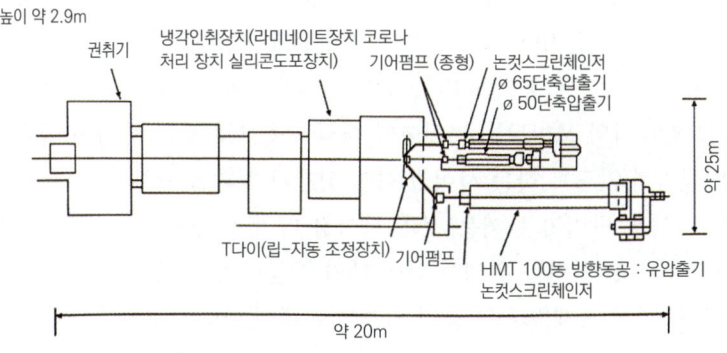

〈그림 4-5〉 3종 5층 시트·필름 장치 개략도

1.1.3 파이프, 튜브, 이형 압출성형

압출기에서 가열, 용융 된 수지를 원형 다이에 의해 파이프나 프로파일과 같은 모양으로 압출해 이것을 사이징 다이에서 냉각 고체화하면 파이프나 튜브가 된다.

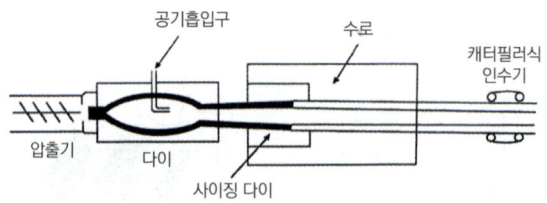

〈그림 4-6〉 스트레이트다이에 의한 파이프, 튜브의 압출

사이징 다이는 성형품의 치수와 형성을 규제하면서 제품을 냉각시키는 다이를 말하는데 외경 규제와 내경 규제로 크게 구분된다. T자 및 L자 각형 또는 창틀용 섀시 같은 이형품은 다이 개구부를 그 모양으로 하면 파이프와 같은 방법으로 성형할 수 있다. 단, 균일하게 수축하지 않을 수도 있어 재료의 점탄성, 작업성을 고려하여 경험적으로 작업하기도 한다. 이형 압출기 또한 필요에 따라 다층으로 할 수 있으며, 두께 자동제어 기술을 비롯한 모든 라인 자동화와 고정밀화 및 고능률화 기술이 계속 발전되고 있다.

1.1.4 둥근 봉 압출

둥근 봉에는 직경이 수 mm에서 200mm를 넘는 두꺼운 것까지 다양하다. 장치로는 파이프와 같지만, 파이프는 2층 원통형 모양의 다이를 사용하고 있는 것에 비해 둥근 봉은 중간에 원통 모양의 다이를 사용한다.

둥근 봉 압출기의 포인트는 고체화될 때의 수축으로 둥근 봉의 중심에 공간(void)이 생기지 않도록 하는 사이징 다이 설계가 성패를 가른다. 가는 두께는 플레이트 사이징 방법이 두꺼운 것의 사이징 다이가 사용된다. 둥근 봉 압출품은 보이드(void) 방지를 위해서 다이 내압을 높여야 하며 인출 속도의 조절도 중요하다. 합성 목재(WPC) 등의 기술이 이에 속한다.

1.1.5 모노필라멘트 압출

로프, 낚싯 줄, 어망, 방충망, 테니스 라켓의 가트, 인조 머리(가발), 브러시 등으로 사용되는 가는 실 모양의 모노필라멘트 또한 압출기에 의해 만들어진다. 보통 20~60개의 가는 노즐을 가진 크로스헤드 다이를 가진 압출기에서 압출된 용융 체를 냉각 조에서 냉각시켜 연신 조에서 적당한 온도, 배율로 늘인다. 변형을 제거하기 위해 애니링로를 통하면서 말린다. 연신 온도, 연신 배율은 플라스틱의 종류에 따라 다르지만 보통 연화점보다 약간 낮게 유지된다.

[표 4-1] 모노필라멘트의 연신 온도와 연신 배율

분류	HDPE	PP	PVC	PVDC	POM (℃)
연신 온도 (℃)	95-100	95-100	95-100	20-30	145-155
연신 배율	7-10	6-9	3-5	3-5	6-9

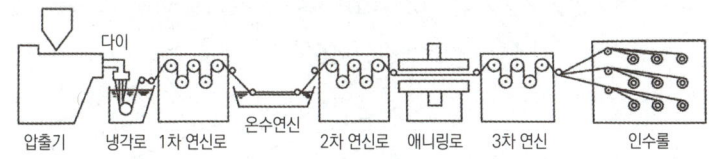

〈그림 4-7〉 모노필라멘트의 제조 프로세스

1.1.6 전선피복 압출

전선 또는 와이어 등에 수지를 피복(코팅) 하는 압출 방법을 말한다. 전도선 심선의 주위를 PE나 PVC와 같은 플라스틱으로 피복하는 공정은 교선기 예열로를 지나 압출기 선단의 크로스테드 다이로 들어간다. 교선기는 심선의 굴곡을 교정하기 위한 것이고 예열로는 심선을 예열해서 부착된 수분과 기름을 제거하기 위한 것이다. 다이 출구에서는 플라스틱으로 피복 된 선을 냉각 수조, 캡스턴을 지나 말아 감는다. 캡스턴은 전선에 일정한 장력을 주어서 끌어당기기 위하여 광폭 역행하는 롤이다.

이 와이어 코팅방법은 사인펜, 자동차 부품, 금속으로 만들어진 선 등에 사용되기도 한다.

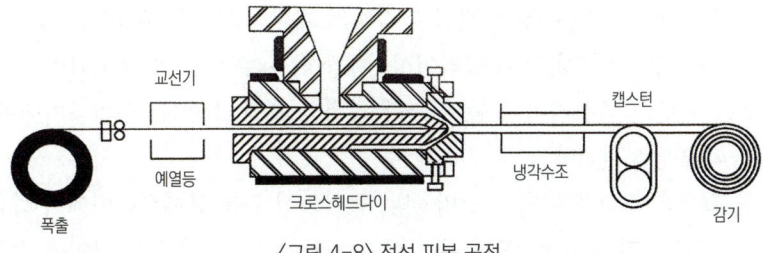

〈그림 4-8〉 전선 피복 공정

1.1.7 연신성형 방법 (延伸: Orientation)

연신(延伸)이란 필름이나 시트, 단섬유(모노필라멘트) 등을 배향시키는 것으로 한 방향으로 늘이는 1축 연신과 가로·세로 양방향으로 늘이는 2축 연신이 있다.

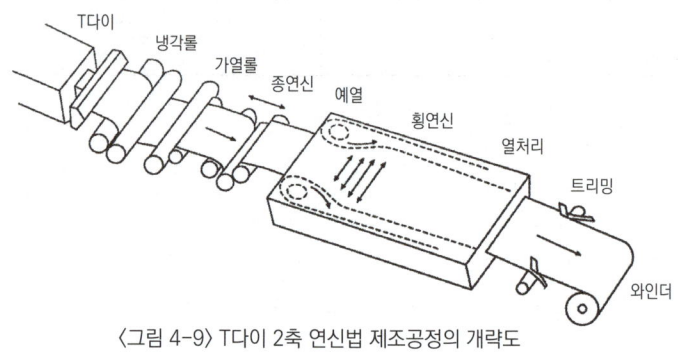

〈그림 4-9〉 T다이 2축 연신법 제조공정의 개략도

연신 하는 방법은 필름이나 시트를 연신 온도(80~140℃)까지 가열 후 양 끝을 텐더의 클립으로 집어 가로 방향으로 늘이면서 동시에 일정 피치(pitch)로 클립 간격을 확대해서 세로 방향으로 늘이고 열처리 후에, 와인딩 하는 방법을 말한다.

PP 필름을 세로로 연신 시켜 포대의 실이나 끈을 만들기도 하고 이축 연신 필름은 각종 포장재로 널리 사용되며 연신 필름은 연신 온도 이상으로 가열하면 원래의 치수로 수축하는 성질이 있으므로 이것을 이용해 수축 필름으로도 사용된다.

1.1.8 압출 코팅 (Lamination)

포장은 각종 상품의 특성에 적합한 각각의 개별적 기능이 요구되고 있다. 예를 들면 내수성, 내향성, 산소배리어성, 차광성, 내유성 등이 요구되면서 단일 소재로는 이를 충족시키지 못함에 따라 최적의 포장 소재를 적층(래미네이트)시켜 목적을 달성시킨다.

압출 코팅은 크라프트지, 알루미늄박, 플라스틱 필름 등에 T다이에서 압출된 또 다른 성질을 가진 플라스틱을 증착시키는 것이다. 두 개의 층 사이에 접착성이 없는 경우 접착을 돕는 중간층이나 접착제로 코팅하여 접착시킬 수도 있다.

래미네이트 방법으로는 서멀 래미네이션(Thermal Lamination)이라 하여 종이, 접착 필름, 부직포 같은 조합물에 가열 롤에서 압착해 맞춰 붙이는 법과 핫멜트 타입의 접착제를 사용하여 맞춰 붙인 핫멜트 래미네이션, 기재 표면에 용제로 녹인 접착제를 도포 해 건조한 후 다른 기재의 압착 롤에서 접착하는 드라이 래미네이션(Dry Lamination), 수용성 접착제를 사용하는 웨트 래미네이션(Wet Lamination), 무용제 반응형 우레탄계 접착제를 기재에 도포해서 다른 기재와 가열 롤로 압착하는 논 솔벤트 래미네이션 등이 있다.

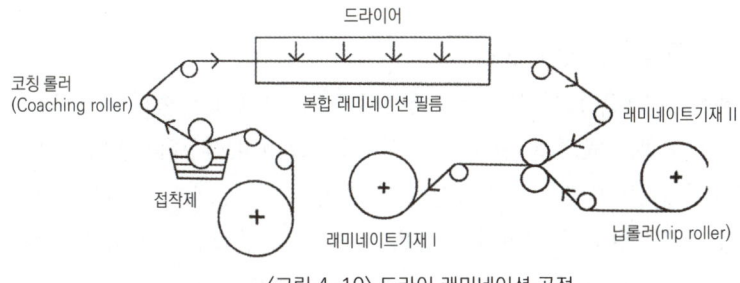

〈그림 4-10〉 드라이 래미네이션 공정

1.1.9 발포성형 압출

압출성형기 내의 용융 수지에 가압상태에서 휘발성 발포제를 주입해 혼합하면 다이에서 압출된 발포 체가 성형된다.

세밀한 포장 구조를 가진 발포 체는 막으로 된 독립 기포와 기포의 연속으로 이뤄진 연속 기포(통기성 기포) 구조로 구성되어 있으며 부력재, 단열재, 전기절연재, 여과재, 세정 용구, 포장재, 방음재 등으로 사용된다. 고상 발포는 재료가 고체상태 또는 고체에 가까운 상태로 발포 성형하는 것을 말하며, 주형 발포는 액상원료를 주형할 때 발포시킨다.

발포에 사용되는 가스에는 발포제의 열분해에 의한 가스, 연질 폴리우레탄 폼 생성 등과 같이 반응에 따르는 가스, 질소 등 가스의 기계적 혼합에 의한 것, 접용제를 사용하는 것 등이 있다.

1.1.10 기타

위에서 열거한 압출성형 이외에도 재생 펠릿을 생산하기 위한 재생 플라스틱 압출기, 성형하는 플라스틱과 같은 종류의 재료에 일정한 색상을 유지하게 하는 마스터 배치(Master batch)생산을 위한 압출기 등이 있다.

1.2 사출성형 (Injection Molding)

압출성형(壓出成形)이 실린더로 밀어서 압력을 가하여 성형하는 방법이라고 하면 사출성형(射出成形)은 원료를 주사기처럼 쏘아서 성형하는 방법이라 하겠다. 사출성형의 성형방법은 열가소성 수지와 열경화성 수지 모두 가능하다.

열가소성 사출성형의 원리적인 과정을 보면 원료 투입구인 호퍼에서 자동으로 낙하되는 원료(Pellet)는 실린더 내부의 스크루를 회전시켜 전방으로 보내며, 실린더 히터에서의 열과 스크루 회전에 의한 마찰열로 용융 되면서 스크루 앞쪽으로 밀려 정체된다.

용융 수지가 정체됨에 따라 스크루는 후퇴한 후 일정량 체류 된 용융 수지를 스크루로 고속, 고압으로 사출하여 금형의 공간(cavity)에 충전시키면 캐비티 내부에서 가압, 냉각, 고화되면서 취출되어 성형품이 만들어진다.

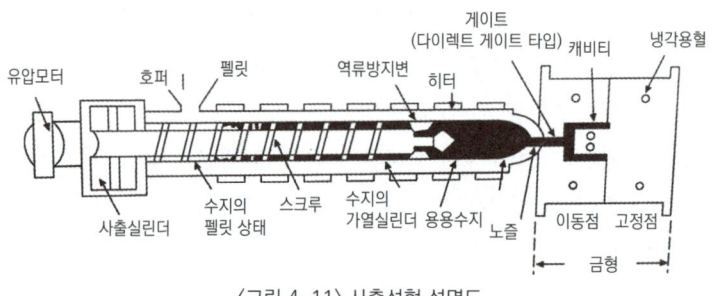

〈그림 4-11〉 사출성형 설명도

사출성형기에는 플랜저 사출성형기, 스크루 예비 가소식 사출성형기, 인라인 스크루식 사출성형기, 벤트식 사출성형기 등의 유형이 있다.

사출성형기는 동력장치(기계식, 공압식, 유압식, 전동기식), 가소화장치(히터, 스크루), 형체 장치(직압식, 토글식), 계측·제어장치로 구성되어 있으며 이러한 장치들이 결합하여 다양한 형식의 사출성형기가 된다. 사출성형기 노즐에서 사출된 용융 수지는 스프루 러너, 게이트를 통하여 캐비티에 들어가 성형품이 만들어진다.

최근 사출기는 CAE(Computer Aided Engineering)의 보급과 슈퍼 엔지니어링 플라스틱 소재의 개발, 사출성형기 주변기기의 발전, 금형 제작 기술의 고도화 등과 함께 고성능, 고효율, 고정밀화가 이루어지고 있다. 또한 2종 이상의 색상이나 소재를 이용할 수 있는 복합성형과 샌드위치 성형이 가능하며 초대형은 물론 고성능 초소형 사출기 등의 기술이 빠른 발전을 거듭하고 있다.

1.3 중공(블로우) 성형 (Blow Molding)

압출기로부터 성형 재료를 튜브 상으로 압출하고 이것을 곧바로 금형에 끼워 내부에 공기를 불어 넣어 중공품(中共品)을 성형하는 방법을 말한다. 블로우(Blow)라는 것은 바람을 불어 넣기 때문에 불리는 이름이다.

블로우성형 방법으로는 압출식 블로우성형, 사출식 블로우성형, 다층식 블로우성형, 연신 블로우성형이 있으며 병, 통과 같은 용기를 생산하는 방법이었으나 최근 들어 자동차를 비롯하여 OA 기기, 가구, 레저용품 등에 급속한 발전을 보여 주고 있다.

1.3.1 압출식 블로우성형

압출기에서 가소화된 용융 수지를 압출해 패리손을 만든다. 이것을 성형하고 싶은 형상의 금형에 끼우면서 패리손 가운데 압축공기를 불어넣어 패리손을 금형 면에 짝 맞춰 성형하는 방법을 말한다.

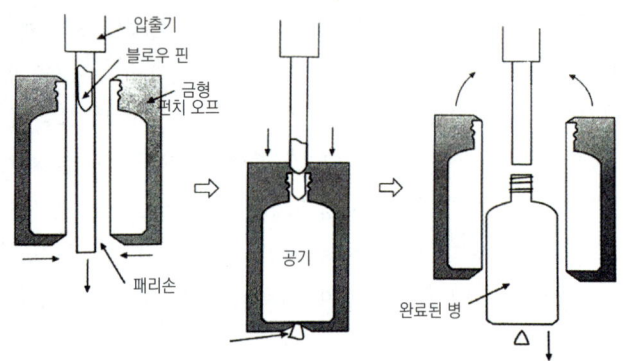

〈그림 4-12〉 압출식 블로우성형 개략도

1.3.2 사출 블로우성형

사출 블로우란 플라스틱 용기 등의 중공성형품을 성형하는 데 있어 패리손 부분을 사출성형하고 이것을 즉시 다른 금형에 끼워 패리손 내에 공기를 불어넣어 성형하는 방법이다.

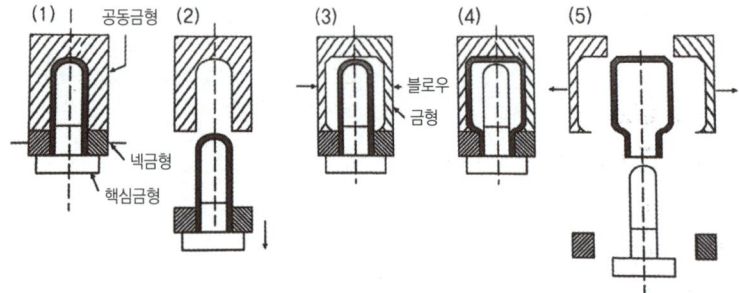

(1) 패리손 성형 (2) 패리손 옮김 (3) 블로우 몰드 닫음 (4) 블로우성형 (5) 제품 꺼냄

〈그림 4-13〉 사출 블로우성형법(injection Blow Molding)의 개략도

1.3.3 다층 블로우성형

자동차용 연료탱크와 같이 가솔린 투과를 방지한다든지 배리어제를 구성하는 3종 5층 등의 결합 수지의 종류 층수를 갖도록 하는 성형방법이다.

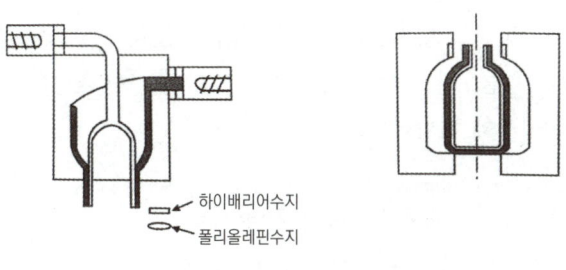

〈그림 4-14〉 다층 블로우성형

1.3.4 연신 블로우성형

청량음료, 생수, 식용유 등으로부터 화장품, 의약품, 알코올음료 등에 폭넓게 사용되는 PET나 OPP 용기의 성형에 적합한 연신 블로우성형은 패리손에 장력을 가하거나 지름이 커지도록 내압을 넣어 분자가 종횡으로 배열을 이루도록 하는 성형방법이다.

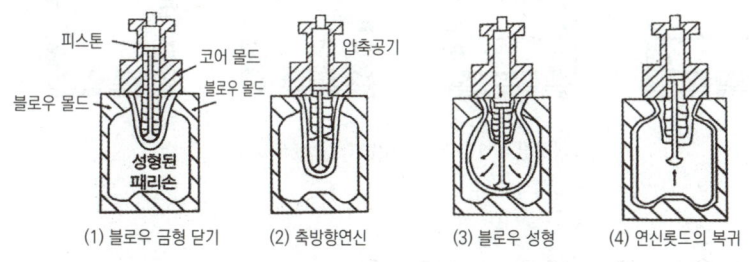

〈그림 4-15〉 연신 블로우 성형 개략도

1.4 진공성형 (Thermo Forming)

진공성형은 열 성형법 가운데 가장 널리 행해지는 방법으로 시트, 필름을 금형 위에 클램프(Clamp)한 채 가열 연화시키고, 형과 틀 사이를 진공으로 시트를 형에 밀착시켜 성형하고 냉각 후에 진공을 끊고 성형품을 꺼내는 방법으로 성형방법에는 스트레이트 성형법과 드레이프 성형방법이 있다.

스트레이트 성형법은 오목형 금형(◡形)에 가열한 시트를 진공 방법으로 밀착시켜 성형하는 방법이며 성형품 바닥의 코너부가 가장 얇아져 두께의 분포가 좋지 않은 경향이 있다. 드레이프 성형법은 볼록형 금형(凢形)에 일단 시트나 필름에 열을 가하여 미리 늘려 놓은 다음 밀어 올려서 성형하는 것을 말하며 깊은 형물을 만드는 데 사용된다.

진공성형은 인장강도 및 신장의 온도 변화와 압력이 중요한 과제이며 간판류, 냉장고 내의 형물, 라면용기, 야쿠르트용기, 컵, 계란난좌, 두부케이스, 과자케이스 등의 성형에 적합하다.

1.4.1 스트레이트 성형 (Straight Forming: 자형·凹形)

가장 기본적인 간단한 진공 성형방법으로 클램프 프레임에 고정하여 가열 열화된 시트를 凹형 몰드 위에 셋오트하여 시트와 몰드 사이를 진공 흡입(감압)해서 凹형 몰드(cavity mold) 내면에 밀착시켜 성형하는 방법이다.

가열 시트가 냉각되어 몰드에 최초로 접촉하는 성형 용기의 어깨 부에 대하여, 바닥 코너가 얇아지는 결점(두께 편차)이 있다.

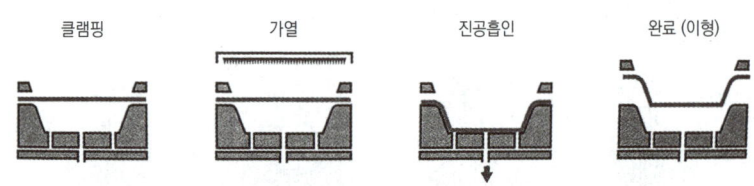

〈그림 4-16〉 Straight법 (雌形成形)

1.4.2 드레이프 성형 (Drape Forming: 웅형·凸形)

스트레이트 성형과 함께 기본적인 성형방법으로 클램프 프레임에 고정해서, 가열 연화된 시트를 凸형 몰드에 올려 위로 신장(스트레치)하면서, 시트와 몰드의 사이를 진공 흡입(감압)해서 凸형의 외면에 밀착시켜 성형하는 방법이다.

접촉하는 성형 내면 형상이 정확하게 성형되는 반면, 성형 후의 수축으로 성형품이 몰드를 조이게 되어 이형(離型)이 어려워지기 때문에 빼내는 구배(勾配)가 필요하다. 이 방법은 심교가 가능하고 두께가 균일한 편이지만, 스트레이트 성형법의 경우와는 거꾸로 가열된 시트가 냉각된 凸형의 몰드에 최초로 접촉하는 성형 용기의 바닥 코너부에 대하여 어깨 부가 얇아지는 결점이 있다.

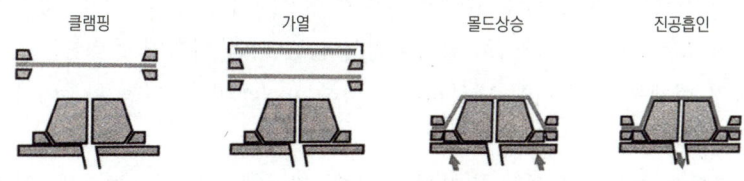

〈그림 4-17〉 Drape법 (雄形成形)

1.5 캘린더 성형 (Calender)

PVC, ABS 등의 수지를 열 롤에서 일정한 두께로 연속 압연(壓延)하여 필름, 시트, 레자, 벽지, 바닥재 등을 만드는 방법을 캘린더 성형이라 한다.

일반적으로 2~4개의 열 롤을 조합한 것으로 롤을 배열하는 형식에 따라 여러 종류가 있다. 형식에는 역 L형과 Z형이 가장 많이 사용되고 있으며 캘린더 롤은 4개뿐 아니라 많은 롤을 다양하게 배치할 수 있다. 압연으로 성형 중인 시트에 천을 압착하면 인공피혁인 레자를 만들 수 있으며 시트 표면에 모양을 넣을 때는 그 모양을 미리 파놓은 엠보싱 롤을 시트 면에 눌러 붙여두면 된다.

캘린더 가공에는 롤 이외에 롤의 증기가열을 위한 보일러, 설비 재료배합을 위한 장치, 예비가열을 위한 장치, 인취 장치 등 필름이나 시트 설비보다 많은 설비비용이 들지만, 생산능력은 크다.

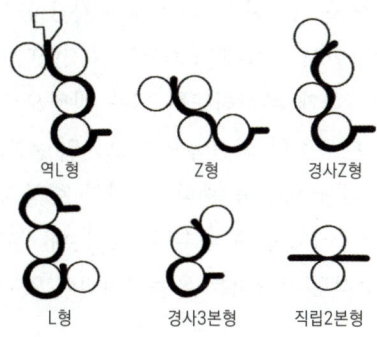

〈그림 4-18〉 캘린더 성형의 프로세스 예

1.6 압축성형 (Compression Molding)

압축성형은 오래전부터 실시하던 성형방법으로 열가소성과 열경화성 수지 모두에 적용된다. 열가소성 수지는 재활용하기 위한 수단으로 많이 활용되며 일단 재생 플라스틱에 열을 가하여 눅눅할 정도에서 만들고자 하는 형태에 알맞은 양 1쇼트 분씩을 롤러로 압축하면서 늘린 다음 금형에 올려놓고 프레스로 눌러 형체를 만든 다음 냉각시켜 취출하는 공정이다. 대형 화분이나 물탱크, 농약 통 등을 만든다.

열경화성 수지는 원하는 수지에 충전제, 강화제, 경화제, 이형제, 안료 등을 배합하여 가열하면서 혼련한 뒤 냉각 성형한다. 분체나 분말 형태의 원료는 1쇼트 분씩 계량해 고주파 등으로 예열해서 수분, 휘발분을 제거하는 동시에 예비적으로 경화하고 이것을 금형에 투입해 가압 성형한다.

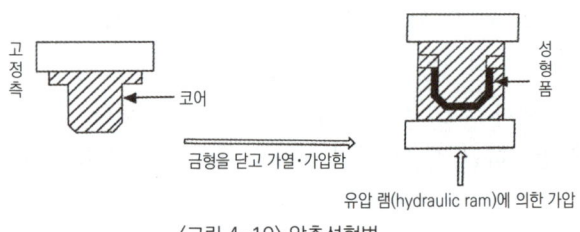

〈그림 4-19〉 압축성형법

1.7 회전성형 (Rotational Molding)

분말 성형방법의 하나인 회전성형은 금형 가운데 적량의 원료를 투입한 후 상부 금형을 닫고 열풍으로 가열한다. 가운데 수지가 용융해서 형틀 내면에 붙도록 하고 이것을 회전하면서 냉각해 제품화하는 것이다.

용융체가 내면에 균일하게 부착하도록 다축 방향으로 회전해 가열 냉각한다. 성형 공정에서 X축과 Y축의 회전속도와 오븐의 온도 및 시간이 제품의 인장강도, 충격강도에 지대한 영향을 준다. 복잡한 형상의 제품이나 초대형 제품을 만들 수 있으며 외력에도 쉽게 파손되지 않는다. 분말 성형에는 정치식인 엥겔법과 금속표면을 수지로 코팅하는 유동침지법이 있다.

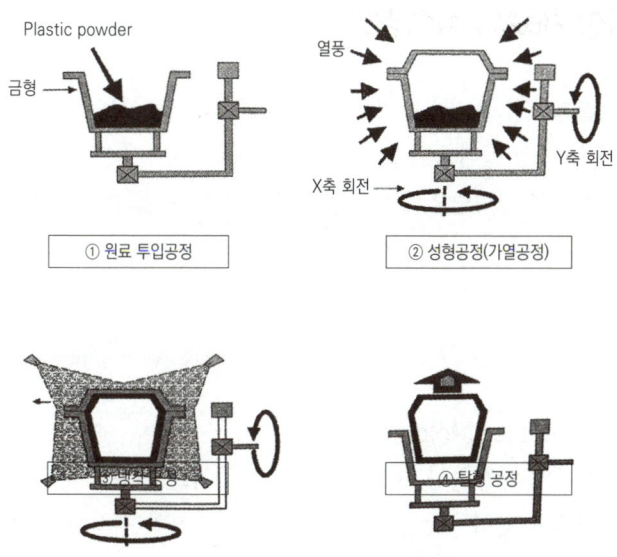

〈그림 4-20〉 회전성형법

1.8 기타

지금까지 열거하지 않은 열가소성 플라스틱 성형법 외에 발포성형이 있다. 발포성형방법으로는 용융발포, 고상발포, 주형발포가 있으며, 1회에 발포시키는 1단 발포법, 예비 발포시킨 재료를 이용해 발포를 완결시키는 2단 발포법 등이 있으며 기포가 독립해 있는 것과 연속된 것, 스펀지와 같이 전체가 발포된 것 등이 있다.

2. 열경화성 재료의 성형방법

지금까지 열가소성 플라스틱의 성형방법에 대해 알아보았다. 성형방법에는 열가소성과 열경화성 플라스틱 모두에게 적용되는 방법이 있다. 중복되는 것을 막기 위해 열가소성 성형방법에서 거론되었던 내용은 제외하고자 한다.

2.1 압축성형 (Compression Molding)
*열가소성 성형 참조

2.2 이송성형 (Transfer Molding)

압축성형과 함께 열경화성 수지의 성형법의 하나로 원료를 가열 실내에서 일단 가열 연화시키고 닫혀 있는 캐비티에 밀어 넣어 가압 경화하는 것이다. 사출성형은 복수의 쇼트분 성형 재료가 체류하지만 트랜스퍼 성형은 1회분만 공급해서 성형한다.

압축 성형법과 비교해 경화시간 단축, 균일경화에 의한 성형변형 감소, 성형품 치수의 정밀도, 인서트(insert)의 손상 감소, 거스머리가 적어 완성이 쉽다는 등의 장점이 있다. 포트성형, 플랜저 성형법이 있다.

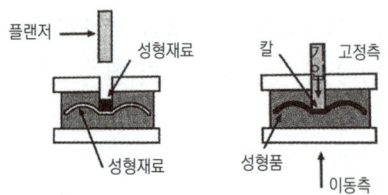

〈그림 4-21〉 플랜저를 사용하는 트랜스퍼 성형

2.3 사출성형 (Injection Molding)

*열가소성 성형 참조

2.4 적층성형 (Laminated Molding)

수지에 침투시킨 종이, 포, 유리창, 유리 부직포 등을 적당 매수 주첩(稠疊)해서 가열, 가압해 경화시킨 제품을 만드는 방법으로 적층 판, 적층 성형품이 만들어진다. 가압의 정도에 의해 저압 적층과 고압 적층으로 나누어진다.

저압 적층은 불포화 폴리에스테르수지, 에폭시수지와 같이 경화 시 휘발물질이나 부산물이 발생하지 않는 성형, 고압 적층은 페놀, 우레아수지, 멜라민 수지와 같은 축합형수지에 적합하다. 수지에 따라 열판 온도가 다르며 적층 성형품에는 금형이 사용되는 것, 파이프, 봉 등이 있다.

[표 4-2] 적층 판의 성형온도, 가압시간

수 지	온 도 (℃)	시 간 (min)
페놀수지	160~170	50~140
멜라민수지	140~160	30~60
에폭시수지	170~180	80~140
불포화 폴리에스테르수지	140~160	15~60
불소수지	400~420	30~60
폴리아미드 수지	170~260	80~140

2.5 주형성형 (Casting Molding)

유동 상태의 수지 또는 모노머를 형틀에 유입해서 고화시킨 후 형을 떼어 제품을 얻는 방법을 말한다. 주형의 수지로서는 에폭시수지, 불포화 폴리에스테르수지, 폴리우레탄수지, 실리콘수지, 메타크릴수지, 폴리아미드 등이 있다. 주형 성형방법으로는 모노머 캐스팅(포팅), 엔캡슐레이션(봉입주형), 슬러시 성형이 있다.

- 포팅(potting): 전기 제품이나 전기 회로를 플라스틱 재료로 싸고, 습기나 충격에 의한 손상을 막게 해주는 것으로 봉입 줌과 하우징을 일체로 하여 주형하는 것. 에폭시수지, 폴리에스테르수지가 많이 사용된다.
- 엔캡슐레이션: 포팅과 같은 목적의 주형이지만 주형 후 형틀로부터 꺼내어 사용하는 것을 말한다. 예술품, 견본품, 기념패 등을 만드는데 적용된다.
- 슬러시 성형: 플라스틱 졸을 가열한 금형에 주입하여 겔화시키면 금형 표면의 모양이 전사된 주형 품이 나오므로 조화나 낚시 미끼 등을 만들 수 있다.

2.6 FRP성형 (Fiber Glass Reinforced Plastics Molding)

강화플라스틱(FRP)은 유리섬유를 보강재로 쓴 플라스틱으로 폴리에스테르(Ployester), 에폭시(epoxy), 페놀(phenol) 등의 수지가 다른 플라스틱 성형품에 비해 강도가 매우 높고 충격 흡수 에너지가 큰 것이 장점이다. FRP 성형에는 핸드레이업 방법, 스프레이업 방법, 필라멘트 와인딩 방법, 인출성형법, SMC성형법, BMC성형법, 레진 트랜스퍼성형법 등이 있다.

- 핸드레이업 방법: 형틀에 겔-코트(수지에 충전제, 안료를 가한 것)를 스프레이해서 초기 경화시킨 후 유리섬유를 그 위에 두고, 경화제를 첨가한 수지를 인쇄물 또는 롤에 함침(含浸), 탈포하면서 적층 후 경화시킨다.

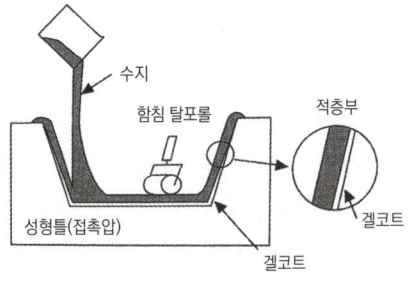

〈그림 4-22〉 핸드레이업 성형

- 스프레이 방법: 겔-코트 된 금형에 로딩을 절단한 짧은 유리섬유와 경화제를 첨가한 수지를 스프레이로 붙여 유리섬유 층을 형성한다. 롤로 함침, 탈포하여 경화한다.

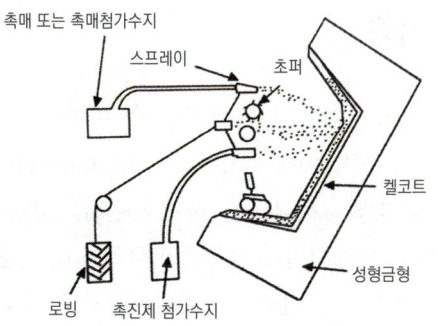

〈그림 4-23〉 스프레이업 성형

- **필라멘트 와인딩방법**: 파이프, 탱크와 같은 것을 만들 때. 그 형상을 맨드렐에 수지 액을 함침시켜 놓은 유리장섬유를 말아 붙인다. 말음은 다축 방향으로 몇 번이고 행하므로 강도, 탄성률이 큰 이방성이 없는 제품을 만들 수 있다.

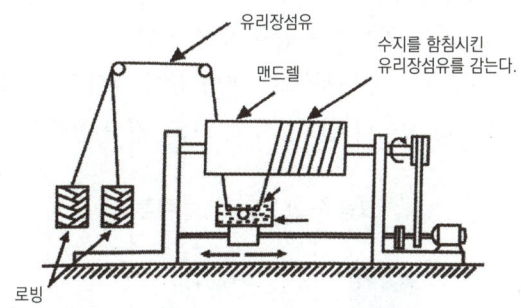

〈그림 4-24〉 필라멘트 와인딩

- **인출성형**: 봉, 파이프, 이형 단면 등 큰 치수상의 성형품이 만들어진다. 큰 치수의 가로 유기재에 경화제를 포함한 수지를 함침시켜 원하는 단면형상의 금형에 유도해 인출, 경화시킨다.
- **매치드메탈 다이성형**: FRP를 위판과 아래 판에 대칭된 매치드메탈 다이에 투입하여 가열, 압축 성형하는 방법이다.
- **SMC에 의한 성형**: 충전제, 증점제, 안료, 경화제 등에 의한 수지 액을 유리 단섬유에서 만들어지는 멘트상의 섬유 강화제에 침투시켜 소정의 온도 시간에서 겔화시킨 것에 의해 점착성이 없는 SMC를 만든다.

FRTP의 스탬핑성형, BMC에 의한 성형방법은 생략한다.

3. 기타 플라스틱 가공

플라스틱은 완제품으로 생산되는 제품이 있는가 하면 판, 봉, 파이프 등을 기계가공(절단, 절삭, 구멍 뚫기 등)에 의해 완성하거나 시트(sheet)나 필름(film)으로 재단, 접착, 용접 그 외의 방법으로 가공을 하기도 한다. 성형(molding)은 플라스틱 재료를 소정의 형태로 변형시키는 일차적인 작업이고, 가공(fabricating)은 성형에 의한 산물을 취급하는 이차적인 최종작업이라고 볼 수 있다.

3.1 코팅 (Coating)

PET, OPP, PP, ONY, LDPE 등의 필름에 알루미늄이나 금속단체를 증착시켜 기능성 포장재를 만들게 되고 이 과정에서 여러 가지 코팅 기법이 적용된다. 예를 들어 알루미늄의 금속을 진공 중에 고온으로 가열하면 물과 같이 용융 되고, 그다음에 기화되어 알루미늄 증기가 되며 이것을 플라스틱 필름 위에 냉각 고화하여 박막을 형성하면 알루미늄 증착 필름이 된다.

코팅 기법에는 〈그림 4-25〉에서 보는 바와 같이 습식법, 건식법 등이 있으며 플라스틱 필름뿐 아니라 종이나 면포, 시트, 보드, 강판 등에도 적용이 된다.

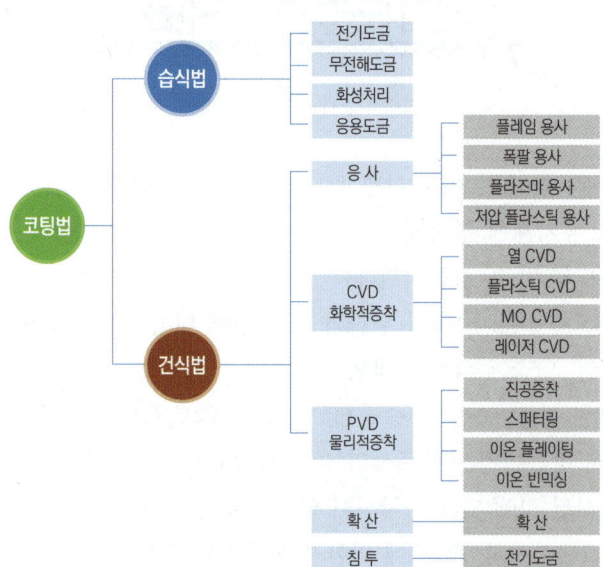

〈그림 4-25〉 코팅기술 분류

3.2 래미네이팅 (Laminating)

컨버팅 기술에 있어서 래미네이팅 기술은 매우 중요한 위치에 있다. 래미네이팅이란 "어떤 베이스 재료에 동종 또는 이종의 베이스 재료를 접합함에 따라 베이스 재료 자체가 지닌 성질을 살림과 동시에 결점을 보완하거나 새로운 기능을 부가시키는 가공법"이라고 정의하고 있다.

코팅은 베이스 재료에 액체를 도포하는 방법(어느 한쪽은 반드시 액체임)이라면 래미네이트는 코팅에서 사용하는 액상의 수지를 필름 또는 필름 형태로 하여 베이스 재료에 접합하는 것이다. 코팅에서 액체는 항상 흐르려고 하는 성질이 있어 얇게 도포하는 데는 적합하지만 두껍게 도포하는 데는 바르고 건조하는 공정을 반복하지 않으면 안 되기 때문에 시간이 오래 걸리므로 생산성이 낮으며 균일하게 도포하는 데도 많은 신경을 써야 한다.

래미네이팅은 미리 필요로 하는 소재와 두께를 정해놓고 균일한 두께의 필름을 베이스 재료에 접합하면 되므로 생산성이 높고 완성된 제품의 품질도 우수하며 한 번에 몇 종류의 필름을 래미네이트 할 수 있는 장점도 가지고 있다.

래미네이트의 공정은 가공법에 따라 다르지만, 현재 국내에서 범용적으로 이용되고 있는 래미네이트법은 웨트 래미네이트법, 왁스 래미네이트법, 압출·코팅 래미네이트법, 드라이 래미네이트법 등이 이용되고 있다. 코팅·래미네이트로 사용되는 원료는 합성수지 메이커에서 별도의 그레이드로 출고하고 있어 합성수지 출하량을 보면 수요량을 파악할 수 있다.

3.2.1 웨트 래미네이션 (Wet Lamination)

웨트 래미네이션은 "젖은 상태에서 접합하는 것"이란 의미로 베이스 재료에 수용성(물에 녹는 것) 또는 수분산(물에 합성수지의 미세입자가 떠 있는 것) 타입의 접착제를 도포하고, 습한 상태에서 접합시킨 후 건조하는 방법이다. 접착제로는 전분, 아교, 카제인(단백질의 일종으로 우유 또는 콩에서 추출), 폴리비닐알코올 등의 수용성 타입도 있지만, 폴리초산비닐, 에틸렌초산비닐공중합체(EVA), 폴리아크릴산에스테르 등의 에멀젼 타입이 주로 사용되고 있다.

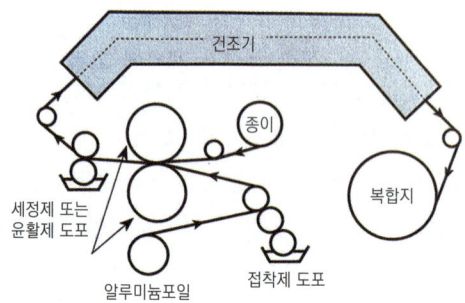

〈그림 4-26〉 웨트 래미네이션기

3.2.2 드라이 래미네이션 (Dry Lamination)

플라스틱 필름이나 알루미늄포일 등 베이스 재료 표면에 유기용제에 용해한 접착제 용액을 도포하고, 열풍 또는 가열로 용제를 증발시키고 접착제 표면이 미경화로 다소 점착성을 가진 상태에서 제2 베이스 재료 필름을 중합 래미네이트 시켜 가압 접착하고 이것을 와인딩하여 접착제의 경화를 완결시켜 적층하는 방법이다.

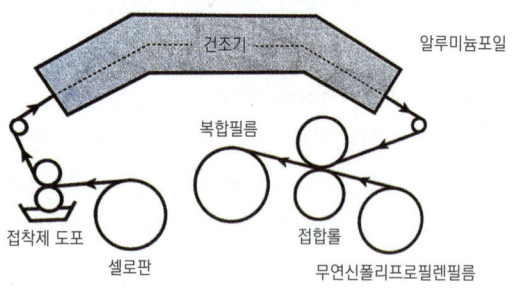

〈그림 4-27〉 드라이 래미네이션기

드라이 래미네이션의 특징은 유기용제에 녹인 접착제를 사용하고, 일단 건조 시키면서(Dry) 래미네이트 한다는 점이다. 접착제 형태로는 수성형, 알코올형, 용제형, 무용제형이 있으며 용재형에는 아크릴계, 폴리아미드계, 폴리우레탄계 등이 있다.

3.2.3 핫멜트 래미네이션 (Hot-melt lamination)

핫멜트 래미네이션이란 「열로(접착제)를 녹여 접합시키는 것」이란 뜻이다. 즉, 어떤 베이스 재료에 고형 상의 접착제를 가열(80~140℃)해서 균일하게 용융한 접착제를 가열롤 혹은 도공 헤드를 이용하여 도포 후, 접착층의 고화 전에 다른 쪽의 재료(제2기재)와 래미네이션하여 접착제를 냉각·고화하는 방법이다.

접착제로서는 열가소성 수지(EVA, EEA 등), 점착 부여제(로진계, 로진 유도체, 테르펜계, 석유 수지계 등), 왁스(파라핀, 마이크로 크리스탈 라인, 합성 왁스 등), 열 안정·유연제(EMMA 등), 기타 첨가제(산화방지제, 가소제, 활성제 등) 등으로 구성된 핫멜트형 접착제가 사용되고 있다.

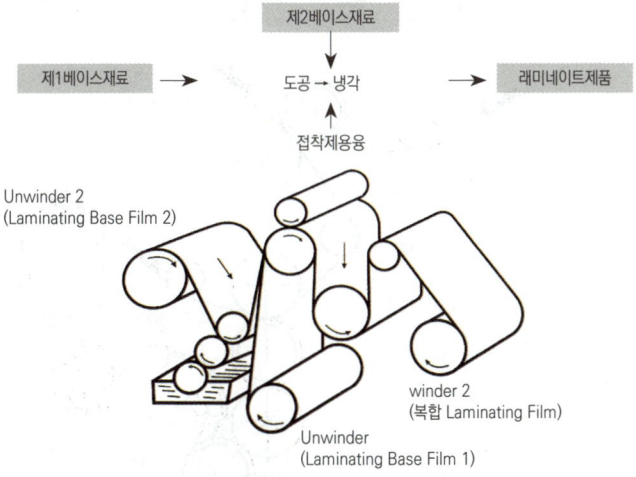

〈그림 4-28〉 핫멜트 래미네이션의 개략도

3.2.4 논 솔벤트·무용제 래미네이션 (Non-Solvent lamination)

논 솔벤트 래미네이션의 최대 특징은 접착제에 용제를 사용하지 않는다는 점이다. 그러므로 무용제 래미네이션이라고도 부른다. 이 방법은 100% 고형의 우레탄계 무용제 접착제를 가열하여 점도를 낮춘 상태에서 베이스 재료에 도포, 이것과 다른 베이스 재료를 가열 롤에서 압착하여 와인딩한다.

용제를 사용하지 않기 때문에 용제를 휘발시키는 드라이어가 필요 없고 방폭, 배기·환기 시설도 필요치 않지만, 접착제 가열장치와 공급 장치가 필요하다. 사용 용제에 의한 환경공해, 복합필름의 잔류용제 등의 품질 트러블의 발생이 없다는 점, 접착제 도공량이 소량이기 때문에 낮은 접착제 코스트, 건조부가 없으므로 가공속도의 고속화, 높은 생산성이 특징이나 사용접착제의 제약, 낮은 도공량에 따른 제막의 불균형성, 접착강도의 부족, 품질의 안전성이 결여된다는 점이 지적되고 있다.

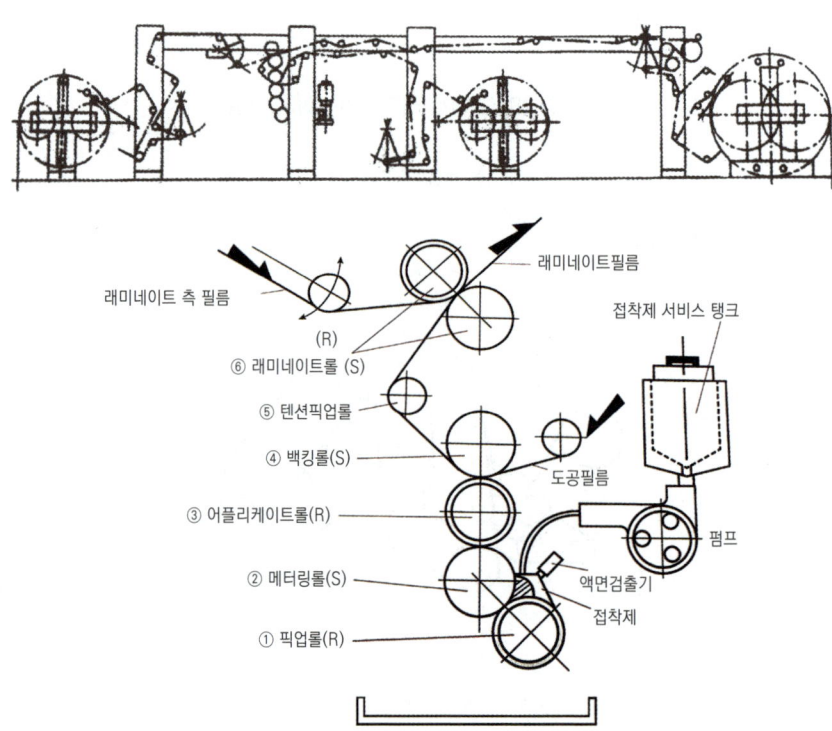

〈그림 4-29〉 무용제 래미네이트기

3.2.5 압출 코팅·래미네이션 (Extrusion Coat Lamination)

압출 코팅·래미네이션의 최대 특징은 「수지를 녹여 필름 현상으로 도포한다」라는 점이다. 용융 압출 수지를 베이스 재료에 도공하기 전에 베이스 재료 외에 농도가 낮은 접착제를 도공한다. 이 액체를 특히 AC제라 부르고 있다. 도포량은 매우 적다.

　압출 수지로서는 주로 폴리에틸렌이 사용되는데, 폴리에틸렌은 무극성의 고분자로 접착이 어려운 수지이다. 압출 다이로부터 300℃ 이상의 고온에서 압출된 폴리에틸렌은 실제로 베이스 재료와 닙롤(Nip Roll)에서 압착될 때까지의 공간에서 공기 중의 산소에 의해 표면이 산화되어 활성화된다. 그래서 베이스 재료와 용융 폴리에틸렌 사이에 AC제를 도공하여 양쪽의 접착력을 향상하게 한다.

　압출 코팅·래미네이션을 분리하자면 압출 코팅과 압출 래미네이션으로 구분할 수 있다. 압출 코팅이란 수지를 녹여 T다이(슬릿다이)에서 필름 형태로 압출한 것을 베이스 재료에 도공하는 방법이다. 이 방법으로는 2층 구조의 제품을 얻을 수 있다.

　반면 압출 래미네이션은 용융 수지를 슬릿다이에서 필름 형태로 압출하여 베이스 재료에 도공하고 샌드 권출기라는 언와인더에서 다른 베이스 재료를 공급하여 동시에 접합하는 방법을 말한다. 압출 래미네이션은 중간에 접착층을 사이에 두고 양쪽에 베이스 재료를 접합하고 있으므로 샌드위치 래미네이션(Sandwich lamnation)이라고도 부른다.

　압출 코팅 래미네이션에는 일반적으로 압출기(T-다이) 1대인 싱글라미네이터와 압출 가공의 고속화를 위한 압출기 2대인 탠덤래미네이터가 있다. 사용 플라스틱은 LDPE, MDPE, HDPE, PP, EVA, IO, PET, EAA, EEA, EMAA, TPX 등 광범위하게 수지가 사용되고 있다. 베이스 재료도 종이, 플라스틱 필름, 알루미늄포일, 면포 등 다양하다. 주로 올레핀 계통의 수지를 힛씰란트(heat sealant)로서 사용할 때 이용된다. PET/ PE, OPP/PE, PET/AL/PE 등과 같은 2층, 3층의 사양에 잘 이용된다.

　종이·직물용 압출 코팅·래미네이트기에서의 베이스 재료와 압출 코팅 수지와의 재료 상호 간에 "물리적 엉킴"에 의해 접착력을 향상하게 하므로 가공속도의 고속화가 가능하지만 필름용 압출 코팅 래미네이트기에서는 고속화가 곤란하다. 연포장 주요 특성인 슬립성, 항 블로킹성 등을 유지하기 위한 수단으로서 냉각 롤 표면 조밀도를 적정화하는 방법, 필름 표면에 고염분과 같은 슬립제·블로킹 방지제 등을 옥시드라이 장치로 산포하는 방법 등이 이용된다.

　압출 코팅·래미네이트기에는 압출기의 인라인 이두화(二頭化, 2 Head)한 탠덤형 압출 코팅 래미네이트기와 압출기 2대를 이용한 공·압출 코팅 래미네이트

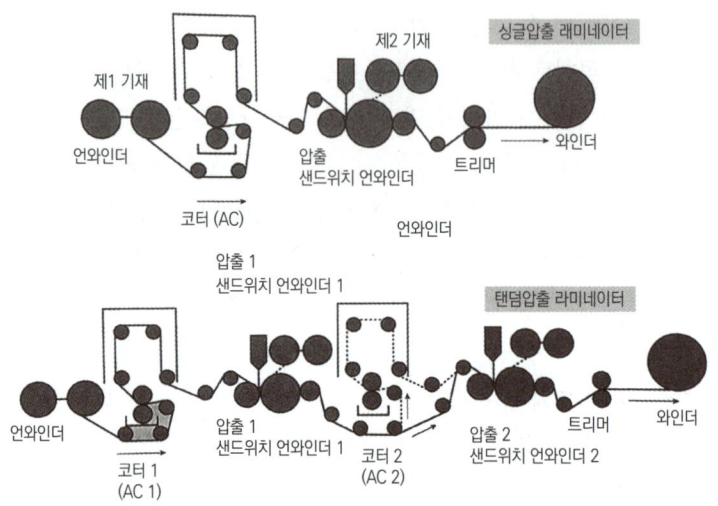

〈그림 4-30〉 싱글압출 래미네이터와 탠덤압출 래미네이터

기도 이용되고 있다.

　코팅·래미네이트 필름들은 각종 테이프류나 라벨용 등에도 다양하게 사용되고 있다. 각종 필름에 접착제 등을 증착시켜 수요자들이 요구하는 규격으로 절단, 가공하여 상품화한다. 문구용 스카치테이프를 비롯해 전기절연테이프, 보호테이프, 박스테이프, 반사테이프 등 다양하게 사용되며 필름을 좁은 폭으로 나누어 연신 과정을 거쳐 끈으로 사용하기도 한다.

　수축 필름을 이용하여 인쇄 절단 가공하여 음료용 PET병 등의 라벨용으로 사용하기도 하며 자동차나 전자제품 등의 출고 직전 긁힘 방지용으로도 사용하고 자동차 선팅 필름이나 유리 등에 기능성 필름으로 사용된다.

3.3 연포장(軟包裝) 가공

　연포장[1]이라 불리는 플렉시블 포장은 다양한 기능[2]을 가질 수 있도록 래미네이팅 필름이나 복합필름이 사용된다. 이와 같은 소재들과 가공기술은 상하좌우의 관련 산업과도 긴밀하게 연계되어 포장산업의 중요한 위치를 점유하고 있으며 식품산업 발전에 견인차적 역할을 하고 있다.

　시트, 필름 등을 구매해서 인쇄 및 후가공을 거친 후 판매하는 자를 컨버터

(converter)라고 하며 코팅, 래미네이팅, 메탈라이닝(증착), 엠보싱, 와인딩, 슬릿팅, 함침표면처리 등 컨버팅 업계에서는 다양한 기술을 적용하게 되어 베이스 재료 메이커, 기계메이커, 부자재 메이커 등과도 긴밀한 관계를 유지하고 있다.

3.3.1 연포장(軟包裝) 필름

연포장은 사회구조의 변화와 생활방식, 그리고 음식 문화 등이 변화되는 과정에서 요구되는 기능을 충족시키면서 급속한 발전을 이루어왔다. 대가족에서 핵가족사회로, 여성의 사회진출 확대와 유동 인구의 증가, 여가활동 증가와 인스턴트식품 발전, 고령화 사회와 건강보조식품 수요증가 등 전반적인 생활방식의 변화는 언제 어디서나 간편하고 쉽게 양질의 음식, 음료수, 한약재, 건강보조식품을 섭취할 수 있도록 요구해왔으며 이 모든 것을 충족시켜 줄 수 있는 요건 중 하나가 연포장의 개발이었다.

연포장에서 주목을 받는 것은 비교적 소형이면서 기능성을 지닌 파우치 포장[3]이라 할 수 있다. 파우치용으로 사용되는 필름으로는 기재용(소재용), 간재

---

1) 연포장재(軟包裝材): 필름 또는 종이 등 유연성이 있는 포장재로 포장되는 상태. 형상이 자립 고정화되지 않는 포장. 일반적으로 수지 필름과 알루미늄포일, 셀로판 등의 필름을 사용하여 포장한 유연하고 휘어지기 쉬운 포장재 형태를 총칭. 주로 플라스틱 필름 등의 유연 포장 재료로 포장되는 것을 유연 포장이라 하고, 특히 경질의 플라스틱 용기나 알루미늄포일 용기의 포장을 강성 포장(rigid packaging)에 대비하여 유연 포장(flexible packaging)이라 한다.

2) 다양한 기능
  • 내수성: 물에 견디며, 잘 젖지 않는 성질
  • 수증기, 가스 배리어성: 수증기나 가스를 통과시키지 않는 성질
  • 내유성: 기름 성분에 견디는 성질
  • 내약품성: 약품에 견디는 성질
  • 광택성: 표면의 윤기나 광택을 높이는 성질
  • 보향성: 내용물의 향을 바깥으로 나가지 않게 하는 성질
  • 열접착성: 열을 가하면 접착하는 성질
  • 접착성, 점착성: 달라붙는 성질
  • 내긁힘성: 긁힘 등에 의해 베이스 재료에 상처가 나지 않도록 하는 성질
  • 대전방지성: 정전기를 발생시키지 않게 하는 성질
  • 도전성: 전기를 통하는 성질
  • 박리성: 달라붙는 성질과 반대로 벗기기 쉬운 성질
  • 접착: 동종 또는 이종의 고체 면과 면을 붙여서 일체화한 상태
  • 점착: 접착의 일종으로 일시적인 접착을 말한다.

3) 파우치 포장(Pouch Packaging): 파우치는 배리어성이 있는 포장 재료를 삼방 봉합하거나 사이드 봉합하여 제조된 대(袋)이다. 파우치 포장된 식품은 레토르트 식품과 액체 음료수 분말 식품 등이 있다. 파우치 포장은 포장 기능 이외에 다른 기능을 지니게 된 것이 많고 레토르트 파우치 식품은 Boil in Pouch(보일 인 파우치)로도 이름 붙여져, 먹을 때 온탕으로 데울 수도 있고, 스탠딩 파우치는 자립할 수도 있어 용기 대신으로도 쓰인다.

용(중간재용), 씰란트용이 있으며 소량이지만 단체(單體) 필름이나 공·압출 필름이 사용되기도 한다. 단체 필름은 래미네이트를 하지 않고 표면 인쇄를 하여 과자, 빵 등 비교적 간단한 포장에 사용되는 필름을 말한다. 이면에 인쇄되고 적층 필름을 이용한 파우치 필름을 통상 연포장이라고 부르고 있다.

연포장에서 가장 중요하다고 할 수 있는 기능성 필름을 만들기 위해서는 CPP, OPP, 나일론, PET, PVDC와 같은 기재 필름이 필요하다. 이들 필름을 기반으로 하여 래미네이션 등이 이루어지기 때문에 베이스 필름이라고도 부른다. 기재 필름은 실질상으로 히트씰이 불가능하므로 이면에 히트씰용 필름층을 붙이며 또, 기재 필름만으로는 충분한 기능을 달성할 수 없으므로 보조 기능으로 간재 필름이 사용된다.

3.3.2 가공사업자 (Converter)

컨버터란 "미가공의 원료 혹은 반제품을 삽입하여 이것을 가공(성막, 성형, 적층화 인쇄 등)을 하여 반제품 또는 완성 제품을 만들어 판매하는 자"를 말한다. 플라스틱 업계에서는 시트, 필름, 종이, 알루미늄포일 등을 구매하여 인쇄, 래미네이팅, 슬리팅, 봉합 등의 가공을 거친 후 판매하는 자를 말한다.

필름을 가지고 내용물을 담는 봉투를 만든다면 우선 필름에 인쇄하고, 재단하여 자르고 봉합 공정을 거쳐야 한다. 단일 필름만으로는 수분·산소·광선 등의 투과를 차단할 수 없고 충격이나 내용물을 원래의 상태로 오래도록 보존하게 하는 기능이 부족하여 각종 플라스틱 필름의 장점을 살리고 때로는 알루미늄포일 등을 사용하여 다층 구조의 기능성 필름을 만들고 이를 수요자가 요구하는 크기나 모양으로 봉투를 만들어 판매하게 된다.

과자, 라면, 커피 믹스 등 식품포장이나 레토르트 식품 포장[4]에 사용되는 다층 포장재는 식품 등의 종류에 따라서 산소 차단성, 내충격성, 차광성 등이 요구되어 여러 가지 플라스틱 필름이 사용되는데 외측에는 종과 횡으로 이축 연신 된 PP 필름이 사용되고 그 아래층에 인쇄층이 있으며 내측에 PE나 PET, 알루미늄 증착 필름 등이 사용되고 있음을 알 수 있다.

겉으로 보기에는 1매의 필름으로 보이지만 실상은 2~3겹 이상의 플라스틱 필름이나 알루미늄 증착 필름으로 구성되어 있으며 식품의 종류에 따라 다양한 기능을 가진 포장재가 사용된다.

예를 들어, 라면 봉지의 경우 연신 된 PP 필름 위에 인쇄하고 인쇄된 면 위에 접착제를 얇게 도포하여 PE를 녹여 바르게 된다. 이 단계에서 접합(래미네이팅)이 완료되고 다음으로 일정한 폭으로 절단되어 롤 상태로 감아진 래미네이트 필름이 식품 회사에 납품된다.

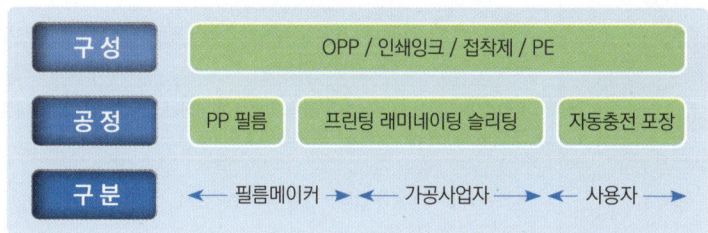

〈그림 4-31〉 연포장 필름 가공·유통 구조

〈표 4-3〉 주요 식품의 라미네이트 필름 예

구분	식품명	래미네이트 필름 구성 예
수분함유식품	어묵	K코팅OPP/인쇄잉크/LLDFE/10
액체식품	드레싱, 소스, 간장, 토마토케첩	PET/인쇄잉크/PE
냉장 냉동식품	햄, 소시지, 식육	OPP/인쇄잉크/PE
유지식품	버터, 마가린, 치즈	PE/종이/PE
가스충전포장	녹차, 홍차, 커피	K코팅OPP/인쇄잉크/PE/AL/PE
레토르트 살균포장	카레	PET/인쇄잉크/접착제/AL/접착제/OPP
액제	음료	PE/인쇄잉크/종이
무균용포장	주스	PE/인쇄잉크/종이/PE/AL/PET/PE
지퍼대	김	ONy/인쇄잉크/접착제/증착PET/PE
공압출필름	된장 포장	LDPE/EVOH/EVA

4) 레토르트 식품(retort pouched food, foods with retort, pack): 레토르트 식품은 레토르트에 의하여 100℃ 이상의 상업적 무균성을 부여한 온도에서 가열하여 상업적 무균성을 부여한 밀봉 용기 포장 식품 중에서 플라스틱 필름과 알루미늄포일을 적층한 필름을 열 봉합에 따라 밀봉한 용기를 사용하여 제조한 것이다. 포장 재료로서는 내열성이 좋은 플라스틱 필름 또는 수지가공 알루미늄포일 등이 이용되고 있으며, 레토르트 파우치 식품은 유연, 경량으로 휴대에 편리하고, 사용 시 특별한 용기가 불필요하며, 용기의 두께가 얇아 살균시간이 짧고, 품질 저하도 적고, 용기 코스트가 싸고, 상온으로 장기 보존이 가능하다. 그리고 제조에 필요로 하는 종 에너지 소비가 적어 에너지 절약 포장재이다.

연포장의 컨버팅 기술도 매우 다양하며, 하나의 공정에서도 매우 많은 방법이 적용된다. 주요 공정을 보면 다음과 같다.

코팅 (도공. 도포)	베이스 재료에 액상 형태의 재료를 발라 표면에 피막을 형성시키는 것을 말하며 수용성 코팅, 용제코팅, 열 용융 코팅, 압출 코팅 등이 있다.
래미네이팅 (적층)	필름·종이·알루미늄포일 등을 접착제로 붙여 적층하는 것이다.
프린팅	인쇄를 말한다. 그라비아 프린팅, 플렉소 그래픽 프린팅, 옵셋 프린팅. 전사 프린팅, 스크린 프린팅 등이 있다.
메탈라이징	플라스틱 필름의 표면을 얇은 금속 막으로 피복하는 것으로 알루미늄, 니켈, 은, 크롬, 수소 산화물, 산화알루미늄 등이 있다.
엠보싱	표면에 요철의 모양을 만드는 것을 말한다(화장지).
와인딩	감는 것을 말하는데 이것과 상관되는 것으로 언와인딩과 리와인딩이 있다. 언와인딩은 풀어 주는 것, 리와인딩은 감아주는 것을 말한다.
슬릿팅	자르는 것이다. 비슷한 말로 커팅이 있으나 커팅은 직각으로 자르는 것을 말하며 슬릿팅은 진행하는 방향과 평행하게 자르는 것을 말한다.

이 밖에 표면처리, 디핑(함침) 등이 컨버팅 업계에서 이용되고 있으며, 공정마다 적용방법이나 소재도 다양하여 많은 기술을 필요로 하기도 한다.

연포장에서의 컨버터들은 식품산업의 발전과 함께 맥을 같이 하고 있으며 인쇄업과 깊은 연관이 있다. 라면이나 대부분의 인스턴트식품들은 포장 봉투에 내용물을 소개하거나 홍보하기 위해 인쇄를 하게 되며 실제의 실물과 같이 정교한 인쇄를 한다. 이와 같은 인쇄를 하기 위해서는 가능한 다양한 색상을 표출할 수 있는 인쇄기와 기술을 요구하게 된다.

연포장 컨버터들은 연포장만 전문적으로 생산하는 업체가 있는가 하면 베이스 필름을 생산하는 업체가 컨버팅까지 하기도 한다. 일부 업체들은 성능이 좋은 인쇄, 코팅, 래미네이팅 등의 기계를 활용하고 기술을 개발시켜 라벨, 테이프, 데코 필름 등을 생산하기도 하고 근래에 들어서는 IT산업과 태양광 관련 소재 개발에도 참여하고 있어 연포장 컨버터라고 단정하기 곤란한 기업들도 대두되고 있다.

휴대와 운반이 쉬워 언제 어디서나 간편하게 먹을 수 있도록 조리·가공된 레토르트 식품이 인기를 얻으면서 레토르트 파우치[5]의 수요가 증가하고, 스탠딩 파우치[6]까지 나오면서 유리병, 금속 캔, 종이카톤 등은 물론 플라스틱 성형 용기 시장까지 잠식하고 있다.

〈그림 4-32〉 각종 연포장 필름

플렉시블 포장은 식품뿐만 아니라 화장품, 세제류, 의약품 등에도 용도가 확대되어 수요가 증가 될 것으로 보이나 대량 수요로 하는 식품 메이커들이 직접 포장재까지 생산에 참여할 가능성도 있어 관련 업계가 긴장을 늦추지 못하고 있는 현실이다. 불모지에서 많은 노력과 기술을 발전시켜 현재의 위치까지 이르렀는데 식품업체들이 자사 수요분 자사 공급이라는 명분을 앞세워 자체

---

5) 레토르트 파우치(retort pouch): 내열성의 복합필름으로 만들어졌으며, 레토르트(고온, 고압의 살균 가마) 살균이 가능한 봉투. 식품을 충전, 밀봉한 후 100~150℃의 온도로 레토르트 살균하기 위한 봉지이다. 금속 캔, 유리병보다 용적, 중량을 적게 해서 상온 유통할 수 있는 장기 보전성 식품 포장재라고 할 수 있다.
래미네이트 구성 재료는 폴리에스터, 나일론이 다층재료로 사용되고 있고, 알루미늄포일은 중간층으로 사용되고 있다. 최 내층은 실란트로서 폴리올레핀이 이용되고 특히 CPP를 사용하는 것이 많아졌다. 투명 파우치로 산소 차단성이 요구되는 것은 중간층에 PVDC나 EVA를 사용하는 것도 있다. 대표적인 재료구성은 투명물의 경우에 나일론/CPP이고, 알루미늄포일을 사용하는 것은 폴리에스터/알루미늄포일/CPP로 되어 있다. 대형 파우치는 내충격성과 내핀홀성을 고려하여 폴리에스터/나일론/알루미늄포일/폴리올레핀과 폴리에스터/알루미늄포일/폴리에스터/폴리올레핀 등의 4층 구성이 이용된다.

6) 스탠딩 파우치(standing pouch): 1964년 프랑스의 티모니어사에서 개발하였다. 방습셀로판/알루미늄포일/폴리에틸렌, 폴리에스터/알루미늄포일/폴리올레핀, 나일론/폴리올레핀 등의 래미네이트 다층구성을 열 봉합하여 제대한 것이다. 내용물을 넣으면 바닥부가 넓어져 자립하게 되어 있다. 주스나 청량음료, 와인, 조미료, 수분이 있는 식품의 가공품 등의 포장에 이용된다. 유리병이나 캔에 비해 가볍고 보관 페이스가 적고 수송, 재고에 유리하다.

시설을 설치한다면 그동안 기존의 컨버팅 업체들이 축적한 기술과 시설들은 무용지물이 될 수밖에 없게 된다.

3.4 IT 및 광학용 필름

코팅·래미네이팅 등 가공기술은 범용 PE, PP, PS 등의 필름에서 PET, 나일론 등 엔지니어 링 플라스틱 필름으로, 그리고 PVA, PI, PMMA 등 고기능성 필름으로 진보되면서 이들 특수한 필름과 함께 기술이 발전되어 IT산업, 태양광 산업 등 첨단 산업에 활용되고 있다.

휴대폰이나 아이패드, LCD TV 등 IT산업에서는 기능성을 갖는 PVA, TAC, PMMA 필름이 사용되며 태양광 산업에는 광학용 고투명 필름으로는 EVA, PVF, PVA, PET 필름 등이 사용된다.

편광 필름용 광학 필름에 사용되는 TAC필름은 편광판을 보호해주는 첨단 소재로서 모니터 노트북, 휴대폰의 액정 표시장치(LCD)의 한 부분을 이루는 편광판을 보호해 주는 필름으로 약 20년간 후지필름과 코니카 등 일본으로부터 수입하여 사용했으나 우리나라에서도 2009년 효성에서, 2012년 SK이노베이션에서 국산화하여 공급하고 있다.

〈그림 4-32〉 편광판용 광학필름 기술

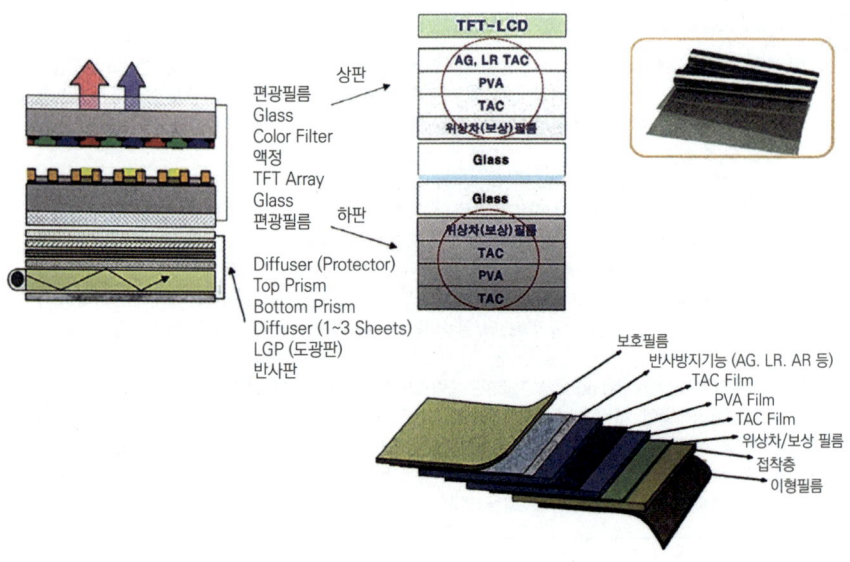

최근 편광판을 생산하는 LG화학과 니코텐코가 TAC필름 대신 아크릴 (PMMA) 필름을 채택하는 기술도 개발하여 관심이 주목되고 있기도 하다.

고기능성 필름은 편광판용 광학필름 이외에도 태양광 모듈이나 각 산업 분야에서도 폭넓게 사용된다. 태양전지 모듈에 PVF, PVDF, PET 등의 백 시트와 함께 봉지재로 EVA 필름이 사용되며 백 시트용으로 PET 필름 등이 사용되기도 한다.

〈그림 4-33〉 태양광 모듈

PET 필름의 경우 PET 레진의 약 9%가 필름으로 생산되어 사용된다. 〈그림 4-34〉에서 보는 바와 같이 PET 레진의 47% 정도가 섬유용이며, 33%가 보틀용으로 사용되며, 약 9%인 3만 톤 정도가 필름으로 생산되어 산업 각 분야에서 사용되고 있다.

〈그림 4-34〉 PET 레진 용도 분포현황

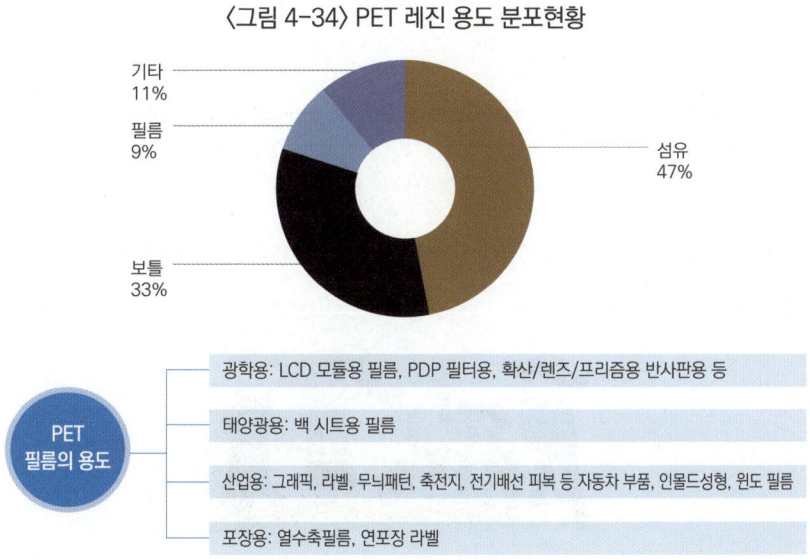

플라스틱의 용도와 종류

5장

플라스틱은 종류가 다양하고 나름대로 특성을 충분히 발휘시켜 일상생활은 물론 산업 각 분야에서도 중요한 역할을 담당하고 있다. 그뿐만 아니라 천연소재 대신으로 사용함으로써 자연자원의 훼손을 방지하고 인류 생활을 더욱 풍요롭게 하는 방편으로도 사용된다.

플라스틱 제품은 완제품, 부품 등으로 사용되는가 하면 반제품, 가공품 등 다양한 형태로도 유통, 사용되고 있어 정확히 구분하기 곤란한 것도 있지만, 다음과 같이 크게 나누어볼 수 있다.

(1) 농·수산자재 (2) 용기·포장용 (3) 가정·주방용 (4) 토목·건축용 (5) 전기·전자부품
(6) 운송수단(자동차·비행기, 선박 등 부품) (7) 의료·스포츠 (8) 문구·완구
(9) 기타(조명, 가구, 잡화)

1. 농업·수산업과 플라스틱

1.1 농업

- **하우스용 필름**

    농업에서는 당연히 하우스용 필름이 가장 잘 알려져 있다. 비닐하우스라는 말이 더 자연스럽게 들리는데 일본의 경우 PVC(염화비닐) 재질이 농업용 필름으로 많이 사용되기 때문에 불리는 이름이지만 우리나라에서는 농업용 필름이 EVA와 LDPE 재질(일부 PVC와 PC도 사용)로 되어있어 비닐하우스라는 말은 적합하지 않은 것으로 보인다.

    비닐하우스는 상추, 배추, 오이, 참외, 수박 등 각종 채소류와 화훼농가에서 꽃과 나무들을 재배하기도 하고 버섯 등 특수 작물을 재배하여 농가의 소득을 증대시키고 양계장과 같이 가축들을 기르는 축사용으로도 사용된다. 한겨울에도 딸기, 토마토, 고추 등 싱싱한 채소를 식탁에서 접할 수 있고 열대지역의 과일까지 국내에서 재배할 수 있는 것은 하우스용 필름 덕분이다.

한국의 비닐하우스

비닐하우스내의 작물

- **멀칭 필름**

    고추밭을 비롯해 여러 가지 농작물을 재배할 때 지면에 깔고 모종을 심기 때문에 잡풀이 자라는 것을 방지하고 가뭄이나 장마 때 습기를 조절하는 기능을 하는 등 농촌의 일손을 획기적으로 줄여주고 수확량을 높여준다.

● 사일리지 필름

농가에서 사용되는 플라스틱 필름은 하우스용, 멀칭용 이외에도 축산용으로도 사용된다. 목초나 볏짚, 옥수수 줄기 등을 가늘게 잘라서 사일로에 채워넣고 젖산 발효시켜 사료로 사용하는데 볏짚 등을 논바닥에서 곧바로 랩핑할 수 있는 사일리지 필름이 사용된다. 사일리지는 적절하게 발효시키기 위해 공기를 차단하는 것이 중요하며 비가 오거나 눈이 와도 영향을 받지 않고 장기간 보관하는 것이 필요하다. 사일리지 필름은 수축성을 가지고 있어 내용물을 단단히 압축하면서 랩핑할 수 있으며 햇볕을 차단하고 산화를 방지하는 기능도 가지고 있다. 원형 랩핑된 사일리지는 논에 두었다가 필요할 때 사용할 수 있어 축산 농가의 보관 건물에 도움을 주며 내용물인 사일리지의 품질을 오랫동안 유지하게 함으로써 가축의 기호성을 높여주기도 한다.

● 육묘 상자와 포트

벼와 각종 식물을 재배하는 데 있어 모를 안정적으로 키우는데 재생 플라스틱을 이용한 육묘 상자와 포트(pot)가 사용된다. 재생 PP 원료로 만들어지는 육묘 상자는 모를 안정적으로 키우고 이앙기로 모내기를 할 수 있도록 도와준다. PP, PE, PS, PET 등의 재생원료로 만들어지는 포트는 각종 야채류와 식물들의 모종을 안정적으로 키우고 이송하거나 이식하는 데 매우 유용하게 사용된다.

- 농산물 운반 상자

귤, 사과, 배 등 과일이나 농산물들을 수확할 때 사용되는 HDPE제 농산물 운반 상자는 A급 재생원료가 사용되며 수확물을 청결하고 안전하게 수확/운반/보관할 수 있도록 돕는다.

- 포대

PP로 직조된 포대는 콤바인으로 벼를 수확할 때 벼를 담거나 운반용 등으로 사용되며 PE제 포대는 비료, 쌀 포대 등으로 사용된다.

- 플라스틱 끈

고춧대가 바람과 비에 쓰러지지 않고 지탱할 수 있도록 잡아주는 용도로 많이 사용되며 각종 제품의 포장용으로 사용된다. 이밖에도 양파 자루, 차광막 등 수많은 플라스틱 제품들이 농업용 자재로 사용된다.

1.2 수산업

- 어망

 오늘날과 같이 어선들이 어획량을 증대시킬 수 있는 것은 가벼우면서 강하고 쉽게 끊어지지 않으며 녹슬거나 썩지 않고 가격도 저렴한 플라스틱 어망이 있으므로 가능하다.

- 로프

 천연섬유로부터 플라스틱 재질로 바뀌면서 기능과 비용 면에서 획기적인 변화를 가져왔으며 선상에서는 물론 선착장에서 배를 고정하게 하는 등 각종 용도로 사용된다.

- 발포 어(漁) 상자

 발포 EPS 재질의 어(漁) 상자는 냉동 물고기를 저장/운반/유통하는데 폭넓게 사용된다.

- 어(漁) 상자

잡힌 물고기를 운반하기 위해 나무로 제작된 어(漁) 상자가 사용되었으나 못이 빠지거나 파손되고 부피가 큰, 빈 상자 운반에 어려움이 많았다. 그러나 HDPE나 PP 재질의 상자로 대체되면서 내구성, 위생성, 신선도 유지, 작업능률, 비용 등의 면에서 큰 변화를 주었다.

- 부표

발포 EPS, 재생 PP, PE로 만들어진 부표는 가벼우면서도 햇볕이나 눈 비바람에 강하며 바다나 강에서 식별판독이 좋아 경계 구분이나 표시에 적합하다.

- 양식장

물고기나 굴, 전복, 다시마, 미역, 김 등의 양식장에서는 그물이나 밧줄을 이어서 띄우고 플라스틱으로 된 각종 자재를 개발·사용하면서 양식업이 발전하여 어촌의 소득 증대에 기여한다.

- 기타

이밖에도 플라스틱 바구니, 낚싯대와 줄, 구명조끼 등 수많은 플라스틱 제품들이 수산업에서 사용된다.

2. 용기·포장재로서의 플라스틱

대부분 제품(상품)이 생산되면 내용물을 담기 위해 용기나 포장이 수반된다. 가정에서 음식물을 조리한 후에도 담는 용기가 필요하고 생산 공장에서는 상품을 제조한 후 용기나 포장이 필요하다. 더욱이 1분당 몇십, 몇백 개씩 쏟아져 나오는 과자 공장 등에서는 여직원들이 일일이 손으로 작업하였으나 자동화 시설이 도입되고 용기와 포장재가 개발되면서 자동화 생산이 가능하게 되었다. 용기·포장은 제품의 판매 가격에 영향을 주기도 하고 공장의 경쟁력을 좌우할 정도로 매우 중요하다.

이들 제품(상품)의 포장과 운반에 사용되는 자재들은 제조되는 상품의 종류나 상태에 따라 나무, 종이, 유리, 알루미늄, 철, 도자기 등 매우 다양한 재질의 용기나 포장재가 사용된다.

포장은 생산 공정에서뿐만 아니라 보관, 운반, 진열, 판매, 최종 소비자의 사용이나 섭취하는 전 과정과 사용된 후 최종 처리나 재활용에 대한 방법도 고려하게 된다.

생산 → 보관 → 운반 → 진열 → 판매 → 사용 섭취

대부분 상품은 유통되는 단계마다 비용을 최소화하고 에너지 절약과 탄소배출을 줄이는 방안이 강구되며 소비자들이 상품을 쉽게 알 수 있도록 제품에 내용물의 성분이나 가격을 표시하고 구매력을 높이는 디자인도 하게 된다.

플라스틱 용기 포장재는 가벼우면서 충격에 강하고, 화학적으로 안정적이며, 전기와 열을 전달하기 어렵고, 공기와 수증기를 차단할 수 있으며, 녹슬지 않으며, 착색이 가능하고, 일시에 같은 모양으로 대량 생산할 수 있으며 가격이 저렴하다. 이와 같은 특성을 바탕으로 플라스틱 용기·포장은 매우 짧은 기간에 우리 생활과 산업 각 분야에 침투하여 발전하고 있다.

식품 포장을 위한 필름, 백, 트레이, 용기 등 플라스틱 포장재들이 화장품, 의약품, 세제류 등 다양한 용도로 사용되어 우리 삶을 더욱 안전하고 편리하게 만들어준다.

2.1 연포장

플라스틱이 식품 포장으로 사용되기 시작된 것은 간식이라고는 찾아보기 힘든 시절에 아이나 어른들이 좋아하는 사탕이 보급되고 이를 포장하는 포장재에 플라스틱 필름이 사용되면서다. 1961년 삼립식품에서 대중화된 빵을 개발하고 빵 봉지에 플라스틱 필름이 적용되었으며, 1963년 삼양식품에서 라면을 국내 처음으로 출시하면서 래미네이트 한 필름이 등장하게 되었다.

1971년 ㈜농심에서 개발한 농심라면과 새우깡이, 1974년 오리온에서 출시한 초코파이와 새우깡이 인기를 얻고 인스턴트 식품이 증가하면서 플라스틱 필름의 수요가 급격히 증가하게 되었다. 이와 같은 여세에 힘입어 1970년 성일화학은 삼립식품을 모체로 1975년 PE 압출시설을 국내에 들여와  빵 포장용 필름을 생산하였고, 1977년 율촌화학은 대경인쇄를 인수하고 농심 등 계열사의 포장재 공급을 위한 사업을 시작한 것으로 알려져 있다.

> 1) 연포장(軟包裝): 필름 또는 종이 등 유연성이 있는 포장재로 포장되는 상태. 형성이 자립 고정화 되지 않는 포장. 일반적으로 필름을 사용하여 포장되는 것을 유연 포장이라 하고 경질의 플라스틱 용기에 대비하여 사용된다.

단층 필름은 래미네이트를 하지 않고 표면 인쇄를 하여 과자, 빵 등 비교적 간단한 포장에 사용되는 것을 말하며, 이면에 인쇄가 되고 적층 필름을 이용한 파우치 포장을 통상 연포장이라고 부른다. 자세한 내용은 제4장 플라스틱의 성형(가공)방법에 정리되어 있다.

겉으로 보기에는 1매의 필름으로 보이지만 실상은 2~3겹 이상의 플라스틱 필름이나 알루미늄 증착 필름으로 구성되어 있는 연포장은 내용물을 넣으면 바닥부가 넓어져 자립할 수 있는 스탠딩 파우치가 유리병, 금속 캔, 종이 카톤 등은 물론 플라스틱 성형 용기 시장까지 잠식하면서 포장 경량화의 역할을 톡톡히 하고 있다.

최근에는 환경문제를 고려하여 단층이면서 다층필름의 기능을 갖는 BOPE 필름이 개발되었으며 플라스틱 식품 포장은 생활방식의 변화에 따른 요구 조건들을 충분히 충족시키면서 식품산업을 발전시키고 환경문제에도 적극적으로 대처하고 있다.

특별기고

식품 포장에서 가장 주목받고 있는 것은 연포장입니다. 대가족에서 핵가족사회로 단독 가구의 증가, 여성의 사회진출 확대, 유동인구증가, 여가활동증가, 한약재와 건강보조식품 수요증가 등 생활방식의 변화는 언제 어디서나 간편하고 쉽게 양질의 음식료들을 섭취할 수 있도록 요구하고 있습니다.

레토르트 파우치는 내용물인 식품 등을 고온 고압으로 살균할 수 있도록 하고 먹을 때 온탕으로 데울 수 있도록 지원합니다. 내용물을 그대로 유지하면서 언제 어디서나 간편하게 보관, 운반, 사용할 수 있는 연포장은 식품별 특성을 고려한 소형 포장이 가능하여는 분량만큼만 구매할 수 있도록 도와줍니다.

연포장은 보냉·보온성, 내수성, 내유성, 산소 차단성 등이 우수하고 스탠딩 파우치처럼 자립할 수 있어 용기 대신으로 사용할 수 있으며, 포장재의 사용량을 획기적으로 줄여 물류비 절감과 자원을 절약하는 등 많은 장점을 갖고 있습니다. 최근에는 재활용을 고려한 단일 재질 연 포장재의 개발도 이루어지고 있습니다.

포장 분과위원장- JK머티리얼즈(주) **민남규** 회장

2.2 식품용기

식품 포장은 연질포장재가 있지만, 경질포장의 용기도 있다. 생수 용기를 비롯해 장류, 주류, 등의 블로우몰딩 용기와 비교적 가벼운 트레이류, 컵용기, 배달 용기, 발포 용기 등 진공성형 용기가 있다.

가벼우면서 충격에 강하고 가용면적이 넓으면서 가격이 저렴한 진공성형 용기는 가공식품 용기류(두부, 떡볶이, 반찬류), 유가공품 용기류(요구르트, 아이스크림 등), 농·수·축산물 용기류(딸기, 키위, 생선, 육류, 계란 등)의 포장 용기로 매우 적합하다.

또한, 플라스틱 용기는 농·수·축산물의 산지나 식품 공장에서, 운반과정에서, 주방과 식탁에서 매우 유효하게 사용된다.

- 산지에서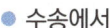

  상처를 입기 쉬운 딸기, 생선, 달걀 등의 농·수·축산물을 보호한다.

- 식품 공장에서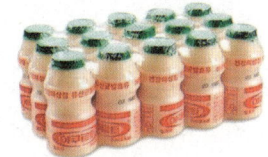

  연두부, 햇반, 야쿠르트 등의 포장은 생산 공정의 한 단계이다.

- 수송에서

  수송 중 내용물이 흩어지지 않고 쌓기 좋으며 흔들리지 않아 효율적이다.

- 매점에서

  완충성, 보온성, 단열성이 뛰어나고 뚜껑과 랩으로 덮여 있어 위생적이고 다루기가 편리하다. 소량으로 구입할 수 있어 낭비를 막는다. 포장이 투명하여 내용물의 상태를 확인할 수 있다. 성분이나 가격 등이 잘 표시되어 있어 쇼핑하기 편리하다. 최근에는 매점에서 직접 음식물을 만들고 조리하여 용기에 담아 판매하므로 (용기 가격이 저렴하기에 가능) 소비자는 조리하기 위해 여러 가지 식자재를 구매하거나 수고함 없이 간편하게 식사를 즐길 수 있다.

- 집으로 가져오기

  가볍고 튼튼하여 내용물이 부서지지 않고 손상되지 않게 가져올 수 있다. 여러 가지 종류를 한꺼번에 쇼핑백에 담아 집으로 가져올 수 있으며 외식을 하고 남는 음식을 포장하여 집으로 가져올 수 있다.

  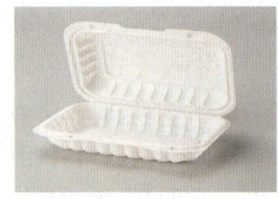

- 집에서

  식품이 담겨있는 용기를 그대로 냉동·냉장고에 넣어 식품을 위생적으로 보존할 수 있으며 필요할 때 아무 때나 사용할 수 있다. 음식물을 용기에 담아있는 그대로 식탁에 올려놓고 상차림 할 수 있어 편리하다.

  코로나 19시대를 맞아 테이크아웃 및 배달 음식이 증가 되고 특별히 반찬의 종류가 많고 찌개 문화를 가진 우리의 실정에서 전자레인지를 이용해 따뜻한 음식을 바로 섭취할 수 있으며, 가능한 한 신선한 상태로 원하는 음식을 간편하게 대할 수 있게 하는 진공성형 용기의 수요증가는 자연적 현상이라고 할 수 있다.

2.3 화장품·세제류 용기

화장품은 용도별 기능과 종류가 많고 이에 사용되는 용기도 크기, 모양, 색상, 디자인 등이 다양하다. 소량 다품종의 용기가 필요하며 몸체는 유리, 플라스틱, 금속 등이 사용되지만 뚜껑은 대부분 플라스틱이 사용된다. 튜브 형태나 스프레이가 사용되기도 하고 금박이나 은박을 입힌 후 가공처리도 하게 되며 때로는 고도의 인쇄기술도 필요하다. 유행주기도 짧아 수많은 금형을 필요로 한다. 플라스틱 용기는 다양한 화장품 용기의 요구를 충족시켜주며 화장품 산업을 발전시키는 데 중요한 역할을 감당하고 있다.

액체로 되어있는 샴푸, 린스, 각종 세제 등은 산, 알칼리, 알코올 등에 비교적 강한 폴리에틸렌 용기가 사용된다. 가벼우면서도 강하며 유연성을 가지고 있어 원하는 양 만큼 내용물을 사용할 수 있으며 깨지거나 부서질 염려가 없다. 스프레이나 펌프 기능의 뚜껑들이 플라스틱으로 만들어져 사용되기도 한다.

2.4 의약품·농약용기

 의약품 용기는 병, 튜브, 봉지 형태로 사용되며 대부분이 플라스틱 재질로 되어있다. 산소 차단성, 내충격성, 차광성 등이 뛰어난 플라스틱 용기는 약품의 변질을 막고 보관이나 이동할 때도 간편하게 취급할 수 있도록 도와준다. 안약은 한 방울씩 떨어질 수 있도록 설계되어있고 1회 섭취할 수 있도록 플라스틱 약봉지도 사용된다.
 농촌에서 농약병으로 사용되는 플라스틱 용기는 깨지거나 부서질 염려가 없어 안전하게 사용할 수 있다.

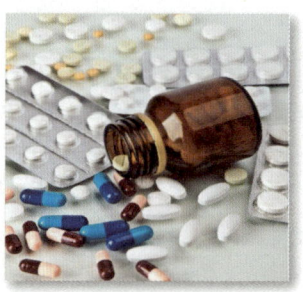
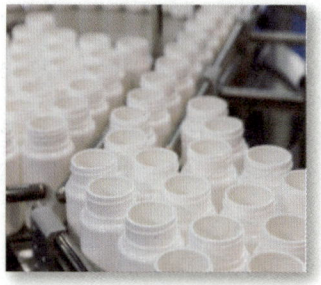

2.5 기타 플라스틱 용기 포장재

 그 밖의 플라스틱 용기 포장재로는 포대·백, 끈, 밴드, 테이프류 등이 있으며 상자와 파렛트도 포장에 포함하고 있다. 포장은 디자인과 함께 하나의 산업으로 자리매김하고 있으며 수출포장은 수출 시장에서 중요한 역할을 감당한다.

가공 기계, 인쇄, 금형, 운송 등은 포장 관련 산업으로 국가산업의 중요한 한 부분이 되고 있다.

우리나라의 경우 플라스틱 용기·포장재는 생산자책임재활용제도로 되어있어 생산자들이 처리 비용을 이미 부담하고 있다는 사실을 잊어서는 안 될 것이다.

특별기고

식품을 비롯해 신속 배송이 필요한 물품들은 생산 단계에서부터 보관, 운반, 수송, 판매 등에 필요한 다양한 용기 포장이 필요합니다.

플라스틱 용기 포장수요는 환경 운동가들의 비난에도 불구하고 꾸준히 증가하고 있습니다. 이와 같은 현상은 우리나라뿐 아니라 유럽을 비롯해 전 세계적인 추세이며 만약 플라스틱 용기 포장이 없다면 전 세계 80억 인구를 지탱할 물류는 불가능할 것입니다

용기 포장 자재들은 나무, 종이, 유리, 알루미늄, 철, 플라스틱 등 다양한 재질들이 각각의 특성이나 용도에 맞게 사용되며 물품의 수명, 디자인, 가격 등이 고려됩니다. 플라스틱 용기 포장은 가볍고 강하며 장기보존성, 투명성, 내열 내한성, 전기 절연성, 방수 방습성, 위생성, 가공성 등이 뛰어나고 대량 생산이 가능하면서 가격도 저렴하여 수요자가 요구하는 욕구를 충분히 만족시켜 줍니다.

플라스틱 용기 포장은 식품뿐만 아니라 화장품, 의약품, 세제류, 유류, 화물적재를 비롯해 산업 전반에 영향을 미치고 있어 EU 등 선진국들은 플라스틱 수요의 40% 정도를 용기 포장 용도로 사용하고 있습니다. 분리 수거된 용기들은 물질 재활용이 가능하여 유용한 자원으로 순환경제를 구축할 수 있습니다.

용기 분과위원장- 동진기업(주) **송석환** 회장

3. 가정 · 주방용품 및 물류에서의 플라스틱

- **김치통·도마**

  플라스틱은 일반적으로 알칼리나 산에 강해서 위생적이기 때문에 김치통, 반찬통 등 보관하는 용기로 사용되며 도마로도 사용된다.

- **프라이팬·냄비**

  프라이팬은 불소수지로 코팅되어 있으며, 냄비의 손잡이는 멜라민수지와 페놀수지 등 열경화성수지로 되어있다.

- **쓰레기통·수납 용기**

  플라스틱은 가볍고 튼튼하며 색상을 자유롭게 표현할 수 있어 쓰레기통, 들통(bucket), 물통, 수납 용기 등 보관이나 운반에 편리하게 사용된다.

- **랩·팩**

  공기나 습기를 차단하는 랩이나 팩은 채소 등 음식물의 간이 보존에 적합하며 랩은 전자레인지에서 식품을 가열하는 데 사용된다.

- **식탁·욕실용품**

  플라스틱은 모형을 자유롭게 만들 수 있어 여러 모양의 식탁 용품이나 욕실용품 등으로 사용된다. 대중음식점에서 사용되는 플라스틱 그릇이나 물컵 등은 깨지지 않는 멜라민수지 등 열경화성수지로 되어있다.

- **기저귀·생리대**

  흡수성 플라스틱은 자기 중량의 몇백 배나 되는 수분을 흡수할 수 있어 기저귀나 생리용품으로 사용된다.

  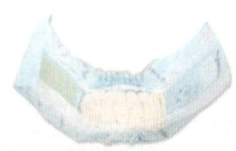

- 세면대·싱크대·욕조

  고급 세면대, 욕조, 싱크대 등에 사용되는 인공대리석은 메탈크릴수지, 폴리에스테르수지로 되어 있다.

- 상자

  가정, 주방용품 이외에도 플라스틱은 각종 상자로 사용된다. 단프라박스, 빵·우유·음료수 등의 운반용 상자, 공장에서의 공구상자, 서랍장, 정리용 상자, 옷장, 운반·보관상자

- 파렛트

  수송용 상품 이송 및 운반 시 편리하다.

특별기고

플라스틱은 주방에서 각종 용기와 기구들이, 화장실에서는 세면대를 비롯한 각종 용품들이, 거실에서는 옷걸이, 수납상자 등이 사용되며 공원, 경기장, 공공장소 등 생활에서는 음식물 수거통, 제설함, 경기장 관람석의자 등 수많은 생활용품들이 플라스틱으로 되어 있습니다.

플라스틱 상자와 파렛트는 생활 물류에서 안전하고 위생적이며 노동력과 비용을 절감하고 신속 정확하게 배달할 수 있도록 지원하는 등 상품들을 효율적으로 보관 운반할 수 있도록 합니다. 플라스틱 상자와 파렛트는 재생원료로 만들어지며, 파손되더라도 또다시 재활용할 수 있는 친환경 제품입니다.

플라스틱은 생활을 청결하고 편리하게 하며 물류가 안전하고 효율적으로 유지되고 관리될 수 있도록 도와줍니다.

생활용품 분과위원장- NPC(주) **임익성** 회장

4. 토목·건축과 플라스틱

염화비닐수지는 난연성, 내구성, 작업성, 유연성, 질감, 기계적 성능, 재활용성 등이 우수하여 토목·건축자재로 다양하게 사용된다. 상·하수도관, 전선, 창틀, 바닥재, 레자(leather), 호스, 카펫, 벽지, 사이딩 등 주로 내구성 제품들에 사용된다.

PVC는 범용 플라스틱 중 가장 오랜 역사를 갖고 있으며 57% 정도가 소금으로 구성되어 있어 소각 시 다이옥신 문제로 배척을 당한 적도 있었으나 소각 기술의 발전으로 해결되면서 석유자원을 절약할 수 있고 생산 공정에서 CO_2 발생 배출량이 적은 친환경 소재로, 산업과 사회발전에 기여하는 소재로 재평가를 받고 있기도 하다.

4.1 상·하수도관

파이프는 주로 PE와 PVC 재질이 많이 사용되며 상수도, 하수도, 농업용수, 설비(보일러시스템 등) 등의 용도로 사용된다. 전선이 우리 몸의 신경과 같다면 상·하수도관은 마치 혈관과 같이 지하에 연결되어 있다. 상·하수도관은 흄관, 주철관 등이 사용되었으나 기술력이 향상되고 여러 가지 장점을 가지고 있는 플라스틱관이 상·하수도용으로 자리매김하고 있다.

- 플라스틱 관은
  - 좋은 유압 특성과 우수한 수밀성을 가지고 있다.
    내부 표면이 매끄럽고 마찰 저항이 낮아 스케일 생성 및 오물의 접착이 거의 없고 물을 효과적으로 통과시킬 수 있다.
  - 우수한 내화학성과 내구성을 가지고 있다.
    산성 토양으로 인한 부식이 없으며 산과 알칼리에 영향을 받지 않으며 황화수소로 인한 영향이 없다.
  - 취급하기 쉽고 안정적으로 설치할 수 있다.
    가벼우므로 운송과정이나 현장에서 다루기가 쉽다. 다양한 피팅과 액세서리가 있으며 다양한 시공이 가능하다.

  - 유지·보수 및 관리가 쉽다.
    충격에 강하여 지진과 토양 침하에 어느 정도는 견딜 수 있으며 운송 및 시공 중에도 파손되지 않는다.
  - 경제적이며 장기간 사용할 수 있다.
    플라스틱 관의 수명은 50년 이상, 최근에는 100년 이상 사용이 가능한 제품이 개발되어 반영구적으로 사용된다. 교체하는 번거로움이 없어 경제적이며 매립하는 깊이도 적절히 조절할 수 있다.
  - 환경호르몬에 대해 걱정할 필요 없다.
    환경호르몬으로 의심되는 물질을 사용하지 않는다.

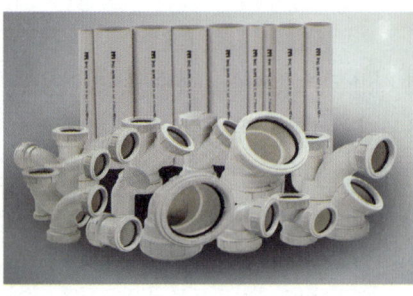

4.2 창틀

　PVC 창틀은 목재나 알루미늄 등 천연자원을 절약할 수 있으며 조립이나 가공하는 노동력을 절약할 수 있고 비용 면에서도 우수한 장점을 확보하고 있다.

- 단열 성능이 우수하여 실내의 온도를 유지해주며 지구 온난화에 부응하는 제품으로 인식되고 있다.
- 가벼워 현장에서 시공이 간단하다.
- 표면이 매끄럽고 미려하여 먼지나 이물질의 접착을 최소화할 수 있다.
- 단단한 염화비닐은 스스로 소화되기 때문에 화염에서 제거되면 화재가 자연스럽게 사라지며 자체의 불꽃으로 인해 화재를 일으킬 염려가 없다.
- 해풍이나 자외선에 비교적 강하다.

4.3 바닥 및 벽재

　건물의 바닥이나 전동차, 버스, 기차, 배, 비행기 등의 바닥에는 PVC로 되어 있는 시트가 사용된다. 최근에는 항균 기능을 가진 바닥재가 병원 등에서 사용되기도 한다. 안정적인 색상과 무늬가 가능하며 미끄러움도 방지하고 위생적이다. 시공도 간단하고 방수 기능도 가지고 있으며 청소가 쉽고 청결하게 관리할 수 있다. 내마모성 기능도 있어 장기간 사용이 가능하며 제일 아래층에는 재생 PVC를 사용하여 친환경적 제품이다.

　내측에 플라스틱이 있고 외측은 종이로 되어있는 벽지는 벽으로부터 유입되는 습기나 공기를 차단하여 보온성이 유지되며 벽지의 수명을 늘려준다.

특별기고

토목·건축 인프라 공사에서 플라스틱은 용수관리, 전력 및 가스공급, 단열을 비롯해 바닥 및 벽재 등 다양한 분야에서 사용됩니다. 세계 플라스틱 생산량의 4분의 1에서 3분의 1 정도가 토목 및 건축 인프라 쪽에 투입될 정도로 많은 양이 사용됩니다.

오랜 기간 토목이나 건축공사용으로 사용된 자재들은 토기, 목재, 석기, 철기 등 천연자원들이었으나 시공은 물론 그 기능까지 향상된 플라스틱 토목·건축자재들은 인류가 더욱 편리하고 윤택하게 생활할 수 있도록 지원하고 있으며 그 기술도 더욱 발전하고 있습니다.

일부 환경론자들이 플라스틱 사용을 규제하고 천연적인 것으로 돌아가야 한다는 주장을 하고 있으나 현대 사회는 전선과 통신망이 필요하고 수도관 하수관 등 용수관리는 필수적이며 단열, 바닥 및 벽재, 창틀 등 토목·건축자재들을 천연 소재로 대체하는 것은 제한적일 수밖에 없습니다.

지하자원 등 천연자원을 절약하고 생활을 편리하고 윤택하게 하는 플라스틱의 고마움에 대해 다시 한번 깊이 생각(평가)할 필요가 있습니다.

건축자재 분과위원장- PPI평화 **이종호** 회장

4.4 보온재

조립식 패널이나 냉·난방을 위한 벽 속의 단열재는 발포스티렌이나 폴리우레탄으로 되어있다.

5. 전기·전자부품과 플라스틱

현대인들이 TV를 보고 즐길 수 있는 것은 TV 모니터뿐만 아니라 카메라, 녹화 장비, 전선을 비롯한 기구들이 있기 때문이며 냉장고, 세탁기, 청소기, 음향기기 등 문화생활을 즐길 수 있는 것도 플라스틱이 있기 때문이다. 플라스틱은 인류의 편리성과 문화생활을 즐길 수 있도록 지원한다.

- 냉장고, 에어컨, 세탁기, 청소기, 텔레비전, 선풍기 등 가전제품의 몸체와 부품은 플라스틱으로 되어있다.
- 전선은 염화비닐수지나 폴리에틸렌수지로 덮여 있다.
- 전기 소켓이나 플러그, 전기다리미와 같은 전기제품의 몸체에는 열경화성 플라스틱이 사용된다.
- 카메라의 몸체나 렌즈, MP3, 휴대폰과 같은 제품 등을 소형화, 다양화할 수 있게 된 것은 가볍고 전기 절연성이 뛰어난 플라스틱이 있기 때문이다.
- 컴퓨터에서 취합되는 정보나 음악, 사진 등도 플라스틱을 소재로 하는 콤팩트디스크, DVD, 플로피 디스크 등에 기록·보존된다.
- 팩시밀리, 프린터 등도 플라스틱을 이용해 만들어졌으며 현상액이나 특수한 감광지를 사용하지 않고 복사가 가능한 것은 카본을 포함한 플라스틱의 미세한 분말이 열로써 종이에 융착되는 것을 응용한 것이다.
- 테이프 리코더, 녹음테이프, 사진·영사 필름 등도 플라스틱으로 되어있으며 광통신망의 구축도 플라스틱이 있기 때문에 가능하다.
- 광학필름은 IT 산업, 태양광 산업, 휴대폰, 아이패드, LCD TV 등에 사용한다.

6. 운송수단과 플라스틱 (자동차, 비행기, 선박 등)

경량화가 요구되고 있는 운송수단에 플라스틱은 획기적이다. 자동차, 비행기 등 각종 운송수단의 경량화를 통해 연비를 향상시키고 이산화탄소 배출을 획기적으로 절약시키는 효과를 가져다준다.

● 자동차

자동차에서는 범퍼, 각종 게이지, 대쉬 본넷, 헤드라이트, 문의 안쪽, 지붕, 배선 등 자동차 한 대당 플라스틱의 사용량은 자동차 중량 감소와 연비 절약을 위해 증가하고 있다. 최근에는 유리를 대체할 수 있는 플라스틱이 개발되어 100 % 플라스틱으로 만들어진 자동차가 등장하고 있다.

자동차에 사용되는 주요한 플라스틱 부품의 예

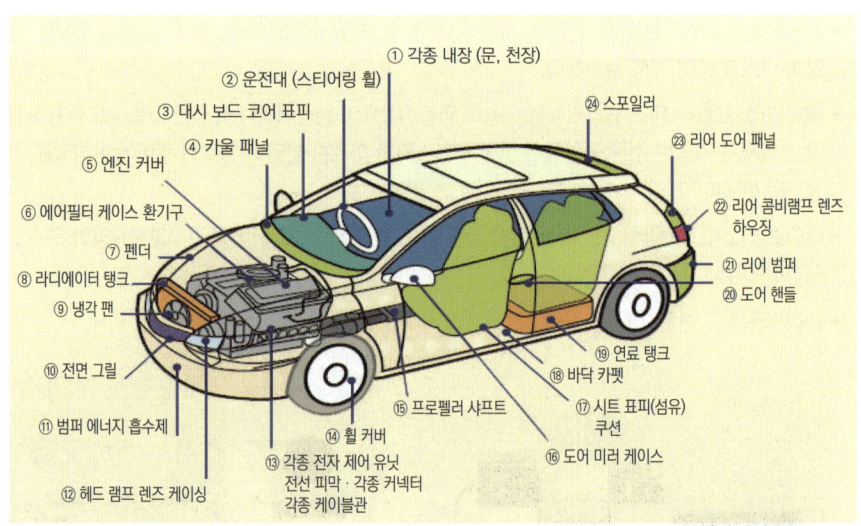

● 기차(전차)

전차의 지붕, 천장, 바닥, 손잡이 등에 플라스틱이 사용되고 있다.

● 비행기

비행기에는 탄소섬유로 강화한 플라스틱이 꼬리날개뿐만 아니라 주 날개와 동체 전체의 주요 부분에 사용되고 있다. 특히 비행기의 창은 깨지지 않는 투명한 플라스틱이고 항공기 방향키, 보조날개 및 내장재 등에 플라스틱이 적용되고 있으며 전투기의 경우 엔진을 제외한 나머지 전체를 플라스틱을 활용할 정도로 사용량이 증가하고 있다.

● 우주정거장·인공위성

우주선과 같은 운송수단에서도 고기능성 플라스틱이 사용된다. 1970년대의 달나라 탐험도 당시 항공기에 사용되었던 복합 플라스틱 재료가 없었다면 불가능했을 것이다. 우주에서 지구 대기권에 진입할 때 중력에 의한 속도가 높아지며 산소와 마찰시 3,000℃ 이상의 고열이 발생해 거의 모든 재료는 타버려 없어져 버린다. 이것을 방지하기 위해 특수 세라믹을 조정석 주위에 붙여 우주인들이 무사 귀환할 수 있도록 한다. 경제성을 고려한 우주 산업용 플라스틱 역시 최근에는 다양하게 개발되었는데 폴리에스테르수지에 유리섬유를 강화한 섬유 강화 플라스틱과 아라미드섬유 티타늄 재료에 내열성이 강한 에폭시수지를 결합한 에폭시 보강 티타늄 등이 속속 개발되기도 했다. 우주정거장, 인공위성 등에도 플라스틱은 최선이다.

● 레저 보트, 어선

레저용 보트, 소형어선은 유리섬유강화플라스틱(FRP)으로 만들어진다.

특별기고

수송 분야에서는 각 부품이 요구하는 기능을 발휘하기 위해 여러 가지 소재들이 사용됩니다. 플라스틱은 자동차, 중장비, 철도차량, 항공기에 이르기까지 수송 분야에 널리 사용됩니다. 이 분야는 고품질 제품을 요구하고 있으며 기술 개발이라는 핵심적 역할을 하는 플라스틱이 이 분야를 담당하고 있습니다.

엔지니어링 플라스틱은 금속 재료의 우수한 점과 플라스틱 특유의 장점을 함께 가진 재료입니다. 특수 엔지니어링 플라스틱은 일반 플라스틱보다 내구성, 치수정밀도, 내열성, 인장강도, 굽힘·탄력성 등이 뛰어나 금속과도 같은 재료이며 새로운 소재들이 지속적으로 개발, 연구되고 있습니다.

엔지니어링 플라스틱은 수송 장비의 경량화를 통한 에너지 절약과 탄소 중립정책에 부응하는 매우 유용한 소재입니다, 세계는 지금 구리, 리튬, 니켈, 희토류, 백금 등 핵심광물 확보를 위해 총성 없는 전쟁을 하고 있으며 특수 엔지니어링 플라스틱의 연구개발은 매우 중요한 위치에 있습니다.

산업용 자재 분과위원장- (주)포나후렉스 **김 수** 회장

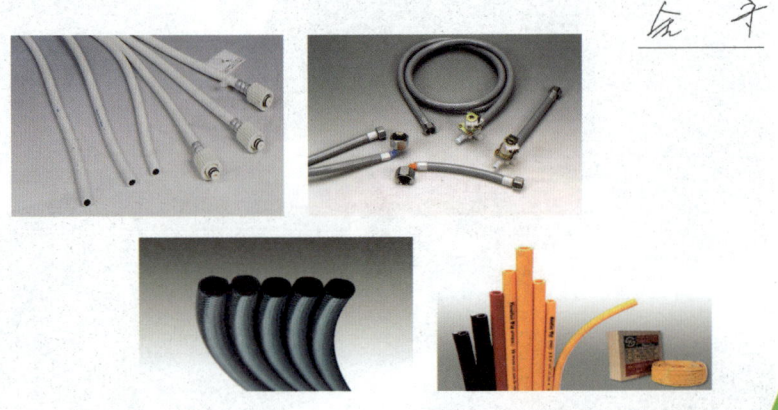

7. 의료·스포츠와 플라스틱

7.1 의료

플라스틱은 신체와의 부작용이 적고 위생 면에서도 뛰어나 의료 분야에서 다양하게 적용되고 있다. 의료장비 및 기구, 특히 인체에 장착하거나 체내에 삽입하는 기구들은 요구되는 수준이 높기 때문에 기술 개발이 있어야 한다. 현대인들이 양질의 의료 서비스를 받을 수 있는 것은 의료기술의 발전과 첨단 의료장비와 기구가 있기 때문이며 그 가운데에는 전기 절연성, 위생성, 성형성 등이 뛰어나고 가격이 저렴한 플라스틱이 있으므로 가능한 것이다.

코로나 시대를 맞아 부직포마스크를 비롯한 방호복, 페이스 실드, 진단키트, 일회용 장갑, 비말 방지용 시트 등은 의료진과 복지시설 등에서 감염 저감을 위한 필수품이 되고 있다. 플라스틱이 있으므로 위기 시대에 적절한 대처가 가능하다.

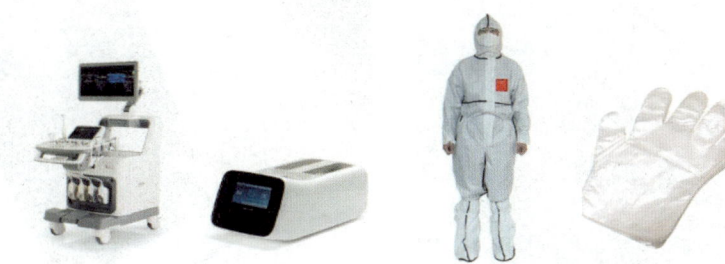

- 안경·콘택트렌즈

  안경과 콘택트렌즈는 플라스틱으로 되어있다.

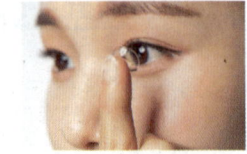

- 수혈 백·주사기

  신장투석기 등 수혈 백, 혈액 백과 튜브, 카테터(Catheter), 주사기 등 청결한 일회용 기구 등에도 플라스틱이 사용되고 있다.

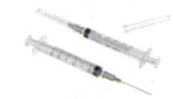

- 인공신장·인공 폐·인공 뼈

  수술에 사용되는 대동맥(풍선) 기구와 인공심장, 인공 폐, 인공뼈도 만들어진다.

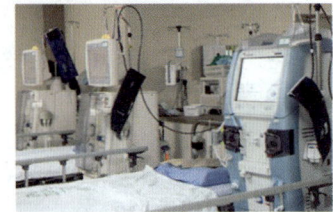

- 약 포장

  폴리프로필렌과 염화비닐수지, 때로는 알루미늄 시트를 조합하여 약을 보호한다. 코로나19에 대처해 사용되는 마스크, 방균복, 진단키트 등 대부분 용품이 플라스틱 제품이다.

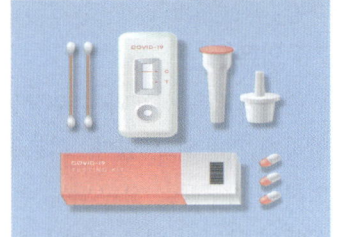

- CT 장치·MR 장치

  CT 장치와 MR 장치 등 고도의 진단장치에도 플라스틱이 사용된다.

- 뢴트겐 필름

  뢴트겐(X-ray)에 사용되는 필름도 플라스틱이다.

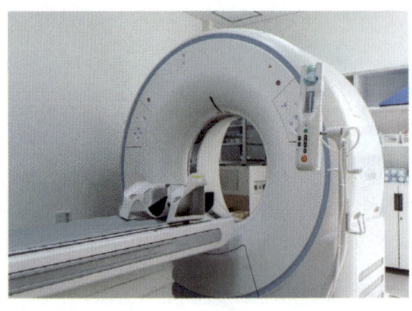
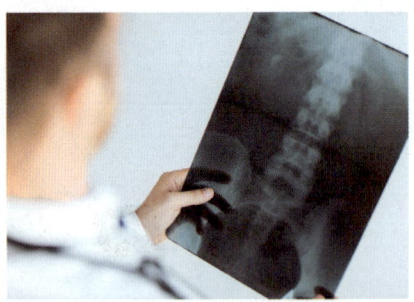

7.2 스포츠·레저

우리가 즐겨 하고 보는 스포츠 또한 플라스틱의 발달과 함께 성장했다고 해도 과언이 아니다. 가벼운 것, 강한 것, 아름다운 것, 부식되지 않는 것 등 스포츠용품에는 플라스틱의 특성이 충분히 활용되고 있다. 스포츠 및 레저용품 중에는 폴리머 적용이 필수적인 제품들이 많이 있다. 테니스와 배드민턴 라켓을 비롯해 낚시, 골프, 당구, 볼링, 인조잔디도 플라스틱이 있으므로 가능한 것이다. 헬멧, 신발, 갖가지 기능성 의복도 플라스틱이며 겨울철의 스키나 여름철의 각종 물놀이 기구와 윈드서핑을 즐길 수 있는 것도 플라스틱이 있어서 가능하다. 플라스틱은 생활을 더욱 즐겁고 건강하게 하는데 도움을 준다.

● 라켓·낚싯줄

테니스, 배드민턴 등의 라켓은 탄소섬유강화플라스틱(FRP)으로 몸체가 되어있으며 기타(guitar) 또한 낚싯줄 등에 사용되는 나일론이다.

- 스키·양궁

  스키, 장대높이뛰기, 양궁 등에도 플라스틱이 사용되며 여름철의 윈드서핑도 폴리에틸렌이나 FRP 및 폴리우레탄 수지로 만들어진다.

- 골프클럽, 골프공

  골프클럽은 탄소섬유강화플라스틱(CFRP)으로 되어있으며 골프공도 복합 플라스틱 재료가 사용된다.

- 헬멧 외

  헬멧은 FRP 또는 ABS로 되어있으며, 운동장의 인조잔디도 플라스틱이다. 당구, 볼링, 의복, 신발 등 많은 스포츠 분야에서 플라스틱이 광범위하게 사용되고 있다.

- 인조잔디

  비에 강하고 운동선수의 안전에 도움을 주며 한겨울에도 녹색의 운동장에서 운동을 즐길 수 있다.

8. 문구·완구와 플라스틱

8.1 문구

플라스틱은 형상과 색상을 자유롭게 구현할 뿐만 아니라 안정적이고 화려하므로 문방구나 장난감에 많이 사용된다.

- **볼펜, 필통, 자**
  볼펜이나 샤프펜슬은 폴리프로필렌이나 폴리스타이렌계 수지로 되어있다.

- **지우개**
  옛날에는 고무로 되어있던 지우개가 지금은 플라스틱제이다.

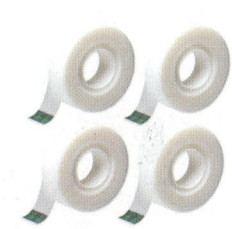

- **각종 자·필통·스카치테이프**
  각종 자를 비롯해 필통, 스카치테이프, 파일, 계산기 등도 플라스틱제이다.

8.2 완구

인형과 장난감 등 어려서부터 호기심을 갖고 즐길 수 있는 것도 플라스틱이 있으므로 가능한 것이다. 플라스틱은 성형성이 좋아 원하는 모양대로 만들 수 있고 색상을 자유롭게 표현할 수 있어 조화나 인형, 장난감을 만들 수 있다. 다양한 식물과 동물들의 모형을 만들 수 있고 동력을 이용해 움직이는 기능까지 가질 수 있는 장난감을 만들 수 있다. 플라스틱은 어려서부터 정서를 안정시키고 두뇌를 발달시키는 역할까지 하고 있다.

- 인형, 블록

장난감인 플라스틱 모델, 인형, 블록, TV게임기 등이 플라스틱제이다.

- 물놀이용품

공기를 주입하는 완구들은 물놀이 기구로 다양하게 이용된다.

- 철도 모형

플라스틱 레일을 모형기차가 움직인다. 모형 자동차, 비행기, 배, 오토바이 등이 플라스틱으로 만들어진다.

- 조립식·전동식 완구

각종 부품을 조립하게 하거나 배터리나 전기 플러그를 이용해 작동하는 완구가 플라스틱으로 만들어진다.

9. 기타 (조명, 가구, 호스, 잡화, 수족관, 접착제, 합성섬유 등)

- 수족관

수족관의 거대한 수조는 메타크릴수지(아크릴수지)라고 하는 플라스틱이 사용된다.

- 조명

플라스틱은 원하는 대로 모양을 만들 수 있고 색상도 자유롭게 표현할 수 있어 여러 모양의 등이나 랜턴 등으로 사용된다.

- 가구

수납장, 의자와 부품, 소파의 레자 등 다양하게 사용된다.

- 호스

자유자재로 구부러지는 호스는 물이나 기름, 여러 가지 액체 등의 이송용으로 사용된다. 가뭄이나 장마, 화재 등으로 인한 피해를 최소화해주며 가정에서는 욕실이나 싱크대에, 세탁기, 에어컨 등의 가전제품에, 산업용으로는 각종 배관 기관에 사용된다.

- 잡화

각종 봉투를 비롯해 팩, 랩, 우의, 앞치마, 테이프, 인테리어 필름, 간판, 여행용 가방 등 생활에 필요한 많은 기구와 용품들이 플라스틱에 의해 만들어진다. 비닐봉투는 비료, 사료, 곡물 등의 보관, 운반용으로 사용되며 쓰레기봉투로도 사용된다. 쇼핑 봉투는 수분이 있거나 흙이 묻어있는 상품들을 유통하는 데 유용하게 사용되며 가정에서는 물품을 보관하는 데 재사용되고 최종적으로는 쓰레기통에 덧씌워 쓰레기를 위생적으로 버리는 데 사용된다.

- 도로안전 용품

도로안전이나 공사장에서 사용하는 주차 블록, 시선 유도봉, 방호벽, 펜스 등이 폴리에틸렌이나 폴리프로필렌 등으로 되어있다. 버스나 자전거 전용도로에는 폴리우레탄이나 우레아수지가 이용된다.

- 접착제

접착제는 대부분 플라스틱의 한 종류이다.

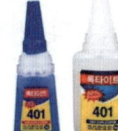

- 합성섬유

합성수지를 실처럼 가늘게 가공한 것이 합성섬유로 넓은 의미에서는 플라스틱의 한 종류이다. 의류에는 폴리에스터, 폴리우레탄 등이 사용된다.

플라스틱에 대해 부정적인 인식이 팽배해 있는 것은 플라스틱에 대한 지식이 부족하고 재활용이 안 된다는 부정적 생각이 지배하고 있기 때문이다. 「플라스틱 기초지식과 유효 이용」이 플라스틱에 대한 이해를 넓히고 재활용을 활성화하여 지구 온난화 문제 해결과 순환경제 사회를 구현하는데 미력하나마 도움이 될 수 있기를 바란다.

다시 보는 플라스틱!

플라스틱은 철, 구리, 알루미늄 등 지하자원은 물론 산림과 동식물 자원을 보호할 수 있는 친환경 소재이며 인류 생활을 편리하고 윤택하게 하는 매우 유용한 물질이다. 만약 플라스틱이 없었다면 인류는 더 많은 지하자원과 산림자원을 훼손시키고 지금과 같은 문화생활이나 편리하고 쾌적한 생활을 영유하지 못할 뿐 아니라 식량 확보도 어렵고, 오늘날과 같은 정보, 통신 분야의 발전도 이뤄내지 못했을 것이다.

플라스틱은 사용 후에도 탄소 중립정책에 부응하여 여러 가지 재활용방법이 적용된다. 플라스틱 재활용방법은 ①열을 가하여 용융시켜 또 다른 플라스틱 제품을 만드는 물질 재활용방법 ②발열량이 석유와 같이 높아 지역난방이나 전기를 생산하는 연료화 재활용방법 ③열이나 촉매 등의 화학적 반응으로 유화·가스화를 하거나 다시 플라스틱원료를 생산하는 화학적 재활용방법 등으로 이용된다.

플라스틱은 광물질의 대체소재로 광범위하게 사용되고 있어 각종 제품을 생산하고 수출해야 하는 우리의 실정에서 광물질 수입대체효과는 이루 다 말할 수 없다. 「탈 플라스틱」이라는 이야기를 가볍게 할 수 있을까? 플라스틱은 불법 투기와 소각처리를 금지하고, 매립 제로화 정책을 추진하면 MR, TR, CR 등 어느 방법으로든 재활용될 수밖에 없다. 이것이 플라스틱으로 인한 환경문제 해결을 위한 지름길이며 자원을 보존하는 일이라고 생각한다.

지구 온난화 문제는 해결되어야 한다. 강력하게 추진되고 있는 탄소 중립정책은 화석원료에서 식물유래 바이오 플라스틱으로 전환될 것이며 그렇게 되면 지금까지 아주 저렴한 가격에 유통되어 값싼 물건으로 취급되어온 플라스틱의 가치는 높아질 것이다. 석유 유래이든 바이오 유래이든 플라스틱은 플라스틱이며 플라스틱의 가치는 더 인정받아야 한다. 지금부터라도 비닐 조각 하나라도 쌀 한 톨(🌾), 기름 한 방울(💧)처럼 귀하게 여기고 잘 관리하자. 그것이 지구를 사랑하는 일일 것이다.

우리나라의 플라스틱 산업

지금까지 플라스틱 제품이 어떻게 만들어지며 어떠한 성질을 가지고 어떻게 사용되고 있는지를 알아보았다. 그러면 우리나라에서 플라스틱 제품산업은 어떠한 위치에 있을까? 우리나라 플라스틱 산업의 현주소가 궁금해진다.

우선 독자에게 송구스럽고 안타깝다는 말씀을 드리지 않을 수 없다. 불행하게도 우리나라는 플라스틱 제품 산업과 관련해 제대로 정립이 된 통계자료가 없다는 것이다. 물론 플라스틱 제품에는 완성품이 있는 반면에 반제품, 부품, 2차·3차 가공품 등 여러 가지 형태의 독립된 사업도 존재하고 있을 뿐만 아니라 관련 산업이 광범위하고 영세 업체가 많아 통계조사에 많은 어려움이 따르고 있다.

그러나 국가나 기업들이 정책을 세우고 사업을 영위하는 데 있어 해당 품목의 수급실적 및 생산, 출하, 시장 동향 등에 대한 통계자료는 필수적인 사항이며 관련 산업 발전에도 지대한 영향을 미친다. 관련 산업에 종사하는 플라스틱 업계에 우선적인 책임이 있겠으나 중소기업 형태의 영세한 업체들의 경우 이에 대한 의식 부족 및 인력, 자금력도 부족한 실정이므로 이를 탓할 수만은 없는 현실이다.

플라스틱 원자재를 생산하는 대기업과 관련 업계가 협력체계를 구축하여 플라스틱 제품산업에 대한 통계를 확립하고 플라스틱에 대한 이미지를 개선하는 대국민 홍보도 수행해야 한다. 또 지식경제부나 환경부 등 정부 기관에서는 국가적 차원에서 사안의 중요성을 인식하고 적극적인 정책적 지원에 앞장서야 한다.

선진국에서 사용하는 통계 조사기법을 연구하고 개발하여 사용자의 요구에 부합되고 우리 실정에 맞는 통계자료가 조기에 만들어질 것을 기대하며 그동안 수시로 모아 두었던 자료들을 참고하여 우리나라 플라스틱산업을 정리해 본다.

1. 1950년대 플라스틱 산업

1950년대 초 우리나라 플라스틱산업은 압축성형(프레스) 방법으로 소량의 열경화성 플라스틱 제품들을 생산하는 형태로 이루어졌다. 후반에 들어서면서 열가소성 플라스틱을 이용한 사출, 압출, 캘린더 가공법이 도입되어 필름, 시트, 파이프 등으로 다양화되기 시작했으며 원자재는 100% 수입에 의존할 수밖에 없었다. 1959년도 통계자료에 의하면 전국의 12,971개 제조업체 중 플라스틱 제품 생산업체가 0.3%인 40여 개로 나타났고 종사자 수도 전체 2만6천여 명 중 0.8%인 2천여 명 정도였다.

1950년도의 플라스틱 제품 생산량은 9t이나 매년 높은 신장률을 보여 1959년도에는 4,535t으로 집계됐다.

[표 6-1] 1950년대 우리나라 플라스틱 제품 생산실적

(단위: 톤)

구 분	1950	1951	1952	1953	1954	1955	1956	1957	1958	1959
생산량	9	13	216	785	1,480	3,234	2,525	3,581	3,470	4,535

1959년도 성형기 보유 대수는 압출기 30대, 사출기 65대, 블로우성형기 8대 등이 수입되어 사용되고 프레스는 95대가 가동되고 있었다. 종업원 수가 100명 이상인 공장도 4개나 되었으며, 특히 LG화학은 종사 인원이 700여 명 이상이었고 생산시설도 25억 원대의 시설로서 대단한 규모였다. 천광화학과 미진화학이 100명 이상, 한국비니루공업은 90여 명의 종사자가 각각 생산 동

에 참여하고 있었던 것으로 조사됐다.

1930년대 경인 지역에서 석탄산수지를 이용하여 단추와 부품류를 생산했으며, 1940년대에 요소수지를 이용한 화장품 뚜껑이, 1950년대에 페놀수지가 국내에서 처음 개발된 것으로 알려져 있다. 1959년도의 통계에 따르면 PE 제품으로 농업용 필름, 포장용 필름, 시트 등이, PVC 제품으로 시트, 레자, 파이프, 바닥재 등이 생산되었다. 당시만 해도 수입은 상공부에서 허가를, 생산실적도 지방자치단체를 통해 보고하도록 의무화돼 있었기 때문에 믿을만한 자료가 되고 있다.

[표 6-2] 1957년도 플라스틱 제품 생산량

(단위: 톤)

PE제품		PVC제품		기 타	
품 목	생산량	품 목	생산량	품 목	생산량
농업용필름	500	경질시트	200	ps	250
포장용필름	410	연질시트	400	셀룰로이드	400
파이프	80	인조가죽제품	245	바세테이트	500
시트	90	파이프	120	열경화성제품	950
기타	220	타일	130	기타	
		기타	40		
소계	1,300	소계	1,135	소계	2,100

2. 1960년대 플라스틱 산업

1960년대는 정부 주도하에 경제개발 계획이 추진됨에 따라 경제성장의 기틀이 확립된 시기로서 중화학공업 육성정책에 힘입어 석유화학산업이 태동했고 이와 같은 영향으로 플라스틱 산업이 획기적으로 발전된 시기였다.

특히 1960년대 후반 들어 제2차 경제개발 5개년 계획이 시작되면서 PVC 원료의 국산화가 이루어지고 플라스틱 제품 수요증가와 함께 생산 기술능력도 향상되어 빠른 속도의 성장을 이뤘다. 원자재 중 요소수지, 석탄산수지, 알키드수지, 폴리에스테르수지, 멜라민수지 등 국내에서 생산되는 일부를 제외하고 대부분 수입에 의존했으며 연평균 35% 이상 신장했다.

플라스틱 성형업체는 1950년대 40여 개에서 1960년대 약 250개사로 증가했으며, LG화학, 한국비니루, 미진화학, 삼영화학, 동양화학, 진양, 영진화학(현, 내쇼날플라스틱, 엔피씨(주)) 등이 대표적 기업이었다.

한편, 수입에 의존했던 플라스틱가공 기계도 국산화되었으며, 사출 기계는 현대유압, 고려유압, 동신유압, 대진기계 등 20여 사에서 출시되었고 압출 기계는 신화공업, 대원공작소, 한국중앙기계, 삼익기공, 대성공업사 등에서 각각 생산되었다. 금형은 LG화학이 1950년대 후반 본격 생산에 돌입했고, 1960년대에는 제일기공, 한진금형 등이 금형을 국산화하여 플라스틱산업의 견인차적인 역할을 담당했다.

1960년대 플라스틱 원료의 국내 수요는 연평균 42%의 신장세를 보여 줄

[표 6-3] 1960년대 합성수지 수급 동향

(단위: 톤)

구분		1962	1963	1964	1965	1966	1967	1968	1969
PVC	수입	1,550	3,508	3,798	6,349	7,821	5,266	837	465
	국내	-	-	-	-	-	6,119	15,985	26,917
	계	1,550	3,508	3,798	6,349	7,821	11,385	16,822	27,382
PE	수입	2,100	3,000	3,100	4,100	6,637	19,341	24,111	35,535
	국내	-	-	-	-	-	-	-	-
	계	2,100	3,000	3,100	4,100	6,637	19,341	24,111	35,535
PP	수입				180	425	1,118	1,641	3,586
	국내				-	-	-	-	-
	계				180	425	1,118	1,641	3,586
PS	수입	1,732	540	704	616	793	1,400	1,723	1,255
	국내							1,121	3,358
	계	1,732	540	704	616	793	1,400	2,844	4,613
기타	수입	4,340	5,026	4,821	13,396	8,054	5,757	11,881	17,585
	국내		743	2,132	6,057	5,036	2,561	2,318	4,202
	계	4,340	5,769	6,953	19,453	13,090	8,318	14,199	21,787
계	수입	9,722	12,074	12,423	21,641	23,730	32,882	40,193	58,426
	국내	-	743	2,132	6,057	5,036	8,680	19,424	34,477
	계	9,722	12,817	14,555	30,698	28,766	41,562	59,617	92,903
신장률			31.8%	13.5%	111.0%	-6.3%	44.4%	43.4%	55.8%

정도로 급속히 증가했다.

1962년도에는 수요량의 100%를 수입에 의존했으나 1969년도에는 63%를 수입하고 37%는 국내에서 조달했음을 알 수 있다.

한편, 플라스틱 제품 생산업체에 종사하는 인원은 1960년도에 2,600명이 었으나 1966년 7,955명, 1967년 9,185명, 1968년도에는 1만 명이 넘었으며 급여 수준도 1969년 제조업 연평균 임금 128만8천 원보다 59만1천 원 높은 187만9천 원인 것으로 나타났다. 이처럼 플라스틱산업의 급격한 신장세에 힘입어 제품의 수출도 활발히 이루어졌으며 1966년 안경테가 13만 달러, 필름류가 12만 달러, 기타 16만 달러로 전체 41만 달러를 수출하게 되었다.

1967년도에는 PE로 만든 우의만 26만6천 달러 수출되었으며, 1969년도에는 플라스틱 제품 수출이 812만 달러나 될 정도로 국가산업 발전에도 크게 이바지했다. 1960년대 초만 하더라도 플라스틱 원료와 성형기들은 대부분 수입에 의존했고 생산제품은 주로 생활용품이었다. 1960년대 후반에 들어서면서 수출 시장에 대해 눈을 뜨기 시작했으며 1970년~1980년대의 수출 시장에 대한 기반을 구축하는 계기가 되었다.

3. 1970년대 플라스틱 산업

1960년대에 다져온 플라스틱 생산 기술을 기반으로 1970년대 우리나라 플라스틱산업은 정부의 중화학공업발전 정책과 1972년 울산 석유화학단지 준공, PVC의 기초 원료인 VCM과 10만 톤 규모의 나프타 분해 공장이 본격 가동되면서 합성수지의 생산량이 급속하게 증가하여 1970년대 말에는 합성수지 생산량이 43만 톤에 이를 정도로 괄목할만한 성장을 이루었다. 1976년도에는 전남 여천에 제2 석유화학단지가 준공되면서 일부 품목은 공급과잉 현상까지 나타나기도 했다.

또한, 플라스틱가공 기계인 사출기와 압출기 생산업체들도 급속히 증가하였으며 사출기를 생산하는 업체 80여 사가 연간 800여 대의 사출기를, 압출기 생산업체 50여 사가 연간 300여 대의 압출기를 각각 제작하는 능력을 갖추게 되었다. 금형 공업도 공작기계의 도입으로 그동안 수작업에 의존하던 금형

제작이 기계화되면서 소재 향상과 함께 정밀도도 향상되어 전자, 자동차 등의 산업 발전에도 지대한 영향을 가져왔다.

플라스틱 제품은 정부의 수출드라이브 정책에 힘입어 다양한 제품의 많은 양이 수출되었다. 당시만 해도 풍부한 인력과 금융지원, 원화의 경쟁력 등으로 1979년도에만 44만5천 톤의 각종 플라스틱 제품이 수출되었다.

[표 6-4] 플라스틱 제품 수출실적

(단위: 톤)

구 분	1977	1978	1979
가방류	127,405	178,404	200,000
의류	71,137	70,442	90,000
낚시도구	32,421	40,939	50,000
공포대	15,311	15,809	25,000
원단	2,589	2,995	3,500
필름·장판·시트	21,758	29,375	36,000
PVC파이프	517	791	1,500
기타제품	19,113	33,216	39,000
합계	290,251	371,971	445,000

수출국은 주로 미국, 서독, 일본, 캐나다 등 선진국이었으며, 1974년도 1억4,900만 달러, 1975년 2억3,000만 달러, 1978년 4억700만 달러, 1979년 5억 달러의 규모로 각종 플라스틱 제품들이 수출되었다. 플라스틱 제품을 생산하는 업체들도 계속 증가하여 1975년 1,450개사, 1974년 1,719개사로 증가했으며 사출기나 압출기 몇 대로 운영하는 가내공업 형태의 기업도 많이 발생하였다.

한편, 1972년도 168,170t이었던 5대 범용수지의 국내 수요는 계속 증가하여 1978년 631,211t에 이르게 되었다.

[표 6-5] 1970년대 열가소성 수지의 국내 수요량

(단위: 톤)

구 분		1972	1974	1975	1976	1977	1978
PVC	수입	1,099	3,316	8,763	5,114	22,020	9,029
	국내	58,641	67,303	68,407	86,507	114,293	198,611
	계	59,740	70,619	77,170	91,621	136,313	207,640
LDPE	수입	45,950	8,344	11,164	25,672	75,331	97,032
	국내	-	66,597	62,447	62,590	57,152	62,675
	계	45,950	74,941	73,611	88,262	132,483	159,707
HDPE	수입	17,990	14,639	18,988	11,882	29,955	27,447
	국내	-	-	1,178	14,885	6,158	32,958
	계	17,990	14,639	20,166	26,767	36,113	60,405
PP	수입	18,209	5,220	5,234	2,053	15,033	55,336
	국내	10,256	53,920	60,359	79,916	107,775	74,954
	계	28,465	59,140	65,593	81,969	122,808	130,290
PS	수입	1,748	4,483	4,203	7,767	11,073	16,818
	국내	14,279	9,380	13,200	23,412	36,436	56,351
	계	16,027	13,863	17,403	31,179	47,509	73,169
계	수입	84,996	36,002	48,352	52,488	153,412	205,662
	국내	83,176	197,200	205,591	277,308	321,814	425,549
	계	168,172	233,202	253,943	329,796	475,226	631,211

4. 1980년대 플라스틱 산업

1950년대를 우리나라 플라스틱산업 태동기라고 볼 때, 1960년대를 기반 구축기, 1970년대를 자립기, 1980년대를 성장기라고 볼 수 있다. 1980년대 초는 1979년 이란사태에 따른 제2차 석유파동으로 많은 어려움을 겪었으나 중반 들어 물가가 안정되고 경상수지의 흑자전환, 88서울올림픽과 관련된 내수 증진 등으로 플라스틱산업도 신장세를 보였다.

그러나 후반 들어 노사분규 확산, 임금인상, 금리·원화 상승 등으로 원자재 포지션이 60~70%에 이르고 노동 집약형인 플라스틱 제조업은 채산성 악화로 많은 어려움을 겪으면서 전환기를 맞게 된다.

4.1 원자재 수급 동향

플라스틱 제품의 원자재인 합성수지는 1972년에 울산 석유화학단지와 1976년 여천석유화학단지가 준공되면서 급속한 속도로 국산화가 이루어졌으며, 1980년대 들어 가속화되면서 일부 품목들은 과잉생산 현상까지 발생하게 되었다.

PS 생산시설은 1982년 효성바스프와 1984년 LG화학, 1988년 동부화학이 공장을 준공했으며, L-LDPE는 1986년 한양화학에 이어 1989년 유공이, PP 시설은 1987년 호남정유가, LDPE는 1989년 LG화학이, HDPE는 1989년 대림산업과 유공이 각각 생산시설을 준공하게 되어 1990년도에 우리나라 범용수지 생산량 능력은 376만 톤에 이르게 되었다.

플라스틱 제품은 1980년대 전까지만 하더라도 일반 생활용품, 농·공업용 필름, 포장재, 파이프, 건자재가 주류를 이루고 산업용으로는 일부가 사용되었지만 1980년대에 들어서면서 전기·전자, 자동차 등의 산업이 발전되면서 TV, 오디오, 냉장고, 세탁기, 컴퓨터, 사무기기, CD 등과 각종 자동차의 부품 수요가 증가했다.

이처럼 산업 분야에 다양하게 사용되면서 플라스틱은 정밀화 고기능화 기술로 발전하는 계기가 되었으며 1984년에는 LG화학이 엔지니어링 플라스틱을 일부 국산화하기 시작했다. 합성수지의 국내 수요는 1980년도에 82만3천 톤이었으나, 1989년도에는 241만 톤으로 약 300%의 증가세를 이루게 된다. 이를 볼 때 우리나라 산업 전반이 호황기였음을 알 수 있다.

[표 6-6] 1980년대 플라스틱 수급 동향 (단위: 만 톤)

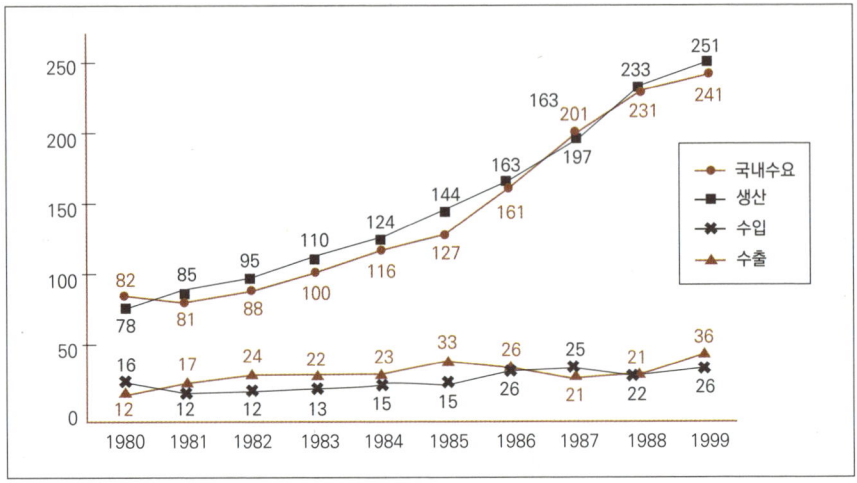

한편 국민 1인당 연간 플라스틱 사용량은 1980년도에 21.6kg이었으나 1989년도에는 163%가 증가한 56.8kg이나 되었다.

[표 6-7] 1인당 플라스틱 사용량 추이 (단위: 톤)

연도	생산	수입	수출	국내수요	인구수 (1,000명)	국민 1인당 사용량(kg)
1980	781,201	159,168	116,671	823,698	38,123	21.6
1981	850,920	123,033	167,697	806,256	38,723	20.8
1982	952,891	118,731	239,512	882,110	39,331	21.1
1983	1,091,267	131,539	219,538	1,003,268	39,939	25.1
1984	1,239,663	149,812	228,479	1,160,996	40,578	28.6
1985	1,444,470	154,481	326,194	1,272,963	41,056	31.0
1986	1,626,300	246,323	256,717	1,615,906	41,184	39.2
1987	1,972,393	249,701	205,477	2,016,617	41,575	48.5
1988	2,328,249	199,674	216,774	2,311,149	41,975	55.1
1989	2,511,600	257,885	360,458	2,409,027	42,380	56.8

1990년도 전 세계 범용수지 생산능력은 8천6백8만8천 톤이며 동아시아 지역에서는 우리나라가 일본에 이어 제2의 생산국가임을 알 수 있다.

[표 6-8] 국가별 1인당 플라스틱 사용량 추이

(단위: 톤)

수지명	LDPE	L.LDPE	HDPE	PP	PS	ABS	PVC	계
일본	1,248	546	874	2,178	1,553	531	2,137	9,067
한국	343	273	610	885	757	268	620	3,756
대만	240	120	224	280	564	440	1,244	3,112
중국	347	300	490	495	158	30	431	2,251
인도	150			79	106	32	20	293	680
태국	65	137	60		125	72	15	180	654
싱가포르	160	190			180	10		22	562
인도네시아	-				70	44		175	289
필리핀	-					59		30	89
북한	25							24	49
말레이시아	-					39			39
파키스탄	-							5	5
미국	3,370	3,065	3,850	4,405	3,141	791	5,212	23,834
세계	15,730	9,071	9,979	15,317	11,136	3,073	21,782	86,088

4.2 플라스틱 제품 수출입 동향

4.2.1 수출

1970년대는 플라스틱 제품 수출의 필요성이 사회 전반에 퍼져 있었으며, 풍부한 인력자원과 원화의 경쟁력에 힘입어 순조롭게 해외시장에 진출할 수 있는 계기가 되었다. 1980년대는 이를 기반으로 가파른 신장세를 보여 1979년도보다 300% 증가한 15억4천1백만 달러가 수출되었으며, 이는 우리나라 수출총액의 2.5%를 차지하는 수치이다.

주요 수출품목으로는 레자, 인조피혁을 이용한 가방류와 원단이 단연 우위를 차지했으며 필름류, 낚싯대, 쇼핑백, PP 포대, 의류, 앨범 등이 수출되고 품목도 점차 증가 되었다.

[표 6-9] 1988년도, 1989년도 플라스틱 제품 수출·입금액

(단위: 천불)

품명	수출액		수입액	
	1988년	1989년	1988년	1989년
필라멘트, 봉, 스틱	1,157	1,261	3,739	2,607
관, 파이프, 호스, 엘보우	23,718	26,138	21,895	23,835
바닥깔개, 타일, 벽지	69,596	57,366	8,389	6,984
판, 시트, 테이프(접착)	268,516	267,307	119,772	188,175
목욕, 샤워, 세면용품	6,155	5,700	3,221	1,732
운반·포장용기	64,399	62,832	30,861	33,446
주방·식탁용품	28,675	28,560	8,929	26,413
건축용품	3,326	4,109	1,643	1,654
가방류	284,895	306,620	1,717	3,079
PP끈	43,499	42,321	211	161
레자·인조피혁	130,410	172,433	51,743	60,598
포대·타포린	82,004	78,557	171	532
조화	4,156	183	960	1,072
안경	7,057	6,706	212	586
가구	12,278	10,373	35	699
조명기구	914	228	349	728
인형	4,596	3,268	119	185
완구	39,505	24,395	494	2,105
낚시대	176,031	149,974	463	1,008
칫솔	1,825	1,699	2,144	3,234
단추	3,776	6,203	3,724	3,921
파스너	7,373	11,855	4,855	4,895
기타	251,370	273,426	63,301	60,960
계	1,515,231	1,541,514	328,947	428,609

[표 6-10] 플라스틱 제품 수출입 실적

연도별	수출		수입	
	수량 (톤)	금액 (천불)	수량 (톤)	금액 (천불)
1986	319,914	695,013	38,717	255,222
1987	408,632	1,063,729	45,562	325,494
1988	523,821	1,515,231	39,298	328,947
1989	453,758	1,541,514	55,566	428,609

1989년도 플라스틱 제품 수출국을 보면 아시아 44.7%, 북미 31.6%, 유럽 4% 등이며 중동지역에도 수출길이 열려 3.7%가 수출되었다.

[표 6-11] 1989년도 플라스틱 제품의 주요 수출국 (단위: 천불)

순위	국명	금액	%	순위	국명	금액	%
1	미국	446,953	30	7	호주	37,318	2.4
2	일본	333,086	21.6	8	캐나다	36,838	2.4
3	홍콩	140,213	9	9	프랑스	33,099	2.1
4	영국	43,052	3	10	사우디아라비아	30,709	2
5	서독	40,871	2.6	11	인도네시아	23,780	1.5
6	싱가포르	39,367	2.5	12	중국	21,080	1.4

4.2.2 수입

1988년 서울올림픽 이전까지 플라스틱 제품 수입은 그렇게 많지 않았다. 1987년도에 들어서 수입은 전년 대비 22%나 증가한 3억2천9백만 달러가 되어 우리나라 수입총액 525억 달러의 0.62%를 점유했다. 1989년도의 플라스틱 제품 수입액은 전년도보다 무려 1억 달러가 증가한 4억2천9백만 달러가 수입되어 우리나라 전체 수입액 515억 달러의 0.7%를 점유하게 된다.

이처럼 수입이 증가한 원인을 보면 고기능의 품질과 디자인의 우수성으로 인해 고급 레자와 인조피혁 제품, 주방 및 식탁 용품, 국내에서 생산되지 않는 필름과 시트 종류들이 많았기 때문이다. 한편, 플라스틱 제품의 주요 수입국은 일본이 전체의 52%를 차지할 정도로 가장 많았으며 미국이 24%로 이들 두 국가가 전체의 76%를 차지했다.

[표 6-12] 1989년도 플라스틱 제품의 주요 수입국

(단위: 천불)

순위	국명	금액	%	순위	국명	금액	%
1	일본	222,672	52	6	영국	6,347	1.5
2	미국	102,282	24	7	이탈리아	5,917	1.4
3	서독	29,138	7	8	홍콩	5,877	1.4
4	중국	14,523	3	9	호주	4,122	0.96
5	프랑스	9,470	2	10	싱가포르	3,082	0.7

4.2.3 전환기를 맞는 1989년도 수출 시장

1980년대 들어서 수출이 호조를 이루고 신장세가 지속되었으나 88서울올림픽 이후에는 국내 경제성장 둔화와 임금상승, 원자잿값 상승, 노조의 활성화 등으로 수출 경쟁력이 약화 되면서 후발 개도국에 시장을 빼앗기는 등 어려움을 맞게 된다. 쇼핑백, PP 포대, 타포린, 앨범 등 단순가공품들이 중국, 필리핀, 태국 등 새롭게 부상하는 국가들에 밀릴 수밖에 없게 되면서 국내 플라스틱 수출업체 사이에서 지각변동이 일어나게 된다. 수출하던 업체들이 내수시장에 발을 돌리면서 내수시장도 흔들리게 되어 플라스틱 업계는 대전환기를 맞게 되었다. 반면에 국제화, 개방화 시대가 열리면서 기능성, 디자인이 우수한 고가의 플라스틱 제품의 수입은 증가하는 현상이 발생했다.

4.3 플라스틱 제품생산 동향

표준산업 분류기준 1987년도 우리나라 플라스틱 제품 제조업의 출하액은 2조9천억 원 정도로 전 제조업 출하액의 2.7%를 점유했고, 종업원 수는 8만6천6백 명으로 전 제조업 종업원 수 3백만 1천 명의 2.9%를 점유했다.

1988년도는 신장세가 가속화되어 매출액이 전년도보다 약 30%가 증가한 3조4천억 원 정도였으며, 1989년도에는 1987년도보다 거의 50% 증가한 4조496억 원으로 나타났다. 종업원 수도 1989년도에는 1988년보다 6% 정도가 증가한 9만2천6백 명으로 나타나고 있다.

[표 6-13] 전 제조업 중 플라스틱 제품 제조업의 비중 구분

연도	구분	출하액 (백만원)	사업체수 (업소)	종업원수 (명)
1987년	전 제조업	108,337,496	63,392	3,001,382
	플라스틱 제품 제조업	2,907,308	2,726	86,607
	점유율	2.7%	4.3%	2.9%
1988년	전 제조업	133,080,847	59,928	3,120,486
	플라스틱 제품 제조업	3,734,973	3,209	92,600
	점유율	2.8%	5.1%	3.0%

플라스틱 제품의 품목별 생산량이나 출하량을 알아보기 위해서는 우선 수많은 종류의 플라스틱 제품을 어떻게 분류하느냐 하는 것이 관건이다. 플라스틱은 성형방법, 제품 종류, 용도가 다양할 뿐만 아니라 완제품이 있는가 하면 반제품이 있고, 또 부품과 표면가공처리업도 있어 통계자료로서의 이용가치를 높이기 위해서는 간단하면서도 국제적으로도 통용될 수 있는 자료가 되어야 한다.

현재 통계조사로 활용할 수 있는 자료로는 통계청의 광공업 통계조사보고서와 관세청의 무역 통계 연보(월보) 등이 있으나 이들 자료에는 플라스틱 제품임에도 섬유나 가방과 같이 다른 분류에 포함된 부분도 있고, 원단과 1차 가공, 2차 가공도 있어 통계자료로 활용하는 데는 제한적일 수밖에 없는 실정이다. 광공업 통계 조사보고서에 따른 1987년도, 1988년도, 1989년도 우리나라 플라스틱 제품 제조업의 현황을 제품별로 정리해 보았다.

1989년도 제품별로 출하액을 볼 때 필름류가 전체의 28%인 1조1,373억 원으로 가장 많고 산업용 부품이 21%인 8,510억 원으로 두 가지 품목류가 전체의 약 50%를 차지하고 있다. 1989년도 업체 수는 1987년보다 21% 증가한 4,172개 사이며 산업용 부품을 생산하는 업체 수가 전체의 21%인 874개 업체이며 필름류가 865개 업체로 나타났다. 출하량이 파악되어야 하지만 안타깝게도 광공업 통계조사 보고서에서는 기대할 수 없는 실정이다.

[표 6-14] 1980년 하반기 플라스틱 제품 출하액

품 목	업체수			출하량(톤)			출하액(백만원)		
	1987	1988	1989	1987	1988	1989	1987	1988	1989
PE 필름	225	227	219	150,027	230,868	189,213	155,156	215,372	167,981
PP 필름	95	94	96	79,853	126,760	141,365	97,267	158,223	158,269
PVC 필름	56	54	66	63,933	126,051	160,655	70,853	151,520	156,502
PS 필름	12	13	8	11,192	10,327	3,992	10,279	11,007	4,516
PET 필름	13	14	11	60,764	62,804	99,782	151,894	152,104	187,515
기타 필름	48	49	63				34,263	59,106	62,786
코팅 및 라미네이팅	85	81	69				102,943	127,336	152,475
포대(봉재한 것 제외)	74	88	125				44,944	60,094	80,228
단순 가공품	77	70	124				22,644	24,003	91,194
기타 1차 가공품	105	102	84				93,704	90,416	75,891
필름류	790	792	865	365,769	556,810	595,007	783,947	1,049,181	1,137,357
파이프벌이음관	112	103	133	153,998	159,461	231,428	153,362	160,772	209,765
전기전자부품	284	340	437				232,058	302,366	362,660
가정용기기캐비넷	75	86	104				69,669	91,555	136,416
자동차부품	116	140	180				180,569	235,316	252,538
기타산업용기계	149	140	153				56,615	78,226	98,698
산업용품부품	624	706	874	–	–	–	538,911	707,463	850,312
식탁 및 주방용품	97	118	140				58,413	80,299	80,997
위생 및 화장용품	76	114	130				16,398	24,827	34,828
주방 및 위생용품	173	232	270	–	–	–	74,811	105,126	115,825
레자	18	13	15	69,655	55,900	68,858	107,199	96,318	113,596
장판	18	18	20	180,626	124,800	176,854	176,848	131,218	171,691
벽지	8	8	6	8,084	4,789	4,451	11,416	6,905	6,682
카렌다 제품	44	39	41	258,365	185,489	250,163	295,463	234,441	291,969
발포폴리스틸렌	117	150	175	81,969	125,742	151,598	110,357	164,999	202,505
산업용발포제품	38	42	41	31,432	89,520	71,113	45,612	125,266	84,201
스펀지	4	4	12	30,125	27,462	61,522	20,594	27,301	47,409
발포 제품	159	196	228	143,526	242,724	284,233	176,563	317,566	334,115

품목									
중공성형용기	187	194	237				109,020	111,602	176,764
컨테이너 박스	18	16	18				25,260	25,570	47,593
어상자	9	17	11				3,525	10,746	8,631
기타용기	145	165	166				81,256	114,076	105,524
용기류	359	392	432	-	-	-	219,061	261,994	338,512
성형제품	116	129	146				49,087	71,891	116,333
기계부품	14	20	28				7,542	9,726	36,412
강화플라스틱	130	149	174	-	-	-	56,629	81,617	152,745
봉, 프로파일	6	4	5	3,600	706	1,177	5,071	797	850
관	6	5	2	2,048	1,024	168	2,922	1,496	233
콘베이어 벨트	3	1	2	1,424		1,193	1,430		1,448
창틀	24	23	35	38,259	44,433	83,601	44,626	60,159	92,776
이형 압출제품	39	33	44	45,331	46,163	86,139	54,049	62,452	95,307
인형, 완구	101	94	96				29,947	24,456	29,602
의복류	6	9	8				2,853	3,663	8,701
단추	31	27	32				12,874	11,477	16,453
장식용품	39	46	39				15,874	14,648	8,322
기타성형품	191	220	241				56,611	67,776	83,220
잡화	368	396	416	-	-	-	118,159	122,020	146,298
가구	14	16	24				1,938	5,645	9,182
직물포대	92	99	119			576,660	98,859	100,923	117,917
신발	37	36	46				6,618	7,183	10,444
신발부품	30	37	50				13,197	15,807	15,196
신발류	67	73	96	-	-	-	19,815	22,990	25,640
기타 플라스틱	404	416	456				141,003	176,509	224,683
합 계	3,375	3,642	4,172				2,732,570	3,408,699	4,049,627

    한편, 1979년도에 LDPE의 톤당 가격은 288,850원이었으나 이듬해인 1980년도 11월에는 1979년도 대비 약 300%나 상승한 톤당 875,396원이나 될 정도였으며 등락 폭이 너무 커서 공장마다 원자재 확보가 중요한 관건으로 대두되었다.

    격동기인 1980년대의 범용수지 가격변동 상황을 월별로 알아본다.

[표 6-15] 1980년대 범용수지 가격 변동 추이

(단위: 원/톤)

품 목		1979		1980		1981		1982	1983		1984	
LDPE	내수가	2월	288,850	1월	729,816	5월	926,380	좌동	6월	779,300	5월	816,000
		4월	322,399	10월	780,075	9월	860,180		8월	833,100	11월	779,700
		7월	417,824	11월	845,396							
		12월	517,483									
HDPE	내수가	2월	291,699	1월	766,520	9월	787,150	좌동	5월	755,320	5월	734,700
		4월	348,213	10월	824,600				8월	798,500	11월	698,000
		7월	445,392	11월	848,900				10월	752,850		
		12월	512,892									
PP	내수가	2월	260,499	1월	640,479	1월	718,600	좌동	5월	732,440	5월	734,300
		4월	357,286	5월	611,500	5월	790,800		6월	719,730	11월	695,000
		7월	438,379	10월	695,600	6월	754,170		8월	749,300		
		12월	454,004	12월	733,100							
PVC	내수가	2월	579,784	1월	585,085	4월	612,330	좌동	5월	735,070	5월	758,100
		4월	347,392	10월	614,070	5월	792,000		6월	734,580	12월	722,700
		7월	409,236	12월	669,650	9월	760,700		8월	770,000		
		12월	449,425									
ABS	내수가	2월	579,784	1월	1,386,254	1월	1,335,000	좌동	6월	1,465,900	1월	1,488,000
		4월	782,708	11월	1,188,000	3월	1,397,000		8월	1,503,000	4월	1,492,000
		5월	939,249			6월	1,540,700				11월	1,462,000
		7월	1,101,537									
		12월	1,028,574			9월	1,520,690					
PS	내수가	4월	426,429	1월	755,249	4월	815,560	좌동	5월	862,000	1월	859,000
		5월	511,714	11월	366,360	6월	937,400		8월	896,000	11월	827,000
		7월	550,553	12월	812,320	9월	917,390		10월	880,000		
		12월	560,380									

1985		1986		1987		1988		1989		1990	
4월	718,000	2월	717,100	4월	649,000	6월	713,200	7월	705,900	1월	656,000
12월	725,400	3월	677,200	6월	639,200			11월	675,100	4월	688,000
		4월	642,950	10월	677,200					7월	671,000
		8월	619,500	12월	678,000					9월	717,000
		11월	622,200							10월	863,000
4월	643,000	2월	644,600	4월	617,000	1월	625,000	11월	620,900	7월	612,000
12월	653,000	3월	606,200	6월	601,106	3월	622,500			9월	658,000
		4월	594,980	10월	628,000	8월	653,600			10월	782,000
		8월	579,700								
4월	677,000	2월	678,400	4월	647,000	3월	663,800	11월	579,700	4월	609,900
12월	687,000	3월	644,000	6월	640,400					7월	603,000
		4월	629,380	10월	659,000					9월	688,000
		8월	610,600	12월	667,000					10월	813,000
4월	706,200	2월	702,100	4월	675,300	3월	724,200	7월	694,800	9월	688,000
		3월	676,900	6월	666,400			11월	653,800	10월	759,000
		4월	666,600	12월	727,000						
		8월	657,000								
		11월	655,700								
7월	1,476,000	2월	1,438,000	4월	1,400,000	좌동		7월	1,200,000	1월	1,200,000
8월	1,315,000	3월	1,397,000					9월	1,100,000	2월	1,300,000
		4월	1,335,900							3월	1,275,000
		9월	1,320,000							7월	1,300,000
										9월	1,398,000
										10월	1,496,000
4월	815,000	2월	789,000	4월	858,000	6월	1,033,000	7월	974,200	5월	700,000
7월	844,000	3월	749,000	6월	847,000			8월	816,100	7월	850,000
		4월	702,000	12월	950,000			11월	778,200	9월	1,016,000
		8월	688,000							10월	1,179,000
		9월	703,000								
		11월	715,000								

1986년 이후 내수와 로컬 가격 동일함

5. 1990년대 플라스틱 산업

1990년대의 우리나라 플라스틱 산업은 그야말로 격동기(激動期)가 아니었나 생각된다. 국제화·세계화의 물결 속에 시장개방 압력, 1980년대 후반기에 시작된 노사문제 심화, 인건비상승, 원자재 과잉생산에 따른 과당경쟁, 환경문제, 중소기업육성을 위한 갖가지 제도의 위축 또는 폐지 등 격랑(激浪)의 때를 맞게 된다.

1990년대 초 두꺼운 세계무역 장벽 속에 우루과이라운드, WTO 등 세계 각국이 무역전쟁의 양상을 띠고 있는 가운데 국내는 노사 간 갈등, 임금인상 여파 등 때문에 경기침체로 플라스틱 가공업계는 많은 어려움을 겪게 된다. 이러한 와중에 환경부가 1994년 '자원의 절약과 재활용촉진에 관한 법률'을 개정 공포하면서 합성수지 봉투와 도시락 등 합성수지 포장재 등의 사용을 규제하는 제도를 시행함에 따라 필름 및 포장재 생산업계가 직접적인 영향을 받게 된다.

또한, 합성수지 업계가 경쟁적으로 생산시설 능력을 확대하면서 범용수지의 생산량이 매년 25% 이상 증가했으며 1992년도에는 전년 대비 38%나 생산량이 증가하여 공급물량 과잉상태가 발생, 내수시장에서 과당경쟁이 벌어지고 수출가격도 하락하는 상황이 벌어지게 된다. 다행히 1995년도부터 정부가 쓰레기 수수료 종량제를 시행함에 따라 종량제 쓰레기봉투로 연간 약 2만 톤 이상의 수요가 신규 발생함에 따라 PE 필름 업계는 그나마 가동률을 유지하게 된다.

1997년도 말에 불어 닥친 금융위기 이후 심각한 경기침체 속에 1998년도에는 전반적인 산업이 위축되었으며 그동안 중소기업 육성정책으로 추진되었던 '중소기업 고유 업종', '중소기업 계열화 품목', '중소기업 우선 육성 업종', '단체수의계약제도' 등 갖가지 제도가 위축 또는 폐지되면서 중소기업 고유 업종 품목인 PE 파이프 제조업, 강화 플라스틱 제조업, 코팅 및 래미네이팅 제조업, 가정 기기용 캐비닛, 필름, 상자·용기 제조업 등의 업종이 사업 위축 및 위협을 받게 되었을 뿐만 아니라 중소기업 계열화 품목인 농약병, 합성세제 용기, 청량음료 및 의약품 용기 생산업체들도 어려움을 겪게 된다.

플라스틱 산업의 특성 중 하나는 화장품, 식품, 전기·전자, 자동차 등의 부품이나 용기, 포장재와 같이 대기업에 납품하는 제품이 많다는 것이다. 이것들을 사용하는 대기업들이 자사 제품, 자사 생산이라는 명분으로 자체 생산하면서 해 당 중소기업들은 하루아침에 사업을 접어야 하는 사태가 벌어지기도 했다. 따라서 정책적으로 중소기업을 보호하는 제도가 마련되든지, 아니면 대기업들이 일본처럼 상생 협력하는 의식전환이 필요하다. 이것이 체질화된 후 제도가 바뀌어야 하는데도 준비가 되지 않은 상태에서 이러한 상황을 맞닥뜨리게 되다 보니 많은 플라스틱 업체들이 위기를 맞을 수밖에 없는 현실이 되었다.

1999년도에는 일시적인 국내 경기 회복과 환율안정으로 수요가 증가함에 따라 생산량 증가 현상도 발생했다. 다행히 중국 시장의 지속적인 증가에 힘입어 국내에서의 합성수지 과당경쟁으로 인한 덤핑판매는 발생하지 않게 되어 안정세를 유지하기도 했다.

5.1 원자재 수급 동향

합성수지는 1980년대 말까지 수요보다 시설의 한계로 공급 부족 현상이 지속되고 독과점 체제가 지속되었으나 1990년대에 들어 신규투자 자유화를 계기로 기존업체의 증설과 대산석유화학단지가 1990년~1991년 중 신규로 조성되면서 현대, 삼성 등의 대기업들이 석유화학산업에 진출하게 된다. 범용수지의 생산시설능력은 1991년도에 전년도 대비 120만 톤, 32%가 증가된 495만 톤에 이르렀고 매년 약 10%의 시설이 증설되어 1999년도에는 906만 톤의 생산능력을 갖추게 된다.

[표 6-16] 범용수지 연도별 생산 능력 변동 추이

(단위: 천톤)

구분	1990	1991	1992	1993	1994	1995	1996	1997	1998	1999
LDPE	483	755	775	980	1,170	1,216	1,444	1,557	1,694	1,711
HDPE	743	1,033	1,173	1,303	1,303	1,313	1,503	1,583	1,603	1,745
PP	805	1,280	1,310	1,615	1,655	1,675	2,105	2,115	2,473	2,518
PVC	610	690	785	795	855	1,100	1,120	1,130	1,295	1,240
PS	787	840	925	925	925	996	1,036	1,042	1,050	1,052
ABS	320	355	370	370	400	579	689	709	830	795
계	3,748	4,953	5,338	5,988	6,308	6,879	7,897	8,136	8,945	9,061
증가율		32%	7%	12%	4%	9%	14%	2%	9%	1%

이와 같은 여세에 힘입어 1996년도 우리나라 범용수지 생산량은 679만 톤에 이르게 되며 이 중 44%인 300만 톤을 수출하게 된다. 열경화성수지를 포함해 1996년도 전 세계의 플라스틱 원료 생산량은 1억2,940만 톤이며 이를 지역별로 보면 미주가 4,193만 톤으로 전 세계 생산량의 32.4%를 점유하며 아시아가 3,740만 톤으로 28.9%, 서유럽이 3,622만 톤으로 28.5%, 남미가 595만 톤으로 4.6%, 동유럽이 약 531만 톤으로 4.1%를 각각 점유한다.

이를 국가별로 보면 미국이 28.9%인 3,860만 톤으로 가장 많으며 다음으로 일본이 11.3%인 1,466만 톤, 독일이 8.4%인 1,087만 톤이며 우리나라는 세계 제4위인 726만 톤으로 6%를 점유하고 있다.

[표 6-17] 1996년도 주요 국가별 합성수지 생산량 구성비

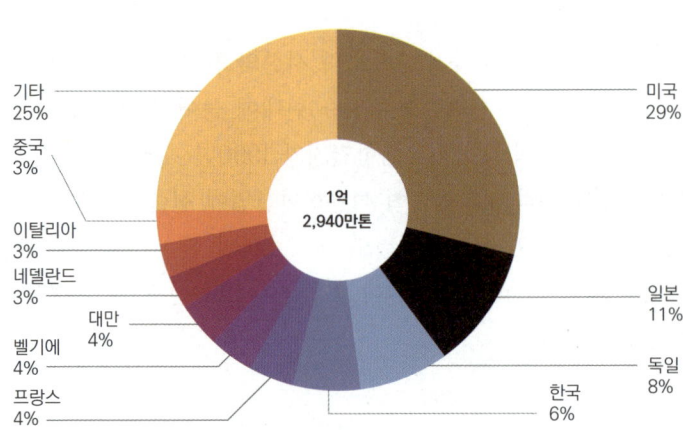

1999년도 열경화성 플라스틱을 포함한 우리나라 플라스틱 생산량은 908만 톤이며 이 중 53%인 482만 톤이 수출되고 내수용으로 443만 톤이 사용되었다. 그동안 과잉 투자와 생산량 증가에 따른 내수시장에서의 과당경쟁을 염려했으나 중국을 비롯한 해외 수요의 증가에 힘입어 수출 효자 품목으로 자리매김했다.

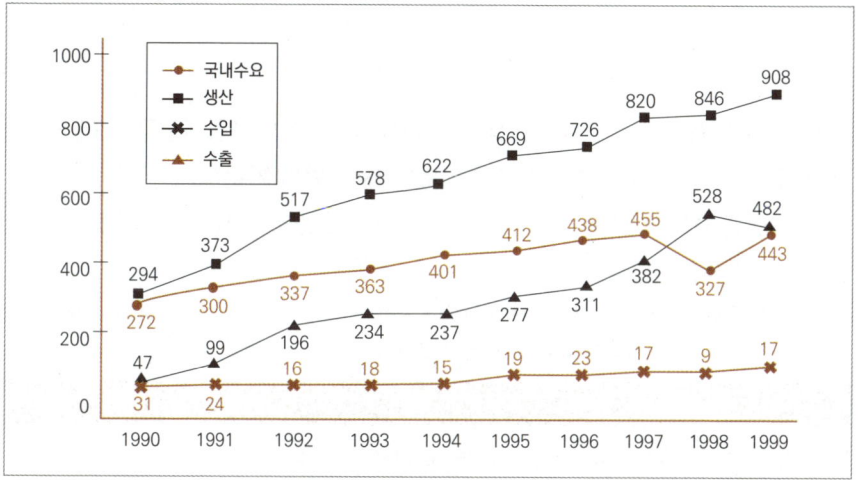

[표 6-18] 1990년대 합성수지 수급 동향 (단위: 만톤)

한편 국민 1인당 연간 합성수지 사용량은 1989년도에 56.8kg이었으나 1999년도에는 93.6kg으로 147% 증가되었다.

[표 6-19] 1인당 합성수지 사용량

연도	생산	수입	수출	국내수요	인구(1,000명)	1인당사용량(kg)
1990	2,935,398	311,675	474,156	2,772,918	42,793	63.63
1991	3,731,253	248,085	990,994	2,998,344	43,268	69.30
1992	5,169,171	165,871	1,957,393	3,377,649	43,663	77.36
1993	5,776,536	185,120	2,335,075	3,626,581	44,222	82.01
1994	6,221,571	158,764	2,371,561	4,008,774	44,453	90.18
1995	6,689,222	194,819	2,767,221	4,116,820	44,606	92.29
1996	7,260,117	229,294	3,110,393	4,379,018	45,545	96.15
1997	8,198,298	177,918	3,822,117	4,554,099	45,991	99.02
1998	8,456,136	96,796	5,282,546	3,270,386	46,858	69.79
1999	9,082,664	168,016	4,818,122	4,432,558	47,335	93.64

5.2 플라스틱 제품 수출 동향

5.2.1 수출

1990년대 플라스틱 생산업체들이 생산한 각종 플라스틱 제품들은 140여 국가에 중량 대비 약 20% 정도가 수출되었다(1997년도 기준).

1998년도 IMF의 극한 상황에서도 국가 전체 수출액의 약 2.1%인 28억4,600만 불이 수출되었다.

[표 6-20] 1990년대 플라스틱 제품 수출현황

구 분	1991년	1992년	1993년	1994년	1995년	1996년	1997년	1998년
수출량 (톤)	490,410	547,229	595,345	663,958	774,475	793,232	884,762	953,920
수출액 (백만불)	1,576	1,968	2,027	2,293	2,815	2,922	3,118	2,846
국가전체수출액 (백만불)	71,870	76,632	82,236	96,013	125,058	129,715	136,164	132,313
비중 (%)	2.19	2.56	2.46	2.38	2.25	2.25	2.28	2.15

플라스틱 제품의 수출 대상국은 선진국뿐 아니라 후진국에 이르기까지 매우 다양하다. 1994년은 아시아가 62%로 가장 많고, 다음이 미국을 비롯한 북아메리카 지역이며 다음이 유럽 지역이었다.

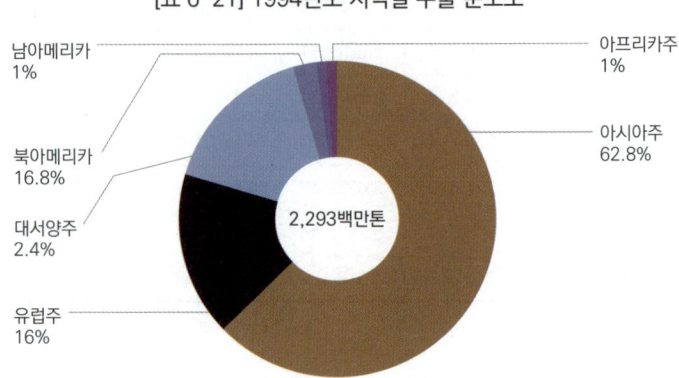

[표 6-21] 1994년도 지역별 수출 분포도

1995년도 국가별로 보면 일본이 16.9%로 가장 많으며 홍콩, 미국, 중국 순으로 10개국에 수출되는 금액이 전체의 81.1%를 점유하고 있다. 중국은 1994년도 4위의 수출국이었으나 1995년도에는 전년 대비 70%나 증가되어 미국을 제치고 3위의 수출국이 되었다.

[표 6-22] 주요 국가별 플라스틱 제품 수출현황

(단위: 백만 불)

년도	순위	1	2	3	4	5	6	7	8	9	10	
1994	국가별	일본	홍콩	미국	중국	인도네시아	프랑스	대만	필리핀	베트남	독일	계
	수출액	403	380	349	240	161	125	95	56	49	36	1,894
	비중	17.5	16.5	15.2	10.4	7.0	5.4	2.5	2.4	2.1	1.6	80.6
1995	국가별	일본	홍콩	중국	미국	인도네시아	프랑스	대만	필리핀	베트남	독일	계
	수출액	511	438	408	371	182	103	75	74	67	56	2,285
	비중	16.9	14.5	13.5	12.3	6.0	3.4	2.5	2.4	2.2	1.8	75.5

1990년대 플라스틱 제품의 수출현황을 보면 PU나 PVC 재질로 된 레자의 수출액이 9억4천9백만 달러로 가장 많으며 다음이 판, 시트, 필름류임을 알 수 있다.

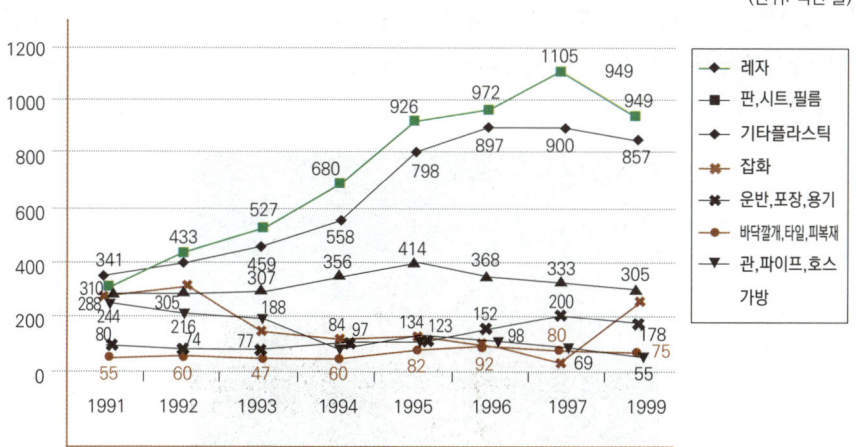

[표 6-23] 1990년대 품목별 수출 변화도

(단위: 백만 불)

5.3 플라스틱 제품 수입 동향

플라스틱 제품의 수입액은 우리나라 전체 수입액의 1%에도 미치지 못한다. 수입되는 제품 중 판, 시트, 필름, 테이프가 플라스틱 전체 수입액의 50.9%를 점유하고 있으며, 1995년도의 경우 식탁 & 주방용품 수입액이 전년도보다 46.1% 증가되고 포장 용기도 33.5% 증가되어 소비재 수입이 증가 되었음을 알 수 있다.

수입액의 증가율은 수출액 증가율보다 둔화했으며, 1998년도 플라스틱 제품 총 수입액은 총 수출액의 24.7%인 7억658만 달러로 나타났다.

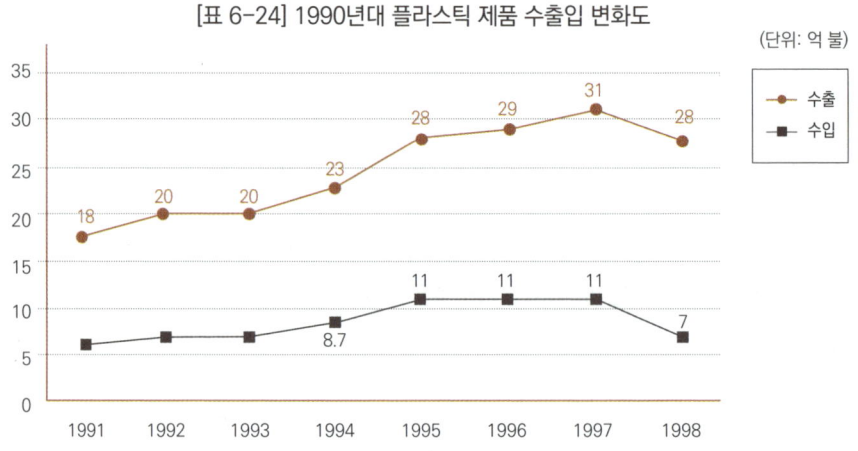

[표 6-24] 1990년대 플라스틱 제품 수출입 변화도

1994년도 플라스틱 제품 수입액 분포도를 살펴보면 53.7%가 일본을 비롯한 아시아에서 수입되고 북아메리카 지역이 25.6%를 점유하고 있음을 알 수 있다.

[표 6-25] 1994년도 지역별 플라스틱 제품 수입액 분포도

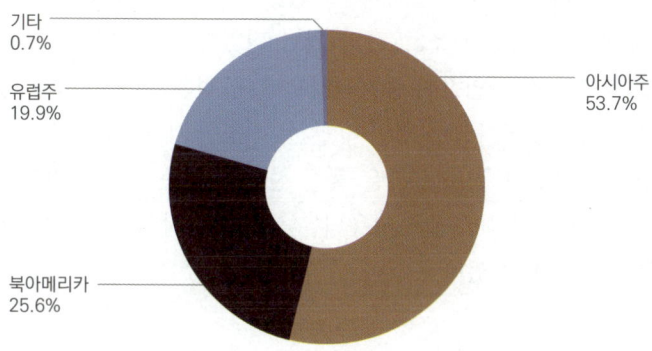

플라스틱 제품의 주요 수입국을 보면 일본이 36.3%(1995년 기준)로 가장 높으며, 10개국 전체의 수입현황으로는 85.2%임을 알 수 있다.

[표 6-26] 주요 국가별 플라스틱 제품 수입현황 (1995년)

(단위: 천 불)

순위	국가명	수입액	비중 (%)
1	일본	399,929	36.3
2	미국	262,481	23.8
3	독일	67,132	6.1
4	중국	60,132	5.5
5	대만	44,039	4
6	프랑스	29,162	2.6
7	영국	26,848	2.4
8	이탈리아	23,636	2.1
9	홍콩	13,854	1.3
10	호주	12,207	1.1
계		939,420	85.2

5.4 플라스틱 제품생산 동향

1997년도 플라스틱 제품 출하액은 10년 전인 1987년도 2조9천억 원보다 8조4,700억 원이 증가된 11조3,771억 원이 되었다. 391%나 증가된 수치이다. 업체 수도 약 3천 개 사업장이 증가되었으며, 종업원 수도 1만4천 명이 증가되었음을 알 수 있다. 국가산업 전반이 발전, 신장한 데 힘입어 플라스틱 산업도 신장한 것으로 보인다. 일상생활은 물론 산업용 부품, 농수산자재, 각종 제품의 포장재 등 산업 전반에 걸쳐 사용되는 플라스틱 산업의 상황을 보면 국가산업의 상황을 예측할 수 있다.

[표 6-27] 1990년대 전 제조업 중 플라스틱 사업 비중

연 도	구 분	출하액 (백만원)	사업체수 (업소)	종업원수 (명)
1993년	전 제조업	242,982	88,864	2,885,349
	플라스틱제조업	7,188	4,479	103,408
	점유율	2.8%	5.0%	3.6%
1994년	전 제조업	281,943	93,761	2,950,322
	플라스틱제조업	8,150	5,304	104,845
	점유율	2.9%	5.6%	3.5%
1995년	전 제조업	343,234	96,202	2,951,885
	플라스틱제조업	9,802	5,572	106,845
	점유율	2.9%	5.8%	3.5%
1996년	전 제조업	378,897	100,938	2,897,672
	플라스틱제조업	11,193	5,848	108,336
	점유율	3.0%	5.8%	3.7%
1997년	전 제조업	412,173	97,223	2,697,568
	플라스틱제조업	10,896	5,683	100,735
	점유율	2.6%	5.8%	3.7%
1998년	전 제조업	407,738	86,432	2,300,112
	플라스틱제조업	11,136	5,011	90,217
	점유율	2.73%	5.8%	3.92%

한편, 종업원 1인당 출하액은 1998년도 전 제조업 평균이 177백만 원이었으나 플라스틱 제품 제조업은 123백만으로 전 제조업의 70% 선에 머무르고 있어 플라스틱 제조업은 중소기업형 산업임을 보여 준다. 한국 표준산업 분류상 품목분류가 자주 변경되어 연계된 데이터 산출에 어려움이 있으나 1990년대 플라스틱 제품의 품목별 현황을 제품별로도 정리해 보았다.

[표 6-28] 플라스틱 제품 연도별 생산업체와 품목별 출하현황

(금액: 백만 원)

품 목	1994		1995		1996		1997	
	업체수	출하액	업체수	출하액	업체수	출하액	업체수	출하액
PE 필름류	251	312,188	246	394,733	330	757,940	388	713,459
PP 필름류	80	234,382	77	267,197	92	345,471	122	381,893
PVC 필름류	54	141,803	60	186,645	75	144,674	108	261,889
PET 필름류	24	302,621	19	470,546	28	471,731	52	598,096
아크릴 필름류	4	2,156	4	2,761	7	16,876	30	54,458
기타 필름	68	118,001	70	127,642	88	324,781	86	205,437
필름류	481	1,111,151	476	1,449,524	620	2,061,473	786	2,215,232
플라스틱 시트								
플라스틱 레자	58	365,323	49	388,917	66	580,098	59	565,525
플라스틱 장판	14	368,665	11	667,163	11	480,650	11	158,753
플라스틱 판	28	42,620	38	74,850	73	139,102	52	158,753
플라스틱 바닥 깔개	30	150,676	37	131,836	48	187,503	32	203,120
시트 및 레자류	130	927,284	135	1,262,766	198	1,387,353	154	1,086,151
파이프, 관, 호스	200	301,623	199	424,624	195	426,836	178	484,401
봉스틱, 프로파일	26	28,302	17	28,105	20	33,302	16	22,739
이음관	30	33,318	28	37,827	32	28,708	30	26,610
파이프 및 이음관	256	363,243	244	490,556	247	488,846	224	533,750
전기전자 부품	311	394,619	313	518,717	311	520,450	328	528,458
전기기기 부품	47	56,563	46	61,777	44	65,160	39	61,406
조명기구류 부품	10	41,137	14	9,301	15	9,246	14	4,170
자동차 부품	256	619,094	253	826,680	270	1,039,279	270	990,979

품목							
기타 산업용 부품	205	224,495	256	250,846	253	292,118	216	183,361
산업용 플라스틱	829	1,335,908	882	1,667,321	893	1,926,253	867	1,768,374
식탁 및 주방용품	161	74,760	152	133,991	194	166,563	134	114,204
위생 및 화장용품	205	166,453	174	199,185	182	203,364	153	211,689
기타 가정용품	264	141,484	318	250,835	319	233,791	286	202,117
주방 및 위생용품	630	382,697	644	584,011	695	603,718	573	528,010
병, 통, 유사용기	220	224,816	196	254,436	173	282,514	184	358,759
콘테이너 박스	76	183,485	82	169,094	73	213,288	63	108,588
기타 용기	252	244,799	288	252,131	281	323,178	282	367,522
용기류	548	653,100	566	675,661	527	818,980	529	834,869
산업용 발포성형품								
스폰지	69	105,031	87	172,581	89	182,426	84	207,079
스티로폼	132	244,655	139	326,218	143	312,725	132	293,032
기타 발포제품	211	359,487	239	323,256	206	260,252	186	242,689
발포제품류	412	709,173	465	822,055	438	755,403	402	742,800
바닥, 벽, 천장덮개	30	54,238	31	70,635	21	50,705	35	88,990
욕조 및 세면대	62	232,934	52	144,715	63	115,085	68	115,644
탱크류	157	125,849	151	128,273	151	156,188	135	181,147
파이프, 관	63	75,956	65	87,479	65	95,150	69	105,473
기타 건축용	92	70,521	65	87,216	107	79,551	102	80,320
전기기기 절연용품	13	19,326	16	15,061	11	13,820	11	10,130
기계류 구성품	23	12,665	17	12,675	15	14,057	14	18,311
전기전자 구성품	98	144,388	93	158,052	89	203,797	114	277,880
자동차 구성품	72	109,624	86	117,675	93	222,025	94	209,072
가구 구성품	7	1,545	10	5,345	8	9,658	8	16,010
기타 산업용 구성품	75	71,345	87	141,385	104	121,780	82	103,370
상자 케이스 등	121	207,634	110	179,437	133	210,780	139	229,693
뚜껑, 마개	30	13,734	41	23,170	36	22,563	29	21,495
안전모	25	32,738	28	35,735	29	43,736	26	55,242
기타제품	71	67,549	85	68,570	100	92,696	87	93,075
강화 플라스틱류	939	1,240,046	937	1,275,423	1,025	1,451,591	1,013	1,605,852
창틀 및 문틀	102	161,058	118	182,037	134	215,310	127	286,807
셔터	13	6,320	24	8,400	28	11,602	27	9,993
기타 조립건구	48	29,474	51	30,634	53	30,169	42	19,551

새시바	20	64,466	17	89,385	17	109,962	15	67,481
플랫세이프	12	8,222	15	13,388	14	11,703	15	13,863
타일 및 벽돌	11	51,858	10	58,638	11	72,473	14	69,608
가정용 절단가공품	7	1,855	7	6,540	11	5,527	12	8,000
산업용 가공품	17	8,970	25	24,738	23	27,621	16	16,197
건축용 자재류	230	332,223	267	413,760	291	484,367	268	491,500
사무 및 학용품	59	28,306	53	23,648	63	31,988	60	46,658
의복 및 모자, 단추	9	2,886	6	3,137	6	3,231	5	4,704
잡화류	68	31,192	59	26,785	69	35,219	65	51,362
코팅 및 라미네이팅	47	162,948	46	88,881	45	164,663	41	78,121
접착테이프	53	115,660	66	167,078	59	177,452	52	132,604
연포장치	62	279,086	63	213,014	73	270,315	69	351,042
기타 표면처리	35	108,215	42	49,366	37	58,832	35	45,325
포대 및 백	206	156,535	225	256,817	237	217,637	268	240,700
기타 1차 가공	69	63,379	77	154,602	72	95,960	69	58,404
표면 가공품	472	885,823	519	929,758	523	984,859	534	906,196
기타 일반 성형품	285	147,579	333	185,309	310	179,416	240	135,856
계	5,280	8,119,419	5,527	9,782,929	5,836	11,177,478	5,655	10,899,952

6. 2000년대 플라스틱 산업

원료 확보를 위해 지방에서 하루 전에 상경하여 원료 메이커 사무실이나 인근 다방에서 몇 시간이고 대기하거나 장사진을 이뤘던 1970년대. 급속한 산업 발전과 가전제품 수요증가 여세를 타 구로동에서 우리나라 최대의 사출기를 보유하고 가전 부품을 대기업에 납품하기 위해 시도 때도 없이 술에 젖어 "이게 무슨 사업이냐?"라며 결국은 자살을 선택한 1980년대 초 D사의 L사장, 노사문제가 심각하고 공장마다 빨간 글자의 플래카드가 난무하던 80년대 말, 종업원들로부터 드럼통에 넣어져 굴림을 당하고 결국은 사업을 접어버린 인천 가정동 소재 D사의 Y사장, 이와 같은 일련의 사건들은 그동안 우리나라 플라스틱산업의 급성장을 위한 해산의 고통이 아니었나 생각된다. 또한, 24시간 공장을 가동함에 따른 인력난, 제조공정의 단순성, 소량 다품종 생산, 대기업에 경영 전반을 의존할 수밖에 없는 부품 생산업, 시설 과잉에 따른 업계 간 과당경쟁 등 플라스틱 제조업이 갖는 특별한 환경 때문이 아닌가 여겨진다.

1990년대에 들어 국제화 세계화 물결 속에 단체수의계약제도와 중소기업 고유 업종 등 중소기업 육성제도의 폐지, 환경문제와 관련된 플라스틱 포장재 사용규제 등은 IMF 경제위기와 함께 플라스틱 업계의 어려움을 가중하게 했다. 이와 같은 어려움 속에서도 플라스틱 산업이 계속 발전하는 것은 플라스틱만이 가지고 있는 특별한 장점과 특성 때문이며 철, 구리, 알루미늄, 목재 등 천연 자원의 한계에 따른 수요와 대체물이 없기 때문일 것이다.

2000년대 들어 플라스틱 업계는 크게 두 가지 문제로 조합이나 협회 등 관련 단체들의 지각변동을 가져온다. 첫째는 단체수의계약 제도 폐지에 따른 대안 모색이며 또 하나는 환경문제에 따른 생산자책임재활용제도 및 플라스틱 부담금제도 때문이다.

6.1 단체수의계약제도 폐지에 따른 관련 단체의 변화

단체수의계약제도란 중소기업을 육성하기 위해 30여 년간 시행되어온 하나의 정책으로 정부나 공공기관이 물품을 구매할 때 관련 협동조합과 수의계약을 체결하고 해당 조합에서는 조합원 각사에 물량을 배분하여 납품토록 하는 제도이다. 많은 조합이 납품 수수료를 받아 조합을 운영해 왔을 뿐 아니라 해당 제품을 생산하는 중소기업들이 대기업과 경쟁 관계에서 생존할 수 있었던 단체수의계약 제도는 중소기업 간과 다(多) 경쟁에 따른 출혈을 방지하는 것으로, 플라스틱 제품 중에는 PE 필름, 파이프, 쓰레기 수수료 종량제 봉투 등이 단체수의계약 품목으로 지정되어 있었다.

이와 같은 제도가 국제화 세계화 물결 속에 외국 기업들의 국내 진출을 방해하는 요소가 되고 경쟁에 따른 발전 저해요인이 된다는 이유로 폐지됨에 따라 대안으로 모색된 것이 다수공급자 계약(MAS) 제도이다. 다수공급자계약이란 경쟁 입찰에서도 다수가 낙찰받을 수 있으며 공급자 범위에는 조합도 포함되도록 했다. 또한, 전국 각 지방 자치와 다수공급자계약을 체결하기 위해 지역마다 조합이 결성되어 업무를 담당하게 되었다.

단체수의계약 제도 폐지에 따른 조합의 분리라고 단언할 수 없지만, 종전부터 존립하여 온 품목별 단체와 MAS 제도 수행을 위한 지방조합이 신설되어 플라스틱 제품생산 관련 단체가 20여 곳이 넘게 되었다.

[플라스틱 제품 관련 단체]

- 한국발포플라스틱공업협동조합
- 한국플라스틱포장용기협회
- 한국PET용기협회
- 한국프로필렌섬유공업협동조합
- 한국재생플라스틱공업협동조합
- 한국염화비닐관공업협동조합
- 한국플라스틱기술연구사업협동조합
- (사)한국바이오플라스틱협회
- 한국플라스틱공업협동조합연합회
   - 전북합성수지공업협동조합
   - 서울특별시합성수지공업협동조합
   - 제주플라스틱공업협동조합
   - 대구경북PE필름공업협동조합
   - 한국환경플라스틱사업협동조합
   - 인천경기플라스틱공업협동조합
   - 광주전남플라스틱공업협동조합
   - 충북플라스틱공업협동조합
   - 한국기능성플라스틱사업협동조합
   - 대구경북합성수지공업협동조합
   - 대전충남플라스틱공업협동조합
   - 강원플라스틱공업협동조합
   - 경북플라스틱관공업협동조합
   - 부산플라스틱공업협동조합
   - 울산경남플라스틱공업협동조합
   - 충북폴리에틸렌관공업협동조합
   - 대구경북강화플라스틱공업협동조합
   - 한국농업용광폭필름사업협동조합

6.2 플라스틱 폐기물 문제에 따른 변화

플라스틱 폐기물 문제는 1979년도에 '합성수지폐기물처리사업법'이 제정되면서 소비자는 분리배출, 생산자는 비용부담, 정부는 적정처리 등의 의무를 부여하면서 시행되었다. 주로 농촌의 폐비닐과 농약병을 처리하기 위해 '한국환경자원공사'를 발족시키고 플라스틱 원료 가격에 일정 비율의 비용을 원료 메이커에게 부담시키는 제도이다.

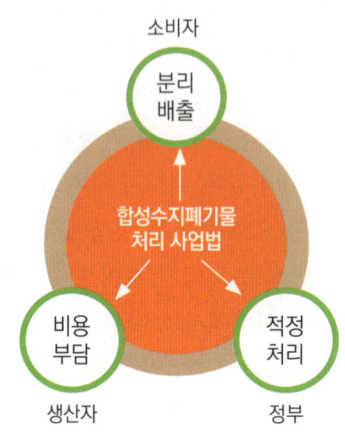

1997년 원료메이커들이 폐기물이 아닌 원료에 어떻게 폐기물 부담금을 부담시킬 수 있느냐는 논리를 들어 합성수지 폐기물 부담금 제도의 폐지를 정부에 요청했으며 환경부에서는 OECD 등 세계적으로 확대 시행되고 있는 생산자책임재활용제도(EPR: Extended Producer Responsibility)를 시행하게 되면서 합성수지 부담금을 플라스틱 부담금으로 전환한다. 이에 따라 플라스틱 제품 중 용기와 포장재는 생산자책임 재활용대상 품목으로 그 외의 플라스틱 제품은 부담금 대상 품목으로 나눠진다.

플라스틱 용기 포장재를 사용하여 식품, 의약품, 화장품, 세제류 등을 생산하거나 농수축산물 판매업을 하는 사업자들은 자사가 공급한 포장재를 의무적으로 회수 재활용해야 하며, 그 이외의 플라스틱 제품을 생산하는 사업자는 원료 사용량의 일정액을 부담금으로 지급해야 한다.

플라스틱 용기와 포장재의 EPR 제도 시행을 위해 (사)한국플라스틱자원순환협회, (사)한국페트병자원순환협회, (사)한국발포스틸렌자원순환협회는 환경부로부터 재활용 사업자단체로 지정받아 생산자 재활용 의무이행 업무를 담당하게 된다.

또, 한 축을 이루는 플라스틱 부담금 문제와 관련해서는 2005년 환경부가 플라스틱 부담금을 대폭 인상하면서 예외 조항을 두어 자발적 협약(V.A: Voluntary Agreement)을 통해 재활용할 경우 부담금을 면제토록 하고 있다.

플라스틱 부담금이 대폭 인상되자 관련 업체들은 자발적 협약(V.A)을 통해 부담금을 면제받고자 재활용 단체를 만들거나 기존 단체들이 환경부에 허가를 받아 재활용 업무를 수행하게 된다.

플라스틱 폐기물 문제와 관련해 생산자책임재활용제도(EPR) 수행을 위한 3

[표 6-29] 플라스틱 폐기물 부담금 인상내역

(단위: 원 Kg)

구 분	2007년	2008~2009년	2010~2011년	2012년 이후
건축용 플라스틱	3.8	15	45	75
그 외의 플라스틱	7.6	30	90	150

※ 단 연간 매출액이 10억 원 미만이거나 플라스틱 사용량이 10톤 이하는 제외

[V.A 관련 사업자단체]

- (사)한국윤활유공업회 — 윤활유 용기
- 한국파렛트컨테이너협회 — 파렛트, 컨테이너
- 한국프라스틱공업협동조합연합회 — 영농필름, PE 관
- 한국바이닐환경협의회 — 바닥재, 프로파일
- 한국전선공업협동조합 — 전력 및 통신선
- 한국발포플라스틱공업협동조합 — 건설용 발포스티렌
- 한국발포스틸렌재활용협회 — 수산물, 양식장 부자
- 한국염화비닐관협동조합 — PVC 관
- 한국합성수지자원순환협회 — 어망, 로프, 비료 포대, 곤포 사일리지

[EPR 관련 사업자단체]

(사)한국플라스틱자원순환협회
(사)한국페트병자원순환협회
(사)한국발포스티렌자원순환협회
통합 재활용조합이라는 개인 사업자도 EPR 업무수행

개 단체와 플라스틱 부담금과 관련해 9개 단체 등 모두 12개 단체가 플라스틱 폐기물 재활용을 위한 단체로 활동하고 있으며, 통합 재활용공제조합이라는 개인 사업자도 EPR 업무를 취급하고 있다. 플라스틱 폐기물 문제와 관련해 수많은 단체와 영리를 목적으로 한 사업자까지 있어야만 하는가? 라는 문제가 대두되었다. 플라스틱 부담금 역시 존립 필요성과 함께 ▶형평성 문제(관, 파이프, 창틀, 가구 등에서 철, 구리, 알루미늄 등의 재질은 제외하고 유독 플라스틱 제품에만 부담금을 부과시키는 문제) ▶플라스틱 부담금이 플라스틱 환경문제를 위해 사용되는지 여부 ▶유독 우리나라에서만 시행됨에 따른 국제 경쟁력 상실 부담금 부과 대상 업체의 신고 누락과 신고 적정성 확인 및 관리 가능 여부 ▶플라스틱 부담금의 환경개선 효과 여부 ▶재활용 단체의 재활용 실적확인 가능 여부 ▶수많은 플라스틱 제품별 향후 VA, 설립인가 여부 등 많은 문제점을 초래하고 있다.

플라스틱 제품의 생산, 유통, 폐기물 발생 처리 등에 대한 조사 통계 확보와 대정부 정책개발 건의, 공동 애로사항 타개, 재활용 기술개발, 플라스틱 이미지 홍보 등 단체로서 역할수행과 국가 경제발전을 위해 이처럼 많은 단체가 존립 되어야 하는가? 하는 문제도 수면 위로 떠 오르고 있다.

한편 2000년부터 2009년까지 우리나라 플라스틱 산업은 지속적으로 발전되었다. 출하액, 종업원 수, 사업체 수 등 모든 부문에서 신장세를 보여 주었으며 특히 IT 분야와 자동차 등 산업용 플라스틱이 전체 플라스틱 제품 출하액의 32.2%나 될 정도로 눈부신 신장세를 보였다. 물가 상승과 원료 가격의 인상요인도 있었지만, 이제는 플라스틱 제품 연간 출하액이 32조 원을 넘게 된 것이다.

우리나라 표준 산업 분류가 2000년 1월 7일에 8차, 2007년 12월 28일에 9차로 각각 변경되어 광공업 통계조사 보고서상의 품목별 집계 작업은 혼란을 초래할 수밖에 없었다. 또 2007년 이후에는 10인 이상 사업자만 통계로 잡혀 수치상 누락 부분도 있었지만 2009년 플라스틱 제품 출하액은 32조 원을 넘게 되었다.

[표 6-30] 2000년대 전 제조업 중 플라스틱 비중

연도	구분	출하액 (백만원)	사업체 수	종업원 수
2001	전 제조업	583,217,805	105,873	2,648,534
	플라스틱제품	17,870,390	7,548	132,032
	점유율	3.06%	7.12%	4.98%
2002	전 제조업	631,337,924	110,356	2,696,385
	플라스틱제품	20,401,326	7,798	114,840
	점유율	3.23%	7.06%	4.25%
2003	전 제조업	672,712,783	109,428	2,736,118
	플라스틱제품	21,572,436	7,897	143,282
	점유율	3.2%	7.13%	5.23%
2006	전 제조업	909,066,529	119,181	2,911,295
	플라스틱제품	30,516,720	8,268	161,120
	점유율	3.35%	6.93%	5.53%
2008	전 제조업	1,113,308,963	58,397	2,458,312
	플라스틱제품	33,610,951	4,286	136,571
	점유율	2.90%	7.33%	5.56%
2009	전 제조업	1,122,986,527	57,996	2,452,880
	플라스틱제품	32,414,155	4,237	134,689
	점유율	2.88%	7.3%	5.5%

6.3 원자재 수급 동향

2000년도 우리나라 범용수지의 생산 능력은 915만 톤이었으나 2009년도에는 31%가 증가된 1,202만 톤이 되었다. HDPE의 생산 능력은 변동이 없었으나 ABS는 191%나 증가되었고 PP도 151%가 증가되었다.

[표 6-31] 범용수지 연도별 생산 능력 변동 추이

(단위: 천 톤)

연도별	2000	2001	2002	2003	2004	2005	2006	2007	2008	2009
LLDPE	0.902	0.902	0.902	0.902	0.902	0.902	0.872	0.857	0.857	0.899
HDPE	0.792	0.800	0.800	0.800	0.800	0.800	0.880	0.880	1.010	1.010
PP	1.729	1.945	1.980	1.990	2.035	2.035	2.035	2.035	2.115	2.180
PS/EPS	2.518	2.693	2.801	2.778	2.863	2.863	2.933	3.233	3.623	3.748
LDPE	1.112	1.151	1.237	1.303	1.345	1.379	1.379	1.335	1.341	1.282
ABS	0.795	0.990	1.276	1.370	1.370	1.430	1.430	1.480	1.500	1.520
PVC	1.240	1.250	1.260	1.260	1.260	1.320	1.340	1.340	1.340	1.380
계	9.088	9.731	10.256	10.403	10.575	10.729	10.869	11.160	11.786	12.019
증가율		6.3%	5.4%	1.4%	1.6%	1.5%	1.3%	2.7%	5.6%	2.0%

우리나라는 플라스틱 원료를 생산하는 업체가 18개 사나 된다. 울산, 여수, 대산 등의 석유화학단지에서 에틸렌이나 프로필렌을 직접 생산하거나 파이프라인을 통해 원자재를 지원받아 생산한다. LG화학 경우와 같이 범용수지 전 품목을 생산하는 업체가 있는가 하면 효성과 같이 단일 품목만 생산하는 업체도 7개 사가 된다.

LDPE의 경우 6개사, HDPE 9개사, PP는 10개사에서 생산하지만, PVC는 2개사만 생산한다. PVC는 1966년부터 LDPE는 1972년, PS와 ABS는 1973년, PP와 HDPE는 1976년에 생산하기 시작했음을 보여 준다.

2000년대에 들어 호남석유화학이 LDPE와 LLDPE를, LG대산유화가 LDPE, LLDPE, HDPE, PP 생산을 개시했다. 합성수지의 국내 수요량은 한계가 있으며 신장세도 급격한 변화가 없으나 중국을 비롯한 국제시장에서의 수요증가에 힘입어 생산시설을 완전가동한 것으로 보인다.

[표 6-32] 범용수지 생산업체 현황

업체명/수지명	LDPE	LLDPE	HDPE	PP	PS/EPS	ABS	PVC
한화케미칼	'72	'86					'66
LG화학	'90	'06	'07	'06	'84	'78	'76
삼성토탈	'91	'94	'91	'91			
현대석유화학	'91	'92	'91	'91			
호남석유화학	'05	'05	'79	'79			
LG대산유화	'05	'05	'05	'05			
SK에너지		'90	'90	'90			
대한유화			'76	'76			
대림산업			'89				
LG석유화학			'92				
효성				'91			
GS칼텍스				'87			
폴리미래				'93			
금호석유화학					'73	'73	
한국바스프					'82	'90	
동부하이텍					'89		
제일모직					'89	'89	
SH에너지화학					'73		
계	6	7	9	10	6	4	2

※ (표 안의 숫자는 생산 시작년도)

2009년도 우리나라 범용수지의 총생산량은 1,165만 톤에 달한다. 2000년 보다 33.4%나 증가 되었다.

[표 6-33] 연도별 범용수지 생산량

(단위: 천 톤)

연도별	2000	2001	2002	2003	2004	2005	2006	2008	2009
생산량	8,732	9,073	9,526	9,818	10,050	10,249	10,745	10,727	11,655

가장 생산량이 많은 것은 PP로 368만 톤이 생산되었다. 2000년보다 56%인 125만 톤이나 증가되었다. ABS도 93%나 생산량이 증가되어 152만 톤이 생산되었으며 LDPE와 LLDPE 등 PE 계열과 PS, PVC의 생산량은 큰 변동이 없었다.

[표 6-34] 2000년대 합성수지 생산량 변동 추이

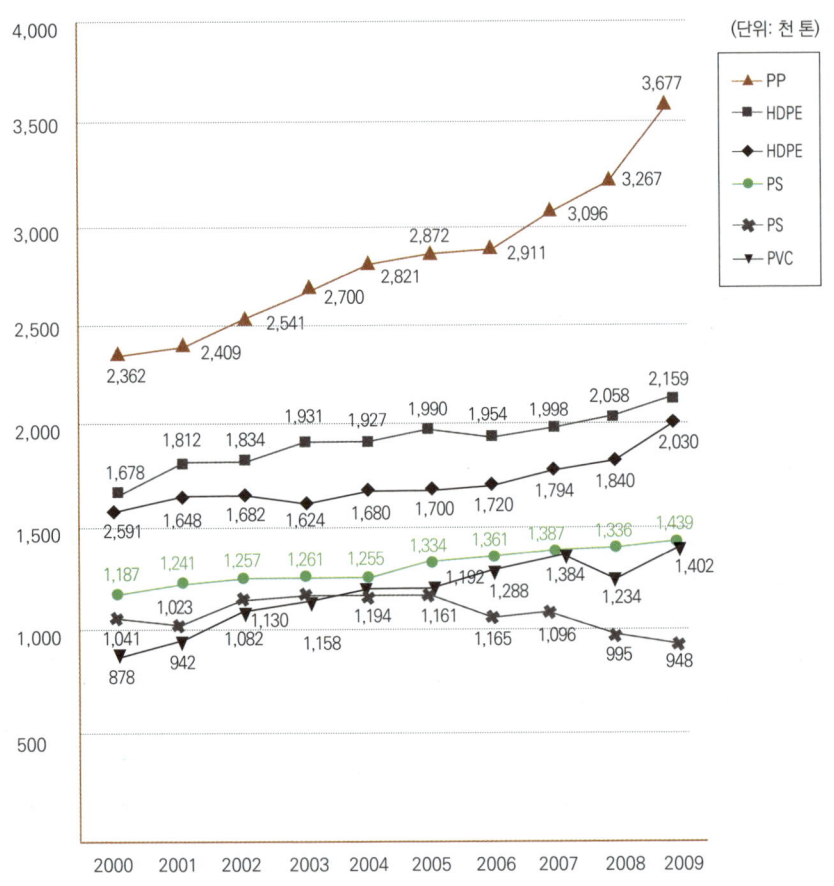

2008년도 전 세계의 플라스틱 생산량은 2억5천만 톤에 달한다. 우리나라는 이 중 약 5%를 생산하고 있으며 미국, 중국, 독일, 일본에 이어 세계 제5위의 생산국이다.

[표 6-35] 세계 합성수지 생산량

(단위: 백만 톤)

지역		2006년		2007년		2008년	
		수량	구성비	수량	구성비	수량	구성비
세계생산량		246	100%	260	100%	246	100%
*아시아주		92	37.4	96	36.9	91	37
	중국	36	14.6	39	15	37	15
	일본	15	6.1	14	5.4	13	5.3
	한국	11	4.5	12	4.6	12	4.9
	기타지역	30	12.5	31	11.9	29	11.8
*유럽		69	28	73	28.1	69	28
	독일	20	8.1	20	7.7	18	7.3
	EU기타	41	16.7	45	17.3	43	17.5
	비EU지역	8	3.7	8	3	8	3.2
*북미주		58	23.6	60	23.1	56	22.8
*남미주		10	4.1	10	3.8	10	4.1
*중동, 아프리카		17	6.9	21	8.1	20	8.1

생산된 합성수지는 62% 정도가 수출되고 38% 정도가 내수용으로 사용된다. ABS의 경우 89%가 수출되고 11%만이 내수용으로 사용되기도 했다. 생산량에서 수출량을 제외하고 수입량을 더하여 국내 수요량을 산출할 수 있다. 한편, 2009년도 국내 합성수지 수요량은 457만 톤으로 나타났다.

[표 6-36] 2009년도 합성수지 국내 수요

(단위: 천 톤)

수지명	생산량	수출량	수입량	국내수요량
LDPE	2.030	1.031	0.035	1.034
HDPE	2.159	1.345	0.008	0.822
PP	3.677	2.376	0.021	1.322
PS	0.948	0.540	0.033	0.441
ABS	1.402	1.249	0.006	0.159
PVC	1.439	0.682	0.032	0.789
계	11.655	7.223	0.135	4.567
비중		62%	1.1%	39%

[표 6-37] 1인당 플라스틱 사용량

연도	생산	수출	수입	국내수요	인구수(천명)	사용량(kg/명)
2000	9,197	4,857	175	4,515	47,008	96.0
2001	9,594	4,846	199	4,947	47,353	104.5
2002	10,062	5,035	265	5,292	47,615	111.1
2003	10,359	5,467	246	5,138	47,849	107.4
2004	10,618	5,597	181	5,202	48,082	108.2
2005	10,893	5,951	231	5,173	48,138	107.5
2006	11,245	5,982	248	5,511	48,297	114.1
2007	11,783	6,383	242	5,642	48,456	116.4
2008	11,869	6,536	275	5,608	48,607	115.4
2009	12,749	7,530	252	5,471	48,747	112.2

[표 6-38] 2009년도 합성수지 수출현황

(단위: 천 톤)

국가별	LDPE	HDPE	PP	PS	ABS	PVC	계
중국	0.118	0.842	1.215	0.177	0.559	0.187	3.098
홍콩		0.228		0.052	0.211	0.010	0.501
인도	0.031	0.028	0.097	0.007	0.035	0.206	0.404
베트남	0.017	0.055	0.135	0.021			0.228
이란	0.005	0.058	0.037	0.036	0.023	0.036	0.195
나이지리아	0.019	0.041	0.073			0.020	0.153
인도네시아	0.014		0.085	0.015	0.026		0.140
러시아		0.040		0.028		0.035	0.103
터키		0.023		0.004	0.032	0.027	0.086
태국	0.009		0.035		0.027		0.071
기타	대만 이집트 콜롬비아 사우디아라비아 필리핀	말레이시아 카자흐스탄 호주 알제리 칠레	이집트 일본 파키스탄 방글라데시 필리핀	캐나다 이스라엘 알제리 뉴질랜드 호주 싱가포르 슬로바키아 남아프리카 루마니아 헝가리 미국	말레이시아 멕시코 브라질 헝가리 미국 독일	시리아 벨기에 케냐 UAE 브라질	
계	1.031	1.345	2.376	0.540	1.249	0.682	7.223

표에서 보는 바와 같이 플라스틱 원료는 약 40개국에 수출되며 중국에 전체의 43%인 310만 톤이 수출되고 홍콩, 인도, 베트남, 이란 등의 순으로 되어 있다. 2009년도 우리나라 국민 1인당 플라스틱 사용량은 112kg으로 나타났다. 열경화성 플라스틱을 포함한 2000년도 사용량은 96kg이었으나 10년 동안 16kg이 증가되었다.

6.4 플라스틱 제품 수출입 동향

● 수출 동향

2009년도 플라스틱 제품 수출 금액은 국가 전체 수출액 363억 불의 1.45%인 53억 불에 이른다. 1990년대에는 국가 전체 수출액의 약 2.3% 정도를 점유하였으나 2000년대에 들어서면서 점유율이 점점 낮아지고 있다. 그러나 수출액은 10년 전보다 약 60%가 증가했으며 중량도 120만 톤에 이른다. 연도별 플라스틱 제품의 수출입 비중을 알아본다.

[표 6-39] 연도별 플라스틱 제품 수출입 현황 (단위: 천 불)

구 분		2002년	2004년	2007년	2009년
수출	플라스틱 제품	3,353,935	4,323,235	5,205,819	5,291,690
	국가 전체	162,470,528	253,845,000	371,489,000	363,533,561
	점유율	2.60%	1.70%	1.40%	1.50%
	중량 (톤)	1,195,059	1,449,305	1,561,917	1,501,682
수입	플라스틱 제품	1,463,891	2,475,217	4,110,728	4,718,745
	국가 전체	152,126,153	224,463,000	356,846,000	323,084,521
	점유율	0.96%	1.10%	1.15%	1.46%
	중량 (톤)	248,115	342,182	506,856	408,660

• 수출은 스크랩 웨이스트 포함 합계금액 / 수입은 스크랩 웨이스트 불포함 합계금액 / 점유율 집계는 불포함액 기준으로 산출됨

제품류별 수출액을 보면 필름, 시트, 판류가 전체 플라스틱 제품 수출액의 52%를 차지할 정도로 가장 많으며 운반 포장 용기, 레자류 순으로 되어있다.

2009년도 국가별 수출액을 보면 중국이 전체 수출액의 28.8%인 15억 불에 이른다. 일본, 미국, 홍콩을 비롯해 4개 국가의 수출액이 전체 수출액의 58.6%를 점유하고 있다.

[표 6-40] 2009년도 주요 국가별 플라스틱 제품 수출현황

(단위: 천 불)

국가명	수출액	점유율
중국	1,496,703	28.8%
일본	663,524	12.8%
미국	591,818	11.4%
홍콩	291,448	5.6%
대만	196,269	3.8%
인도네시아	118,967	2.3%
러시아	118,933	2.3%
독일	80,605	1.6%
오스트리아	75,646	1.5%
태국	71,115	1.3%
기타	1,486,219	28.6%

[표 6-41] 2000년대 플라스틱 제품 수출 현황 (금액: 천불 / 중량: 톤)

품 명	2002년 중량	2002년 금액	2004년 중량	2004년 금액
줄, 스틱, 봉	10,052	17,771	8,529	18,577
관, 파이프, 호스	27,982	86,519	32,185	115,650
바닥, 천장벽재	74,787	66,483	93,429	98,896
필름, 시트, 판(접착성)	33,956	142,536	47,301	245,089
필름, 시트, 판(비접착성)	333,847	675,434	353,001	883,836
필름, 시트, 판(기타)	228,374	464,642	286,235	677,884
필름, 시트, 판 소계	596,177	1,282,612	686,537	1,806,809
목용통	71	180	231	805
세면대, 설거지통	8	23	371	2,866
변기용 커버	334	1,692	324	2,428
비데	345	5,363	1,172	19,632
기타	1,882	1,436	1,879	6,369
위생용품 소계	2,640	8,694	3,977	32,100
상자, 케이스	27,444	129,663	32,227	209,011
병, 통	8,773	30,652	11,728	62,490
스풀, 보빈	6,005	22,950	3,707	18,542
뚜껑, 마개	1,842	12,568	2,346	16,064
기타	48,437	131,663	51,602	185,572
운반, 포장용기 소계	92,501	327,496	101,610	491,679
식탁, 주방용품	15,256	40,549	19,759	66,498
비눗갑	40	165	43	154
기타	6,357	20,391	898	20,251
식탁, 주방용품 소계	21,653	61,105	20,700	86,903
저장기, 탱크	525	2,539	833	1,952
문, 창틀	1,945	3,898	8,286	24,953
셔터, 브라인더	741	4,210	660	4,192
기타	4,118	15,960	3,641	12,581
건축용품 소계	7,329	26,607	13,420	43,678
레자	180,924	1,035,215	163,401	998,466
포대류	9,521	13,380	2,281	3,866
끈류	34,716	55,588	36,530	69,399
필통, 지우개	531	2,256	962	3,376
바인더, 앨범	5,639	15,649	3,689	13,425
의류, 장갑	2,229	17,963	1,953	17,686
기계부품	1,485	17,462	1,371	14,642
접착테이프	260	2,409	367	3,252
사진틀	3,878	8,184	9,833	19,178
기타	86,509	298,882	109,824	442,484
기타 물품 소계	100,531	362,805	127,999	514,043
계	1,158,813	3,344,275	1,290,598	4,280,066
스크랩 웨이스트	36,244	9,660	158,707	43,169
합계	1,195,057	3,353,935	1,449,305	4,323,235

2007년		2009년	
중량	금액	중량	금액
25,318	55,309	14,824	32,223
35,641	150,676	38,325	154,038
104,503	140,411	118,997	163,334
60,523	486,493	68,704	575,083
375,065	1,180,057	348,372	1,255,066
259,852	831,306	261,335	884,221
695,440	2,497,856	678,411	2,714,370
102	818	247	1,480
367	3,787	415	3,719
330	2,655	254	2,114
1,320	29,841	1,578	35,889
2,153	5,932	2,253	6,773
4,272	43,033	4,747	49,975
35,568	257,634	45,438	349,936
9,697	89,659	9,436	83,618
4,202	22,179	5,900	28,989
2,571	25,531	3,530	35,718
53,861	252,657	53,931	233,937
105,899	647,660	118,235	732,198
16,041	64,863	12,889	68,122
44	109	20	105
2,621	34,581	2,585	21,560
18,706	99,553	15,494	89,787
2,814	10,638	3,761	11,185
4,970	15,464	5,778	13,637
428	4,012	501	4,951
5,272	15,598	5,689	14,185
13,484	45,712	15,729	43,958
104,826	830,368	75,024	654,159
3,774	6,932	2,933	5,701
35,211	85,445	26,519	60,424
895	2,789	812	2,857
907	3,865	424	2,967
683	8,400	617	6,129
1,210	17,436	1,186	9,779
168	2,230	187	2,827
2,690	7,582	3,593	9,275
83,725	464,334	77,908	457,246
90,278	506,636	84,727	491,080
1,237,352	5,109,591	1,193,965	5,191,247
324,565	96,228	307,717	100,443
1,561,917	5,205,819	1,501,682	5,291,690

[표 6-42] 2000년대 플라스틱 제품 수입현황 (금액: 천불 / 중량: 톤)

품 명	2002년 중량	2002년 금액	2004년 중량	2004년 금액
줄, 스틱, 봉	754	3,817	796	6,430
관, 파이프, 호스	5,322	57,539	8,125	97,368
바닥, 천장벽재	12,914	20,010	12,397	19,043
필름, 시트, 판(접착성)	14,079	187,170	20,465	362,884
필름, 시트, 판(비접착성)	54,656	375,731	86,813	815,121
필름, 시트, 판(기타)	32,509	246,737	42,398	403,366
필름, 시트, 판 소계	101,244	809,638	149,676	1,581,371
목용통	628	5,177	870	3,422
세면대, 설거지통	4	30	78	182
변기용 커버	149	586	342	835
비데	22	913	130	3,247
기타	462	2,767	1,016	5,417
위생용품 소계	1,265	9,473	2,436	13,103
상자, 케이스	18,675	99,109	25,620	149,882
병, 통	1,223	12,153	5,361	25,940
스플, 보빈	15,990	25,176	16,341	27,910
뚜껑, 마개	2,104	16,763	2,624	18,918
기타	20,749	74,792	28,589	102,782
운반, 포장용기 소계	58,741	227,993	78,535	325,432
식탁, 주방용품	4,072	21,887	5,501	19,769
비눗갑	82	336	100	363
기타	2,885	13,859	4,630	17,495
식탁, 주방용품 소계	7,039	36,082	10,231	37,627
저장기, 탱크	421	1,058	51	777
문, 창틀	1,013	3,479	5,752	11,254
셔터, 브라인더	212	1,224	327	1,497
기타	9,996	18,949	7,765	15,055
건축용품 소계	11,642	24,710	13,895	28,583
레자	7,730	56,185	7,802	59,372
포대류	10,953	9,997	21,230	22,109
끈류	507	1,451	792	1,957
필통, 지우개	162	627	210	800
바인더, 앨범	182	525	420	1,448
의류, 장갑	1,383	4,216	2,329	7,740
기계부품	1,996	48,950	2,618	49,361
접착테이프	120	1,660	93	1,757
사진틀	636	1,438	444	1,080
기타	25,525	149,580	30,153	220,636
기타 물품 소계	30,004	206,996	36,267	282,822
계	248,115	1,463,891	342,182	2,475,217
스크랩 웨이스트	7,117	2,693	22,034	8,320
합계	255,232	1,466,584	364,216	2,483,537

2007년		2009년	
중량	금액	중량	금액
6,304	23,681	931	11,840
12,796	150,087	11,286	146,877
30,150	40,439	9,404	29,463
27,577	406,629	22,645	375,401
149,709	1,800,181	151,776	2,522,141
56,885	469,405	40,846	475,877
234,171	2,676,215	215,267	3,373,419
533	2,500	207	1,612
42	283	17	127
103	691	79	757
114	2,535	50	954
780	5,473	756	4,704
1,572	11,482	1,109	8,154
38,271	282,737	45,921	321,205
4,132	26,957	2,833	23,216
5,527	20,811	5,226	26,143
3,026	23,533	3,203	23,707
42,158	132,551	16,629	127,406
93,114	486,589	73,812	521,677
11,505	41,085	7,351	33,304
96	432	64	417
4,269	22,006	3,890	16,279
15,870	63,523	11,305	50,000
379	3,092	291	897
3,789	12,542	1,582	4,483
778	3,174	578	4,845
3,616	11,847	3,128	8,131
8,562	30,655	5,579	18,356
9,825	80,968	11,448	86,178
27,412	37,316	24,007	31,203
8,920	12,841	5,651	9,844
517	1,974	257	1,718
815	2,398	256	977
2,579	9,040	2,330	11,181
2,257	52,044	1,315	52,014
284	2,631	121	2,092
871	2,114	302	839
50,837	426,731	34,281	362,913
58,160	496,932	38,862	431,734
506,856	4,110,728	408,661	4,718,745
24,440	13,157	44,836	18,726
531,296	4,123,885	453,497	4,737,471

• 수입 동향

　2009년도 플라스틱 제품 수입액은 국가 전체 수입액 3,230억 불의 1.46%인 47억 불이 수입되었다. 1990년대에는 국가 전체 수입액의 1%가 되지 않았으나 2000년대에 들어서 점유율이 점차 높아졌으며 2009년도는 2002년도에 비해 322%나 증가되었다. 표에서 보여 주듯이 필름, 시트, 판류의 수입이 증가된 것으로 나타났다.

　2009년도 국가별 수입액을 보면 일본이 전체 수입액의 65.8%인 31억 불이나 되었으며 중국, 미국, 대만 등 4개국이 전체 수입액의 90%를 점유하고 있다.

[표 6-43] 2009년도 주요 국가별 플라스틱 제품 수입현황

(단위: 천불)

국가명	수입액	점유율
일본	3,103,480	65.8%
중국	730,214	15.5%
미국	320,835	6.8%
대만	107,026	2.3%
독일	105,800	2.2%
태국	29,397	0.6%
인도네시아	29,393	0.6%
영국	29,220	0.6%
이태리	26,603	0.6%
프랑스	26,142	0.6%
기타	207,670	4.4%

6.5 플라스틱 제품생산 동향

　2000년대 플라스틱 산업 현황에서 간략하게 알아보았듯이 2009년도 우리나라 플라스틱 제품 출하액은 연간 32조 원을 넘게 되었다. 광공업 통계 조사 보고서에서 품목을 기준으로 하는 한국 표준 산업 분류번호가 수차례 변경되고 2007년도부터 10인 이상의 사업장만을 통계로 잡아 종전의 데이터와 비교하는 데는 제한적일 수밖에 없으나 2000년대 들어 플라스틱 제품의 출하액은 계속 신장세를 보여 주고 있다.

2009년도를 기준으로 플라스틱 제품류별 출하액은 산업용 플라스틱이 전체의 32.3%를, 필름류가 19.5%를 점유하고 있어 두 가지 품목이 플라스틱 전체 출하량의 51.8%를 점유하고 있음을 알 수 있다.

2001년도에 비해 필름류 출하액 증가율은 267%나 되었으며 산업용 플라스틱이 225%, 파이프 & 호스류는 225%가 증가되었으나 판, 레자류는 31%가 감소되었다.

시대에 따라 산업 구조가 바뀌고 관련 산업의 성쇠에 따라 플라스틱 제품의 수요도 변화됨을 알 수 있다. IT와 자동차 분야 산업의 신장세와 함께, 스마트폰 등에 사용되는 항균, 지문방지, 촉감성 등의 기능을 살린 기능성 필름과 자동차의 경량화 추세에 따라 기능성을 갖는 소재와 부품개발 등으로 산업용 플라스틱 제품 출하액이 증가되고 키패드, 핸드폰 케이스 등은 신규 품목으로 등장하기도 한다. 다양한 식품들의 신선도와 맛, 향 등을 그대로 유지하면서 보관, 운송, 판매하는데 효과적인 필름과 각종 포장재의 수요증가에 힘입어 표면가공업의 출하액 증가세는 지속하고 있음을 보여 준다.

한국 표준산업 분류상 끈, 로프, 어망 등이 섬유 제품으로 분류되어있는 등 일부 플라스틱 제품이 다른 품목으로 분류되어 통계에서 누락 되었지만 2009년도 광공업 통계 보고서를 기준으로 용도별 플라스틱 제품 출하액을 이해하기 쉽도록 정리하여 본다.

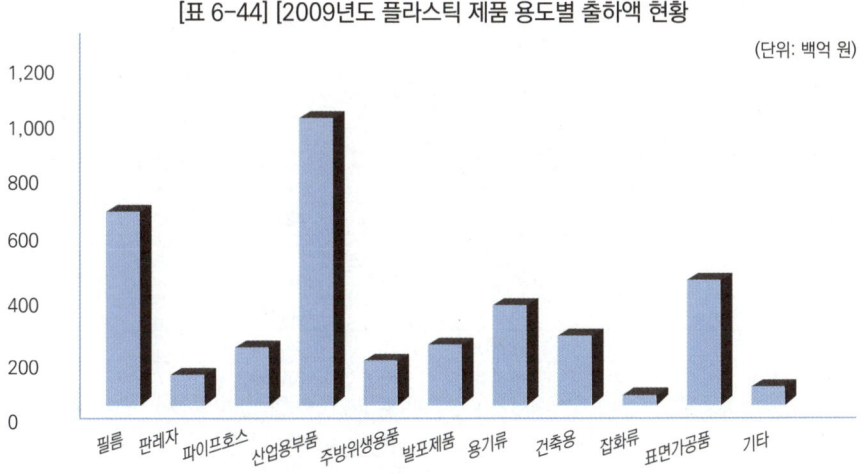

[표 6-44] [2009년도 플라스틱 제품 용도별 출하액 현황

[표 6-45] 2000년대 플라스틱 제품 출하현황 (단위: 백만 원)

품명	2001년 업체수	2001년 출하액	2002년 업체수	2002년 출하액	2003년 업체수	2003년 출하액
PE 필름	275	657,021	281	719,197		
PP 필름	99	319,598	99	415,391		
PS 필름	9	11,464	10	29,734		
PVC 필름	74	323,842	86	348,100		
아크릴 필름	21	54,041	20	52,756		
PET 필름	31	716,599	33	791,874		
기타 필름	72	272,968	87	337,390		
포장용					522	2,519,307
포장용 외					293	1,315,099
필름류 계	581	2,355,533	616	2,694,442	815	3,834,406
판	49	191,009	59	236,644		
레자	79	665,756	78	689,274	75	626,615
장판, 벽지	15	557,323	16	511,103	29	566,582
야외용 시트	11	21,140	11	22,284		
판, 레자류 소계	154	1,435,228	164	1,459,305	104	1,193,197
프로파일, 봉	13	13,191	14	24,364	69	205,465
파이프, 호스	230	584,430	289	721,216	377	918,703
새시바	14	92,526	10	110,272		
이음관	63	113,221	59	105,740	86	206,399
기타, 봉, 관	92	99,004	94	141,234		
파이프, 호스 계	412	902,372	466	1,102,826	532	1,330,567
전기절연품	594	1,871,569	586	2,293,657	259	676,670
기계류 구성품	162	241,710	176	342,402		
자동차 부품	537	2,120,657	625	2,619,993	960	4,389,424
가구용 부품	27	20,717	34	41,392		
조명용 부품	32	21,576	33	28,602		
절연용품	102	133,744	84	107,014		
기타 부품	251	218,793	263	283,764	624	1,043,765
산업용 부품 계	1,705	4,628,766	1,801	5,716,824	1,843	6,109,859
식탁주방용	155	224,940	160	327,918	194	395,955
위생용품	58	37,785	55	42,827	333	446,524
기타 가정용	314	237,060	310	284,327	39	66,731
욕조, 세면대	89	178,328	89	134,180		
변기시트 커버	41	69,647	49	100,879		
탱크류	129	191,881	131	204,236		
기타 위생용	35	28,793	45	32,854		
주방위생용품 계	821	968,434	839	1,127,221	566	909,210
스폰지	82	215,616	84	343,067		
연성발포제품	110	243,923	106	249,119		

6장 | 우리나라의 플라스틱 산업

2006년		2008년		2009년		점유율
업체수	출하액	업체수	출하액	업체수	출하액	
		121	1,011,619	111	1,074,180	
		45	554,029	48	596,807	
		10	31,735	10	35,126	
		41	416,589	56	514,113	
		52	1,162,455	52	1,426,088	
584	3,334,087	188	1,539,630	170	1,315,503	
350	2,071,262	92	1,110,817	95	1,336,182	
934	5,405,349	549	5,826,874	542	6,297,999	20%
59	502,624	48	636,795	47	634,385	
34	582,360	23	465,733	22	374,756	
93	1,084,984	71	1,102,528	69	1,009,141	3%
89	332,243	44	331,905	48	364,805	
315	897,082	189	1,077,374	201	1,102,535	
33	661,841	26	763,642	19	136,026	
177	422,242	106	521,113	86	495,155	
614	2,313,408	365	2,694,034	354	2,098,521	6%
374	1,456,798	261	1,616,143	241	1,618,285	
777	4,473,628	541	4,574,974	542	4,451,184	
112	936,423	96	863,900	102	924,210	
172	1,999,316	148	2,610,164	133	2,023,925	
692	1,360,455	339	1,482,218	323	1,404,888	
2,127	10,226,620	1,385	11,147,399	1,341	10,422,492	32%
214	633,061	91	450,968	100	569,149	
283	484,984	139	430,580	125	387,667	
53	105,742	25	55,748	24	59,679	
550	1,223,787	255	937,296	249	1,016,495	3%

품명	2001년 업체수	2001년 출하액	2002년 업체수	2002년 출하액	2003년 업체수	2003년 출하액
경성발포제품	94	241,804	94	327,931		
스티로폼	176	479,500	169	523,083		
PS 발포제품					279	893,683
우레탄 발포제품					171	549,011
기타 발포제품					51	89,247
발포제품 계	462	1,180,843	453	1,443,200	501	1,531,941
상자 케이스	307	486,269	327	600,450		
병류	229	633,200	197	692,063	174	629,311
뚜껑, 마개	189	228,943	192	298,231	195	291,885
기타용기	489	590,892	524	614,075	831	1,651,737
용기류 계	1,214	1,939,304	1,240	2,204,819	1,200	2,572,933
파이프, 관	50	91,787				
조립식 건물	9	12,262	8	9,156		
기타 건축물	114	150,744	159	200,083		
강화플라스틱 계	173	254,793	167	209,239	-	-
창문 문틀	250	775,947	321	1,046,794	420	972,374
셔터	21	7,228	21	20,974		
조립건구	77	71,830				
플랫세이프	15	23,399	10	14,988		
절단가공품	95	134,887	111	164,324		
벽돌, 타일	24	110,316	29	198,168	59	325,845
벽, 바닥깔개	59	101,834	61	93,501		
벽지 *03 기타	6	23,491	8	26,341	201	279,003
건축용 자재 계	547	1,248,932	561	1,565,090	680	1,577,222
사무 학용품	86	104,169	96	120,251	101	118,224
의자, 모자	6	8,736	9	8,476		
안전모	53	197,026	49	191,652	49	202,987
바코드, 리본	7	3,847	8	4,567		
포장끈	29	47,843	28	39,882		
인조잔디	4	4,442	4	1,417		
빨대 *08 자석	10	27,500	10	27,165		
잡화류 계	195	393,563	204	393,410	150	321,211
코팅라미네이트	135	358,848	133	422,566	221	575,298
접착테이프	146	380,704	139	508,024	137	538,101
연포장지	135	511,635	140	574,153		
포대, 봉투	421	464,998	388	487,564	377	523,950
기타 가공품	86	482,191	113	207,694		
표면 가공업 계	923	2,198,376	913	2,200,001	735	1,637,349
기타 제품	350	340,964	374	287,463	645	532,455
폐플라스틱					36	22,078
기타 플라스틱 계	350	340,964	374	287,463	681	554,533
합계	7,537	17,847,108	7,798	20,403,840	7,807	21,572,428

6장 | 우리나라의 플라스틱 산업

2006년		2008년		2009년		점유율
업체수	출하액	업체수	출하액	업체수	출하액	
316	1,236,233	199	1,302,327	202	1,157,618	
177	844,366	100	656,239	95	653,970	
96	295,770	45	146,841	44	149,594	
589	2,376,369	344	2,105,407	341	1,961,182	6%
129	756,489	103	922,094	87	859,149	
188	358,893	100	358,432	95	351,833	
795	1,706,998	401	1,621,071	409	1,750,612	
1,112	2,822,380	604	2,901,597	591	2,961,594	9%
-	-	-	-	-	-	0%
468	1,156,210	209	1,245,872	213	1,302,154	
46	333,550	34	398,096	30	367,584	
223	364,485	104	405,487	114	511,574	
737	1,854,245	347	2,049,455	357	2,181,312	7%
90	107,926	35	87,795	36	103,716	
40	184,849	30	210,183	23	171,856	
		2	-	4	9,289	
130	292,775	67	297,978	63	284,861	1%
200	692,882	136	1,002,710	117	914,780	
211	932,326	170	1,134,326	184	1,640,923	
393	688,110	180	808,457	191	953,476	
804	2,313,318	486	2,945,493	492	3,509,179	11%
528	511,939	196	376,892	219	542,219	
41	31,602					
569	543,541	196	376,892	219	542,219	2%
8,259	30,456,776	4,669	32,384,953	4,618	32,284,995	100%

7. 2010년대 이후 플라스틱 산업

플라스틱이 우리나라에 들어온 지 70여 년이 경과된 현시점에서 플라스틱산업이 어떠한 위치에 있으며 당면하고 있는 관건이 무엇인지도 한번 돌아볼 필요가 있다. 일부 환경단체에서 주장하는 바와 같이 플라스틱이 없는 세상이 가능한 것인지도 알아보아야 할 필요가 있겠다.

[표 6-46] 우리나라 플라스틱 제품 수출입 현황 통계자료에서 보는 바와 같이 2022년 기준 플라스틱류(HS NO 39류)의 수출액은 우리나라 총 수출액의 6%인 41,158억 불로 수출시장에서 주요한 위치에 있으며, 수입액은 13,815억 불로 무역수지 흑자가 27,343억 불을 차지할 정도로 국제시장에서 경쟁력을 가지고 있다. 원료 부분을 제외하고 플라스틱 제품만 보더라도 7,123억 불이 수출되고 4,259억 불이 수입되어 무역수지 흑자가 2,864억 불이다. 지금까지는 플라스틱 산업이 국제시장에서 경쟁력을 가지고 있음을 알 수 있다.

그러나 플라스틱 제품은 단순 가공품이 많아 저임금 국가들과는 경쟁할 수 없다. 특히 가깝게 있는 중국제품은 농·수산물처럼 국내시장에 범람하게 될 여지가 많다. 장난감과 일부 제품들은 이미 경쟁력을 상실하고 있으며, 사출기, 압출기 등 성능이 우수한 플라스틱 성형 기계를 수십 대씩 가동하고 있는 중국의 대형 공장들을 볼 때 우리나라 플라스틱 산업이 지금처럼 국제시장에서 경쟁력이 있을까? 의심하지 않을 수 없게 된다. 돌파구가 요구되는 시점이다.

[표 6-46] 우리나라 플라스틱 제품 수출입 현황 (단위: 천 불)

연도	구 분	국가 전체	플라스틱	점유율 (%)	비 고
2022년	수출 수입 수지	681,729,790 731,024,371 -49,294,581	41,158,081 13,815,087 +27,342,994	6.0 1.9	
2015년	수출 수입 수지	526,319,303 436,188,058 +90,131,245	28,215,709 9,951,087 +18,264,622	5.3 2.3	
2010년	수출 수입 수지	466,138,855 424,733,636 +41,405,219	23,953,247 9,858,470 +14,094,777	5.1 2.3	

7.1 2021년도 플라스틱 산업 현황

우리나라 플라스틱 가공업체는 [표 6-47]에서 보는 바와 같이 전 제조업체의 7.6%인 5,556개사가 있다. 광공업 통계에서는 종업원 10인 이상만을 대상으로 하고 있어 영세한 플라스틱 업종임을 고려할 때 이보다 많은 사업장이 있는 것으로 추정되며, 플라스틱 공장이 어느 업종보다 많이 있음을 보여 준다.

[표 6-47] 2021년도 플라스틱 산업 현황

연도	구분	사업체 수	종사자	출하액 (백만 원)
2021	전 제조업	72,864	2,948,677	1,768,983,137
	플라스틱제품	5,556	174,633	61,059,013
	점유율	7.6%	5.9%	3.5%
2015	전 제조업	98,913	2,946,796	1,429,715,139
	플라스틱제품	5,224	175,733	53,580,741
	점유율	7.6%	6%	3.7%

종사자 수는 174,633명으로 전 제조업체의 약 6%에 이르며 출하액은 전 제조업체의 3.5%로 중소기업 형태의 업종임을 알 수 있다. 플라스틱은 PE, PP, PVC, PS, ABS 등 다양한 원료를 이용해 압출, 사출, 블로우, 카렌다, 코팅·래미네이팅 등의 가공방법으로 농·수산용 자재, 건축자재, 전자·자동차부품, 의료·스포츠용품, 잡화류 등 수백 가지의 제품들을 생산하고 있어 소량 다품종 산업이라 할 수 있다.

7.2 플라스틱 산업의 위치

플라스틱 산업은 〈그림〉에서 보는 바와 같이 상·하, 좌·우 각 방면의 산업과 밀접한 관계가 있다. 위로는 원자재를 생산·공급하는 석유화학산업이 있다. 이와 같은 합성수지에 착색하거나 기능을 향상하기 위해 브랜딩 작업을 하는 마스터 배치 업계가 있고, 엔지니어링 플라스틱 원료를 개발·생산하는 기업들이 있다. 이들 원·부자재를 생산·공급하는 기업들은 플라스틱 가공업체들과 생사고락을 함께하고 있다.

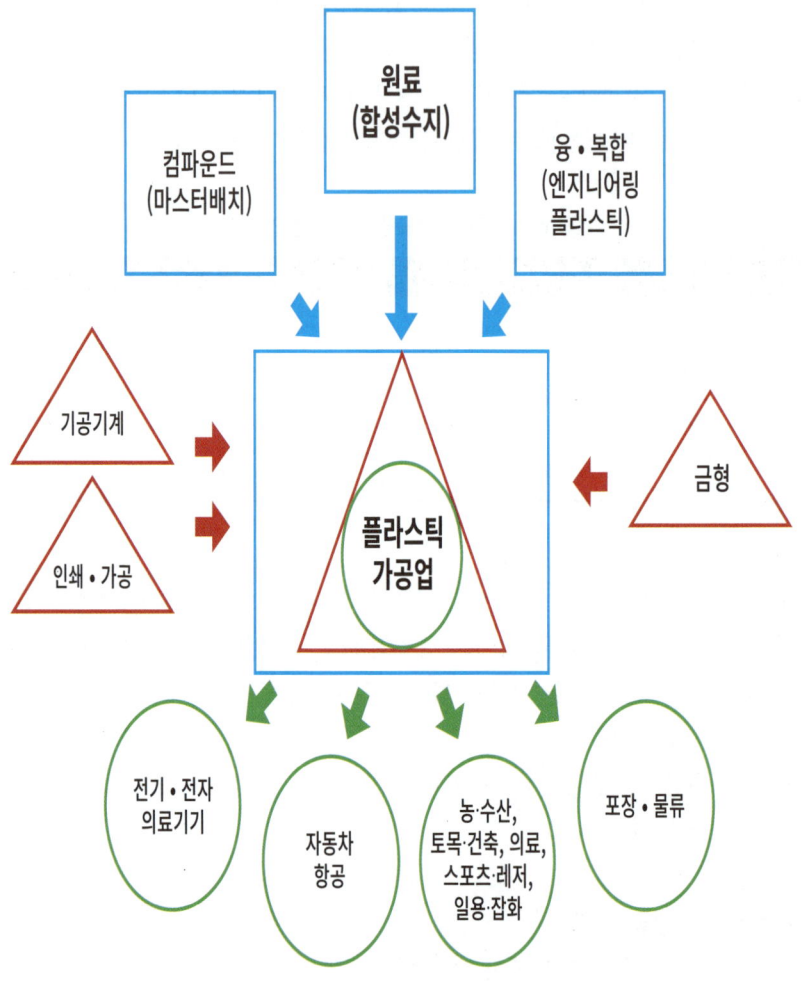

〈그림 6-1〉 플라스틱 산업의 위치도

플라스틱 가공업계의 좌·우에는 압출기, 사출기, 카렌다기, 코팅·래미네이팅기 등 플라스틱 성형기와 주변기기, 그리고 인쇄기를 생산하는 기계제작 업체들이 있으며, 금형을 제작하는 업체들이 있다. 이들 기계제작 업체들은 관련 기술을 발전시키고 자동화 등 플라스틱 가공업체들의 생산성이 향상될 수 있도록 지원한다. 플라스틱 가공업체는 원·부자재와 가공 기계를 효율적으로 사용하여 생산성을 높일 수 있는 엔지니어의 기술향상이 필요하고 신뢰성 있는 품질을 관리하여 수요처의 요구를 충족시켜주어야 한다.

플라스틱은 수요처인 전기·전자, 자동차, 농수산, 건축, 식품, 화장품, 의약품, 세제류 등 산업계 전반에서, 그리고 포장, 물류 업계와도 긴밀하게 연계되어 있어 뿌리 산업이라고 일컬어진다. 플라스틱 산업은 관련 산업이 광범위하여 용도별 품목별 수급 현황을 보아도 관련 산업의 상황을 알 수 있다. 이처럼 플라스틱 산업은 플라스틱 제품생산에만 국한되는 것이 아니라 국가산업 전반에서 직·간접적으로 많은 영향을 주고 있다.

7.3 용도별 제품별 출하액 현황

플라스틱 제품이 어느 곳에서 어느 정도 사용되는 것일까? 통계청의 광공업 산업 통계 조사보고서에 따라 2022년도 제품별 용도별 출하액을 정리해 보면 [표 6-48]에서와 같이 플라스틱 필름/시트류가 33.8%를 점유할 정도로 가장 많다. 다음으로는 산업용 부품이 29.2%이며 이들 두 가지 품목이 63%를 점하고 있다. 다음으로 토목·건축용 자재가 13.4%이며 용기가 11.4%를 점유하고 있음을 알 수 있다.

[표 6-48] 플라스틱 제품(용도)별 출하액 비율

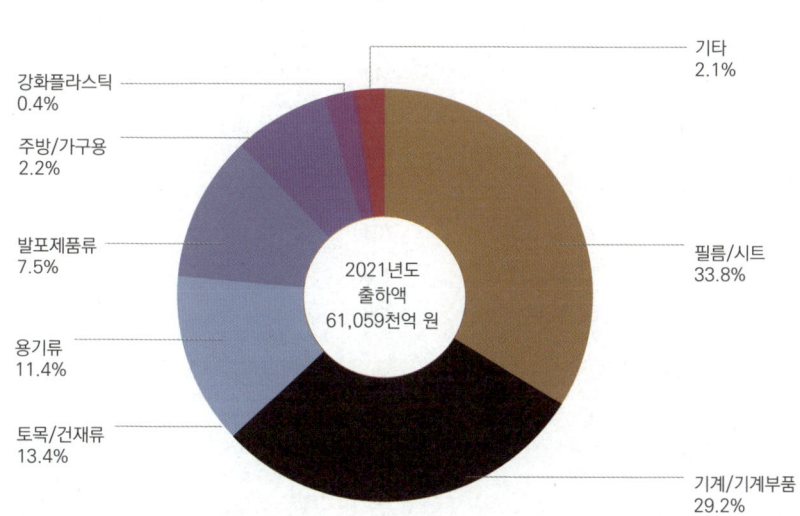

[표 6-49]에서는 2021년도 품목별 출하액과 업체 수가 정리되어 있다. 필름류는 재질별 현황을 알 수 있고, 토목·건축자재류에서는 품목별 현황을 알 수 있다. 아쉬운 것은 통계청의 자료에서 출하액은 알 수 있으나 출하량을 알 수 없다는 것이다.

[표 6-49] 플라스틱 제품(용도)별 출하액 (2021년도)

(단위: 백만 원)

용 도	품 목	업체 수	출 하 액	점유율 (%)	
				업체	출하액
필름 및 시트류	PE 필름	171	2,528,034		
	PP 필름	58	751,196		
	PET 필름	87	2,689,860		
	PVC 필름	67	873,304		
	PS 필름	14	85,424		
	기타	153	3,152,248		
	시트 및 판	192	2,551,606		
	접착처리제품	245	2,914,585		
	적층·도포제품	170	2,057,181		
	봉투	322	2,231,605		
	합성피혁	39	791,948		
	계	1,518	20,626,991	26.7	33.8
토목·건축자재류	파이프	137	1,186,236		
	이음관	92	494,716		
	프로파일	59	378,316		
	샤시바	34	643,090		
	호스	59	330,710		
	장판	14	347,385		
	벽지	9	54,810		
	타일	49	1,172,116		
	위생용	175	1,097,811		
	문·창문	279	1,814,942		
	기타	117	642,862		
	계	1,024	8,162,994	18.1	13.4
기계·기구부품	운송장비조립용	723	12,712,442		
	키패드	17	193,890		
	핸드폰케이스	53	688,006		
	전기전자기기	258	3,034,705		
	기타기기용	227	1,169,801		
	계	1,278	17,798,844	22.4	29.2
용기류	병	166	1,995,123		
	뚜껑	127	862,022		
	기타	555	4,101,642		
	계	848	6,958,787	14.9	11.4

	PS발포	314	2,938,294		
	우레탄발포	127	1,452,333		
	기타발포	55	216,348		
발포제품	계	496	4,606,975	8.9	7.5
	주방용품	162	1,133,343		
	가구용품	27	255,823		
주방 가구용	계	189	1,389,166	3.3	2.3
	오토바이헬멧	6	138,868		
	헬멧	24	109,981		
강화플라스틱	계	30	248,849	0.5	0.4
	사무 문구류	29	126,548		
	자석	4	15,708		
	기타	277	1,124,151		
기타	계	310	1,266,407	5.4	2.1
합 계		5,693	61,059,013	100.0	100.0

7.4 전 세계 플라스틱 생산량 및 용도별 수요량

다양한 플라스틱에 대해 선진국에서는 나름대로 통계 기법을 활용해 플라스틱의 물질 흐름에 대한 통계자료를 확보하고 있다. [표 6-50]에서 알 수 있듯이 2018년 전 세계 플라스틱 생산량은 3억6천만 톤에 달하며 이중 중국이 30%를 점유하고 있음을 알 수 있다.

[표 6-50] 세계 플라스틱 생산량 (2016~2018년)

(수량: 백만 톤)

구 분		2016년		2017년		2018년	
		수량	구성비	수량	구성비	수량	구성비
세계 생산량	전 수지	335	–	348	100	359	100
	열가소성 + 폴리우레탄	280	100	283	–	298	–
아시아		140	50	174	50	183	51
일본		11	4	11	3	11	3
중국		81	29	102	29	108	30
한국		14	5	15	4	14	5
기타		34	12	46	14	50	13
유럽		59	21	64	19	61	17

EU + 노르웨이 + 스위스	53	19	64	19	61	17
기타 유럽	6	-	-	-	-	-
NAFTA	50	18	62	18	65	18
Laten America	11	4	14	4	14	4
아프리카 ┌ 중동	20	7	25	7	25	7
CIS	-	-	11	3	11	3

[자료: 일본플라스틱공업연맹]

다음은 전 세계 및 일본의 플라스틱 제품 용도별 수요량에 대한 표이다.

[표 6-51] 전 세계 플라스틱 제품 용도별 수요량

구 분	요율(%)
포장	40.5%
건설	20.4%
자동차	8.84%
전기/전자	6.24%
소비재 가정용품 스포츠용품	4.34%
농업	3.2%
가구 의약품 기타	16.64%
	100.0

[자료: 2020년 유럽 플라스틱 생산자협회]

[표 6-52] 일본 플라스틱 제품 용도별 수요량

구 분	요율(%)
필름/시트	42.7%
용기류	14.8%
기계기구부품	12.1%
파이프/이음관	7.5%
건재	4.7%
일용잡화	5.0%
발포제	4.2%
판	1.8%
강화제품	1.3%
합성피혁	1.0%
기타	4.9%
	100.0

[자료: 2020년: 일본플라스틱공업연맹]

7.5 우리나라 플라스틱 가공업계의 과제

7.5.1 대외 창구 일원화 필요

플라스틱 가공업은 품목별 사업자단체들로 구성되어 있으며 각 단체는 구성 회원들의 권익 증대에 노력하고 있다. 같은 플라스틱 가공업이지만 가공방법이 압출·사출·중공성형 등 다양하여 각각 다른 시설에서 생산 활동을 하고 있으며, 제품 종류와 용도가 달라 서로 다른 이(異) 업종과도 같은 구조를 갖추고 있다.

최근 지구온난화문제와 더불어 해양 플라스틱·미세플라스틱 문제 등 국제적으로 환경문제가 불거지면서 반(反) 플라스틱 정서가 팽배해지고 있으며 정부는 "2018년 폐기물 관리 종합대책"을 통해 2030년까지 플라스틱 폐기물 발생량 50%를 감축시키고 2050년까지 석유화학산업을 비석유계 바이오 플라스틱으로 전환한다는 정책을 발표했다. 한편, 2022년 3월 2일 개최된 유엔환경총회(UNEA)에서는 2024년까지 플라스틱 생산-소비-폐기 등 생애 전주기를 체계적으로 관리한다는 협약을 175개국이 만장일치로 합의했다.

이와 같은 국제적 흐름과 국내의 정책들은 플라스틱 업계에 지대한 영향을 미치며 플라스틱 사업을 영위하고 있는 사업자들이 간과할 수 없는 사안이 되었다. 이러한 과제들은 개별 사업자들이 감당하기 힘들고 사업자단체가 대응해야 하는 사안이나 품목별·지역별 단체가 결성되어있어 업계 전체를 어우르는 일원화된 창구의 필요성이 요구되고 있다.

그동안 지방조합을 어우르는 한국프라스틱공업협동조합연합회가 업계를 대변하여 활동하였으나 지방조합보다 직접 회원 업체의 요구를 충족시켜줄 수 있는 조직을 요구하면서 2019년 12월 한국플라스틱산업협동조합이 설립되어 각각의 업무를 수행하게 되었다. 또한, 플라스틱 사업을 40여 년간 영위하고 있는 소위 중견 플라스틱 업체들이 플라스틱산업진흥협의회를 구성하여 원료생산업계와 가공사업자 단체 모두가 협력하여 우리나라 플라스틱산업 발전을 위한 사업을 수행할 수 있도록 창구 일원화를 위해 노력하고 있으나 아직 성사되지 못하고 있는 실정이다.

[표 6-53]과 같이 일본에서는 많은 플라스틱 관련 단체들이 구성되어 있지만 1950년에 설립된 플라스틱공업연맹에서 업계의 창구를 일원화하여 역할을 감당하고 있다. 또한, 임의 단체로 결성된 플라스틱공업연맹은 원료 수지 관련 단체와 가공단체가 주축이 되어 플라스틱 통계를 비롯해 환경성·안전성문제, 품질관리, 홍보·교육 등 플라스틱 업계의 공통 관심 사항을 총괄하고, 대정부 업무 창구 기능을 담당하고 있다. 플라스틱공업연맹은 국제플라스틱협회(CIPDA)에도 가입하여 국가적 차원에서 플라스틱 업계의 발전을 위해 노력하고 있다.

[표 6-53] 일본 플라스틱 관련 단체 현황

자료제공: (사)한국플라스틱산업진흥협회

No	단체명	설립연도	회원	비고
1	염화비니루환경대책협의회 (JPEC)	1991.10	단체 5, 지원회원 2 - 파이프이음관협회 - PVC산업환경협회 - 비닐산업협회 - 플라스틱보드협회 - 카펫산업협회	• 염화비닐수지 • 제품의 환경문제 해결 • 리사이클 기술개발 보급 • 조사·연구·홍보(파이프/전선/시트)
2	염화비니루관·이음관협회 (JPPFA)	1954.09	- 정규회원 9 - 지원회원 7 - 지원단체 4	• 염화비닐파이프·이음관 보급 확대 • 염화비닐파이프·이음관 환경 및 재활용 • 염화비닐파이프·이음관 규격화 • 염화비닐파이프·이음관 표준화 • 정부·기관협력 및 PVC관 홍보, 공동구매
3	염화비닐공업·환경협회 (VEC)	1998.05	- PVC수지 및 제품 업체 8개사	• PVC에 대한 이해 계도 • 환경·보안·안전·재활용 문제 조사·연구 • 정보제공 및 홍보
4	염비식품위생협의회 (JHP)	1967.06	- 수지11+12=23 - 첨가제: 99 - 제품: 72 - 기타: 17	• 1965년부터 PVC를 식품 포장에 사용 JHP기준 개발보급 • 식품위생 관련 법규 조사연구
5	엔프라기술연합회	1978.03	- 31개사	• 엔프라 지식보급 • 환경문제 대응 • 국내외 정보 조사연구
6	압출발포스치렌공업회	1977.06		• 발포스틸렌단열·보온성(건축자재 등) • 규격제정 관리 • 회원권익 증대
7	가소제공업회 (JPIA)	1957.06	- 정회원 7 - 제휴사 3 - 단체 5	• 가소제의 환경·안전문제점 조사연구 해결 • 국내외 기관과 정보교류 • 화학산업협회/PVC산업협회/비닐산업협회 • 카펫산업협회/벽지산업협회와 업무교류
8	(사)강화플라스틱협회 (JRPS)	1955.04		• FRP산업 관련 생산 기술 연구·지도
9	합성수지공업협회	1953	- 원료사 44	• 열경화성수지 • 제품표준화, 안전·환경·재활용
10	석유화학공업협회 (JPCA)	1958.06	- 원료사 26	• 석유화학공업의 조사연구 • 통계작성, 자료정보 수집제공 • 관련지식 개발보급 홍보
11	전일본플라스틱 제품공업연합회 (JPPF)	1938.12	-1001개사	• 동일본플라스틱제품공업협회 • 중부일본플라스틱제품공업협회 • 서일본플라스틱제품공업협회 • 가나가와산업협회 등 제품/원료/재활용 성형기계/금형 등

No	단체명	설립연도	회원	비고
12	전일본플라스틱 리사이클공업회 (JPRA)	1976	지역별재활용단체 146 재생가공업자 3	• 플라스틱재활용관련기술·정보·홍보·정책
13	(사)일본FRP공업회 (JRPF)	2012.04	71개사	• 폐플라스틱/종이고형연료화
15	일본바이오플라스틱협회 (JBPA)	1987		• 바이오플라스틱(생분해성플라스틱 및 바이오매스플라스틱)의 확산·시험·평가시스템유지
17	일본비닐호스공업회 (JVHMA)	1968.04	호스제조 11개사	• 호스관련 안전, 환경문제 조사연구 • 생산기술향상, 소비자 등 조사연구 • 정보제공 홍보 등
18	일본플라스틱공업연맹 (JPIF)	1950.07	원료수지관련단체 가공단체 21 관련단체 15 기업회원 79 (원료 20/가공 30/기계 5/시험 5)	• 플라스틱업계 관련 정보수집 제공 • 환경·안전성확보, PL법 관련, 규제제도 대응 • ISO·JIS관계 • 플라스틱제품 통계 • 플라스틱 이미지 홍보·교육
20	일본플라스틱일용품공업회 (JPM)	1973.03	정회원 85 준회원 20	• 소비자 제품안전법 • 제조자책임법·가정용품질관리라벨 • 환경인식증진
21	일본플라스틱판협회 (JPSA)	2005.10	정회원 6개사	• 경질PVC판협회/PC판협회 등 3개 단체가 통합 • 품질관리·안전·환경·조사연구
22	일본플라스틱유효이용조합 (NPY)	1976.06	정회원 30	• 플라스틱재생가공사업자단체 • 기술개발·전시회·홍보 등
23	일본폴리에틸렌 제품공업연합회 (JPPIF)	1974.09	정회원 3개 단체 산업협회 1 일반회원 64개사 특별회원 8 (수지잉크)	• 일본폴리에틸렌중포대산업협회 • 일본폴리에틸렌라미네이트제품산업협회 • 일본폴리에틸렌블로우제품제조업협회 • 일본플렛원사산업협회 • 업계공동문제 및 환경문제대응
24	일본폴리올레핀 필름공업조합 (POF)	1971.09	정회원 128 찬조회원 12 (잉크/로봇/성형기계/ 주변기계/장비/계측)	• 인플레이션필름제조자단체 • 경영·환경대책 • 기술지도·교육·기능사기능검정시험대행 • 관련 정보수집 제공 및 홍보
25	일본폴리프로필렌 필름공업회	2010.10	10개사	• 비연신필름 • 품질·기술·표준화·홍보·조사
26	(공재)일본용기포장 리사이클협회 (JCPRA)	1996.10	정부 4개 부처 승인 (보건복지부/국제산업부/재무부/ 농림수산부)	• 지정사업자가 위탁한 재상품화 실시 • 재생품화 관련 홍보 계도 • 정보수집 제공 • 내외 관련 기관과의 교류 협력

No	단체명	설립연도	회원	비고
27	농업용필름리사이클 촉진협회 (NAC)	1999.07	전국농업협동조합연맹 및 농업 PO필름제조자, 7명의 농업 농민과 함께 설립	• 농업용 필름은 산업 폐기물이므로 불법투기 엄벌 • 정열방법(10~15KG으로 묶어 배출) • 재료재활용·화학재활용·에너지회수 • 지방자치단체와 JA가 수행하는 그룹 수집 가이드에 따라 지정장소에 운반
28	발포스치롤협회 (JEPSA)	2010	원료 4 성형 121	• 스티렌산업협회(1973년) 재활용보조금 지급 • 일본폼스티렌산업협회(1991년) 합병
29	플라스틱용기포장리사이클 추진협의회 (PPRC)	1998.04	33개 단체 58 법인회사	• 일본용기포장리사이클법의 플라스틱 재활용 의무이행 관련단체와 법인사업자로 구성 • 플라스틱용기 포장의 효과적·효율적 재활용시스템 구축(지자체/소비자협력) • 3R추진, 2030선언 • 해양플라스틱 문제 조사·홍보
30	PET트레이협의회	1986	PET 원료 PET 시트 PET 성형 등 64개사	• PET트레이의 식품안전성 확보 • 폐기물문제 조사연구 • PET트레이의 효용성 홍보 (맛/생산/샐러드식품/전자레인지 사용/계란 팩/블리스터 포장/판지 등)
31	(사)플라스틱순환이용협회 (구)플라스틱처리촉진협회	1971.11	정회원: 3개 단체(석유화학협회/플라스틱공업연맹/염비공업환경협회) 18개 업체회원(원료 및 가공업체)	• 플라스틱재활용기술·지원·홍보·조사·교류·협력·일본플라스틱재활용목표 • 2025년까지 분리를 쉽게(어려운 경우 열적 재활용) • 2030년까지 25%감량, 60% 재사용 재활용 • 2030년까지 바이오플라스틱 최대 사용 • 2035년까지 모든 플라스틱 100% 효과적 사용
32	폴리올레핀위생협의회 (JHOSPA)	1974	합성수지제조취급 첨가물제조취급 가공업 식품제조유통판매업 관련단체	• 식품용기 포장의 자주규정 운영(PL) • 확인등록·증명발급 • 용기 등의 검사 • 적합마크 사용

7.5.2 석유화학업계의 적극적인 참여 필요

일본에서는 1971년 원료를 생산, 공급하는 합성수지 생산업체들이 (사)플라스틱처리촉진협회(현, 플라스틱순환이용협회)를 결성하여 플라스틱 폐기물로 인한 환경문제를 해결하기 위해 적극적으로 활동하고 있다. 플라스틱 원료를 생산, 공급하는 것으로 끝나는 것이 아니라 최종 처리까지의 사회적 책임을 다하기 위해 노력하고 있다. 플라스틱 재활용 기술개발, 처리 과정의 조사 연구, 플라스틱 이미지 홍보 등 플라스틱으로 인한 환경문제를 해결하기 위해 노력하고 있다.

요람에서 무덤까지 전 과정에 대한 환경영향평가(LCA)를 실시하여 과학적 사실을 밝히고(조사·연구), 중·고등학생들을 대상으로 홍보 사이트를 운영하는 등 플라스틱에 대한 국민의 지식을 높일 수 있도록 지원하며(홍보·교육), 정부, 지방자치단체, 환경단체 등과 연계하여 효율적인 플라스틱 환경정책이 수립될 수 있도록 지원하는 등(정책), 플라스틱 산업이 지속 가능한 사회발전을 위한 산업이 될 수 있도록 지원하고 있다.

이처럼 일본에서는 원료를 생산·공급하는 석유화학업계가 플라스틱 폐기물로 인한 문제해결에 앞장서고 있으며 수요 거래업체에 대한 서비스 지원, 대·중소기업 상생 협력 등 사회적 책임을 다하기 위해 노력하고 있다. 우리나라의 경우 원료를 생산 공급하는 대기업들이 합성수지 부담금이 플라스틱 부담금으로 플라스틱 가공업계에 전가되었다고 하여 안도할 것이 아니라, 사회적 책임은 물론 가공업계의 어려움이 무엇인지를 적극적으로 해소되게 함으로써 거래 중소기업들이 성장 발전할 수 있도록 지원해주어야 한다.

원료를 생산 공급하는 대기업들은 국제시장의 흐름과 글로벌 정보·기술 등을 확보하고 있으며, 풍부한 인력과 자금력을 가지고 있다. 원료를 생산 공급하는 대기업들은 플라스틱 가공업체들이 존재하기 때문에 오늘과 같은 발전을 이루었다고 할 수 있으며 앞으로도 가공업계가 발전되어야 공존할 수 있을 것이다.

최근 원료메이커들이 탄소 중립 정책과 관련해 폐플라스틱을 화학적으로 재활용하기 위해 대대적으로 투자하고 있다. 그러나 이는 개별 기업들의 사업계획이며 미세플라스틱과 해양 플라스틱, 탄소 중립정책, 재활용 기술개발, 플라스틱 이미지 개선 교육 홍보, 플라스틱 물질 흐름 통계자료 확보 등은 원료메이커들이 주체가 되고 가치사슬과 연계하여 공동으로 해결해야 하는 과제들이다. 업계가 공동으로 노력하는 환경이 그 어느 때보다 더욱 절실히 요구되고 있다.

7.5.3 정부의 정책적 지원 필요
- 정책적 지원 필요

플라스틱 산업은 수출시장에서도 경쟁력이 확보되어야 한다. 독일, 미국, 일본 등 플라스틱 선진국과 지속적으로 벌어지고 있는 격차를 줄여나가야 하며, 경쟁 관계에 있는 대만에 밀리지 말아야 하고(필자는 우리나라 플라스틱 산업이 대만보다 5~7년 정도 뒤져있다고 판단), 맹렬하게 추격해오는 중국에 뒤지지 말아야 한다. 그러기 위해서는 우수한 가공기술 인력을 양성하여 소재 가공기술을 발전시켜 나아가야 한다. 이를 바탕으로 가격이나 품질 면에서 경쟁력을 갖추고, 틈새시장 등에서 그동안 축적된 기술이나 신뢰성을 발전시켜 국제시장에서 경쟁력을 가질 수 있도록 국가적 지원이 필요하다.

무엇보다 압출기, 사출기 카렌다기 등 플라스틱 성형기와 금형 등의 기술이 발전되어야 하며 생산성을 높이고 품질을 관리할 수 있는 기술개발이 필요하고 자동화나 스마트공장 전환 등을 위한 인력과 생산성을 확보하여 국제 경쟁력을 가질 수 있도록 지원이 필요하다. 지금과 같이 환경부의 규제 일변도 정책만으로는 플라스틱 산업이 국제시장에서 살아남을 수 없다. 서울대학교 고분자나노융합소재가공기술센터(CNSPPT)에서는 우리나라 플라스틱 산업이 고수익 창출이 가능한 산업임에도 미래는 암울한 실정이며 위기에 봉착해 있다고 지적하고 있다.

플라스틱제품은 소량 다품종으로 더욱 세분화, 정밀화, 고급화되고 있다. 신소재개발과 가공기술의 향상이 그 어느 때보다 절실히 요구되고 있다. 우리나라의 플라스틱 가공업계는 벌거벗은 몸으로 추운 겨울에 문밖에서 떨고 있는 형국에 있다고 해도 과언이 아니다. 원료를 생산 공급하는 대기업이나 국가적 차원의 관심과 지원이 절실히 요구되고 있다.

대만의 경우 1990년 10월 1일 대만 경제부 경제실무국의 지원으로 플라스틱산업기술개발센터를 설립하여 국가 차원에서 플라스틱 가공기술 발전을 지원하고 있다.

- 통계자료 필요

플라스틱은 재질과 용도가 다른 수백 종류의 제품들이 생산·공급되고 있다. 이와 같은 플라스틱 제품에 대한 통계자료를 확보하는 것은 난해한 일이라고 할 수 있으나 국가나 기업들이 정책을 수립·평가하기 위해서는 통계자료를 기반으로 하며 통계자료가 없는 정책은 사상누각(沙上樓閣)이라고 할 수 있다.

그동안 플라스틱에 관한 토론과 정책들이 발표되었으나 플라스틱 제품별, 용도별, 재질별, 생산이나 공급, 수요, 수거, 재활용 등 물질 흐름에 따른 신뢰성 있는 데이터를 확보하지 못하고 있어 추상적인 계획이나 대안을 제시할 뿐이었으며 이는 국가발전의 저해요인이 되고 있다.

생산하는 사업자들은 소량 다품종의 중소기업들이 많아 통계자료를 확보하는데 어려움이 따른다. 플라스틱 제품은 완제품이 있는가 하면 반제품, 부품, 1차 가공품, 2차 가공품 등 생산, 유통 단계도 복잡하여 통계에서 빠지거나 중복될 가능성이 매우 크므로 통계자료를 확보하기 위해서는 전문적인 조사 기법의 필요성이 요구되고 있다.

참고로 일본에서는 「통계법」에 의해 경제산업성 광공업 통계실에서 관련 업계와 협의하여 조사요령을 만들고 지방자치단체를 통해 보고하도록 하고 있다. 이를 바탕으로 플라스틱공업연맹에서 매월 품목별, 재질별, 용도별 통계자료를 공표하고 있다.

관련 업계에서는 좀 복잡하고 번거로울 수 있지만 성실하게 보고하여 신뢰성 있는 데이터가 확보될 수 있도록 협조해야 한다.

7장 플라스틱 관련 환경정책

생활 수준이 향상되고 폐기물의 발생량이 증가함에 따라 많은 나라는 폐기물의 적정 처리를 위해 여러 가지 환경정책을 추진하게 되었다. 특히 생활에서 다량으로 배출되는 용기 포장재 폐기물의 효율적인 회수-재활용을 위해 예치금 등 재활용을 위한 비용을 지불하는 경제적 유인책을 시행하게 되었으며 OECD의 권고에 따라 EU 중심으로 확대 생산자책임제도(EPR: Extended Producer Responsibility)를 시행하게 되었다.

재활용에 관한 한 세계에서 가장 앞서가는 독일의 경우 회수하는 역할까지 생산자에게 전가했으며 이로 인해 큰 비용을 생산자가 부담하게 되었다. 물론 회수하는 역할까지를 생산자에게 전가하면서 해당 용기 포장 폐기물의 주인이 생산자이므로 아무나 취급할 수 없도록 폐기물에 녹색 마크〈그림 1〉를 표시하는 제도적 장치를 마련했고 플라스틱의 경우 DSD에서 수집한 용기 포장재를 재활용 전문 기구인 DKR에 인계하는 시스템을 구축하여 책임 있는 재활용이 되도록 하고 있다.

〈그림 1〉 녹색 마크: DSD 마크

플라스틱의 경우 생산자들은 애초 원룟값의 2배나 되는 엄청난 비용을 지불했으나 제도가 안정화 되면서 절반 이하로 조정되는 등 점차 낮아지는 추세가 되었다. 생산자에게 재활용 의무와 함께 회수, 수집의무까지 부담토록 하는 것은 부당하다는 논란이 일기도 하였으나 모든 비용이 공익 차원에서 엄격하게 관리·공개 운영되면서 시스템은 지속적으로 유지되고 있는 실정이다.

일본의 경우 1995년 「용기포장리사이클법」이 발효되었으며 플라스틱 중 PET병에 대해서만 EPR 제도가 적용되었다. 2000년 4월부터 일반 플라스틱 용기 포장도 EPR 제도에 포함되었으며 수집의무는 지방자치단체가 가지고 있다.

지방자치단체에서는 재활용 마크〈그림 2〉가 표시된 플라스틱 용기 포장재들을 수집하여 기준에 맞도록 선별·압축·밴딩하고 생산자책임 재활용 기구인 '일본용기포장리사이클협회'에 인계하면 여기에서 경쟁 입찰에 붙여져 재활용하는 구조로 되어있다. EPR 제도 시행 여부는 지방자치단체의 의사에 달려 있으며 약 60% 정도의 지방자치단체가 참여하고 있는 것으로 알려져 있다.

〈그림 2〉 재활용 마크

폐플라스틱 재활용 정책은 그 나라 폐기물의 재활용률을 결정할 뿐만 아니라 국가의 환경, 경제, 에너지 정책과도 크게 관련되어 있음을 알 수 있다.

1. 우리나라 플라스틱 관련 환경정책

1.1 합성수지 부담금 제도 시행

우리나라에서 플라스틱과 관련한 환경 법규는 이미 40여 년 전부터 시행되어왔다. 1979년 12월 농촌의 폐비닐 문제를 해결하기 위해 「합성수지 폐기물처리사업법」이 제정·공포되었으며 폐합성수지의 수거·처리·비용부담 등에 관한 사항과 국민과 정부, 사업자의 역할이 각각 부여되었다. 법에 따라 "한국자원재생공사"가 발족하게 되고 농촌의 폐비닐과 농약병을 수거하는 업무를 담당하게 되었다. 수거된 폐비닐은 입찰에 붙여져 재생사업자들이 세척하여 재생원료를 만들거나 함지박, 하수관, 수도계량기 박스, 정화조 등의 재생제품을 만들어 사용했다.

시작은 농촌에서 못자리용이나 채소용 터널 필름, 농약병 등을 취급했으나 멀칭 필름이 개발·보급되면서 흙이나 나무 조각, 작은 돌 등이 혼합 배출되어 재활용에 어려움을 겪게 되자 많은 양이 야적 상태로 적체되거나 일부는 시멘트공장에서 연료로 활용하게 되었다.

이와 같은 문제를 해결하기 위해 한국자원재생공사는 권역별 멀칭 필름 전용 재활용 공장을 직접 건설하고 운영했으나 기술적, 재정적, 운영형태 등의 문제로 정상으로 가동하지 못하고 민영화하게 되었다.

1980년대 들어 플라스틱 사용량이 증가하면서 농촌 폐비닐뿐만 아니라 생활에서 발생하는 폐플라스틱의 처리문제가 발생하기 시작했다. 초창기에는 대부분 폐플라스틱이 폐지·고철 등과 함께 고물상에서 유가물로 유통되어 재활용되었으나, 인건비가 상승하고 야쿠르트 병, 발포 플라스틱 포장재, PET병 등 용기·포장으로 사용된 플라스틱들은 가벼우면서도 부피가 커 채산성이 없게 되자 재활용 사업자들이 인수를 거부하면서 문제가 발생하게 되었다.

1.2 플라스틱 사용 규제제도 시행

환경부는 1991년 일회용품 사용억제 제도를 별도로 운영했으며 1992년 「자원의절약과재활용촉진에관한법률」을 제정하고 1993년 6월 동 법률 시행령과 시행규칙을 공포하면서 폐기물 발생을 억제하고 재활용을 촉진할 수 있는 기반을 조성했다. 이 법에 따라 폐기물 예치제도를 시행하게 되었으며 「합성수지폐기물처리사업법」을 동 법률에 흡수 통합했다.

환경부는 폐기물 발생 억제와 재활용을 촉진하기 위해 플라스틱과 관련된 여러 가지 규제제도를 시행했다. 플라스틱에 대한 규제가 시행된 것이다.

① 「자원의 절약과 재활용촉진에 관한 법률 시행규칙」에서 일회용 봉투, 쇼핑백, 합성수지 도시락 용기 사용규제 (1991)
② 「제품의 포장방법 및 포장재의 재질 등의 기준에 관한 규칙」에서 PVC 코팅·래미네이팅 규제 (1995)
③ 「합성수지 재질 포장재의 연차별 감량화 지침」에서 계란포장팩, 계란난좌, 과일난좌, 컵라면 용기, 가공식품, 화장품, 인형, 완구 등에 사용되는 플라스틱 규제 (1997)
④ 「가전제품 포장용 합성수지 재질 완충재 감량화 지침」에서 기업 규모별 발포 플라스틱(EPS) 포장재 사용규제

⑤ 「재활용 지정사업자의 재활용 지침」에서 플라스틱 용기를 연간 1천 톤 이상 생산하는 사업자에 재활용 의무율 부여 등

플라스틱 업계에서는 이와 같은 플라스틱 사용규제 제도에 대한 문제점과 부당성에 대해 관계기관에 진정서를 제출하는 한편 주요 일간지 1면을 통해 호소하는 등 기업을 도산시키는 규제보다는 재활용 활성화를 통한 문제해결 방안을 강구해줄 것을 요청했다.

규제제도가 시행됨에 따라 규제대상 사업자의 범위 결정, 업종 간의 형평성 문제, 관리를 위한 행정력 낭비, 무임 승차자 관리문제 등으로 인한 범법자만 양산하는 문제, 담당 공무원의 의사에 따라 규제범위가 결정되는 등 여러 가지 문제가 야기되었으며 환경부의 막강한 규제정책은 해당 업종의 사업자들은 물론 소비자들에게 많은 영향을 주게 되었다.

규제제도가 30여 년이 경과 된 현시점에서 그 많은 노력과 갈등 속에서 규제대상 사업장들과 국민의 인식은 어떻게 변화되었으며 환경문제 해결을 위해 어떤 도움이 되었을까?

① 수산시장이나 재래시장, 약국 등에서 비닐봉지 사용을 규제할 수 있을까?
② 도시락 용기, 생선회 등에 사용되는 발포 플라스틱 용기의 사용을 규제할 수 있을까? 수분이 많은 우리나라의 음식문화에 맞는 것인가? 수입에 의존하는 종이 재질로 대체하여야 하는가?
③ 계란 팩 포장에 투명한 플라스틱도 사용할 수 없는가? 계란의 신선도 유지를 위한 방편이라면 시장에 맡겨야 하는 일 아닌가?
④ 딸기나 토마토 상자는 플라스틱을 사용할 수 있고 과일난좌는 사용할 수 없는가?

지금까지 환경부가 시행규칙이나 지침을 통해서 공표한 많은 플라스틱 제품들이 규제대상 품목이었지만 직접 사용하는 현장에서 많은 민원이 야기되었으며 공청회 등을 개최해 토론했지만 직접 영향을 받는 사업장에서는 대체할 수 있는 마땅한 소재가 없는 상황에서 규제만이 능사가 아니라는 주장을 펼쳤다. 지속적으로 규제·단속해야 하는 행정력 낭비, 범법자만 양산시키는 문제 등 과연 법으로 규제가 가능한 것일까? 우리와 생활문화가 비슷한 일본에서는

왜 플라스틱 사용 규제제도를 시행하지 않을까? 실효성 문제 등도 되돌아볼 필요가 있으며 국민의 노력에 비해 효과가 무엇인지도 돌아보아야 할 일이다.

그렇다고 함부로 마구 사용하자는 것은 결코 아니다. 사용은 줄이되 법으로 규제하는 것보다는 소비자의 의식 변화가 우선이며, 부분적으로 규제를 한다고 해도 그 효과가 극히 제한적일 수밖에 없으므로 근본적인 문제해결을 위해서는 재활용을 활성화하는 방안이 우선 되어야 한다는 것이다. 일회용품 규제제도가 없는 일본 등 선진국들은 재활용이 잘 안 되는 플라스틱들은 어떻게 관리하는 것일까?

독일·일본 등 선진국들은 플라스틱뿐만 아니라 생활에서 나오는 종이, 천, 가죽, 고무, 나무 등 각종 가연성 폐기물을 단순 소각이 아니라 에너지 회수시설에서 전기를 생산하거나 온수를 지역난방에 활용하는 대체 에너지 자원으로 활용하고 있다. 종전에는 단순 소각처리였으나 소각기술이 발전되어 다이옥신, 매연 등 문제가 해결되면서 엄격한 규제기준을 크게 밑도는 가동을 하고 있으며, 도심 한가운데 위치하여 친환경 시설로 운영되고 있다.

일본에서는 30여 기의 권역별 자원회수시설이 도심 한가운데 설치되어있어 지역에서 발생하는 모든 가연성 폐기물들을 에너지 자원으로 활용하고 있다. 자원회수시설에서는 발열량을 유지하기 위해 폐플라스틱이 20~30% 정도 있어야 하며 플라스틱이 없으면 별도로 기름이나 가스를 투입해야 한다.

우리나라에서도 지역별로 자원회수시설이 가동되고 있으며, 서울에서는 목동을 비롯해 5기의 자원회수시설이 가동되고 있다. 수분이 많은 우리나라 폐기물의 특성상, 특히 장마철이나 눈이 많이 내리는 겨울철에는 발열량이 높은 플라스틱 폐기물이 중요한 에너지 자원으로 유용하게 활용되고 있다.

플라스틱 폐기물 문제와 관련, 합성수지폐기물 부담금이 [표 1]에서 보는 바와 같이 연간 약 200억 원 정도가 지불되었다. 석유화학 업계에서는 폐기물이 아닌 원료에 부담시키는 합성수지폐기물 부담금 제도가 부당하다고 규제개혁위원회에 이의를 제기하였으며 환경부에서는 생산자책임재활용제도가 시행되면 제반 규제제도들을 폐지하거나 정비할 계획이라는 의견을 제시한 바 있다.

[표 1] 합성수지폐기물 부담금 납부실적

(단위: 백만 원)

연도	합 계	합성수지 제조업체	수입업자
1981	666	646	20
1982	1,231	1,157	74
1983	2,261	2,158	103
1984	3,139	2,985	154
1985	3,401	3,241	160
1986	3,825	3,685	167
1987	4,705	4,414	291
1988	7,370	6,886	484
1989	7,603	7,065	538
1990	9,493	9,086	407
1991	11,409	10,843	566
1992	11,512	10,728	784
1993	12,656	11,758	898
1994	15,828		
1995	19,785		
1996	18,761	17,605	1,156
1997	19,700	18,500	1,200

캔, 유리병, PET용기 등은 예치금으로 되어있고 발포 플라스틱은 원료 메이커들이 비용을 지원하여 재활용 체계가 형성되어 있으며, 플라스틱 중 비교적 무게가 있는 유가물들은 시장경제 논리에 따라 재활용되었으나 라면 봉지, 과자 봉지, 빵 봉지 등 필름류 들과 가벼우면서 부피가 커 재활용되지 않고 있는 플라스틱 용기들에 대한 생산자책임재활용제도를 시행하기 위해서는 별도의 대책이 필요했다.

1.3 플라스틱 재활용기반구축사업 추진

재활용되지 않고 있는 필름류 등을 재활용하기 위해서는 독일이나 일본에서처럼 폐플라스틱을 고형연료화하여 발전하거나 보일러 등에 이용하여 에너지를 회수하는 재활용 방법이 필요하다. 환경부에서는 생산자책임재활용제도를 시행하기 위해서는 폐플라스틱을 고형연료화하는 플라스틱 재활용기반구축사업이 필요하다고 판단했으며 이를 위해 원료를 생산 공급하는 석유화학공업협회가 100억 원, 한국프라스틱공업협동조합과 한국플라스틱재활용협회(한국플라스틱포장용기협회로 변경)가 20억 원 등 120억 원의 기반구축자금을 조성하기로 했다.

3개 단체는 2002년 3월 「플라스틱 폐기물 회수·재활용기반구축에 관한 합의서」를 체결하고 플라스틱 재활용기반구축사업을 수행하게 되었다. 석유화학공업협회, 프라스틱공업협동조합, 플라스틱재활용협회, 환경부, 대학교수 등 7명이 위원이 되어 「플라스틱 재활용대책협의회」를 구성하고 당시 플라스틱재활용협회 전무였던 필자가 실무 책임을 맡아 플라스틱 재활용기반구축사업을 추진하게 되었다.

폐플라스틱 고형연료화 시범공장을 경기도 안성에 설립·운영했으며, 고형연료 품질규격과 제조·사용에 따른 제반 행정 사항들에 대한 기초를 마련했다. 이를 통해 필름류를 비롯하여 재활용되지 않고 있는 플라스틱 폐기물들을 고형연료화하여 제지공장, 염색공장, 시멘트공장 등에서 에너지로 활용할 수 있는 기반이 조성되었으며 플라스틱에 대한 EPR 제도를 시행할 수 있게 되었다.

"플라스틱재활용대책협의회"에서는 플라스틱 중 EPR 대상 품목과 재활용의무 대상사업자 범위 등을 정하는 기초 작업을 했으며, 2천여 재활용 의무생산 사업자와 2백여 재활용 사업자를 발굴하고 홍보 교육하여 플라스틱 재활용공제조합인 "한국플라스틱자원순환협회"를 결성시켜 플라스틱 EPR 제도가 시행될 수 있도록 했다.

이밖에도 "플라스틱재활용대책협의회"에서는 플라스틱에 대한 EPR 제도의 시행뿐만 아니라, 일본의 "플라스틱공업연맹"이나 "플라스틱처리촉진협회"와 같이 플라스틱의 환경문제 해결을 위한 재활용기술개발, 플라스틱 물질 흐름에 따른 통계자료확보, 홍보·교육사업 등 플라스틱 업계가 당면하고 있는 문제들을 해결하기 위한 업무를 지속해서 수행하기로 했다.

2002년부터 플라스틱 용기·포장에 대한 EPR 제도가 (사)한국플라스틱자원순환협회 중심으로 추진되고 과자 봉지, 빵 봉지 등이 에너지 회수 방법으로 재활용되면서 플라스틱 재활용률이 증가하게 되었다.

EPR 제도는 (사)한국플라스틱자원순환협회, (사)한국페트병자원순환협회, (사)한국발포스틸렌자원순환협회 등이 품목별로 담당했으나 2013년 11월 환경부는 품목별로 운영하던 6개 EPR 단체를 "포장재재활용공제조합"과 "유통지원센터"로 통합했다. 환경부는 EPR 업무를 통합하면서 플라스틱 업계가 공동으로 "플라스틱재활용대책협의회"를 통해 운영하던 플라스틱 재활용기반구축자금과 플라스틱 재활용 시범공장까지 통합했다.

2014년 3월 (사)한국플라스틱포장협회에서는 플라스틱 재활용기반구축자금은 플라스틱 업계가 당면하고 있는 환경문제를 해결하기 위해 플라스틱 업계가 어렵게 마련한 자금이며, 시범공장은 플라스틱 재활용 기술 개발 등을 위해 운영하는 공장이므로 전문성을 가진 플라스틱 업계로 환원시켜 달라는 진정서를 총리실, 감사원 등 관계기관에 제출했다. 그러나 관련 서류는 환경부로 이첩되고 환경부에서는 민간 사업자단체가 행한 사안이므로 관여할 수 없다는 답변을 내놓았다.

공제조합을 통합하면서 새로 탄생한 포장재재활용공제조합과 유통지원센터는 핵심임·직원들이 환경부 출신들로 구성되어 있고, 환경부의 감사를 받는 상황인데도 환경부는 모르는 일이라고 하니 어쩔 수 없는 일이 된 것이다. 지금도 플라스틱 업계는 환경문제로 많은 어려움을 겪고 있으며 해결해야 할 중요한 과제를 안고 있다.

1.4 합성수지 부담금이 플라스틱 부담금으로 전환

2002년 플라스틱에 대한 생산자책임재활용제도가 시행되면서 원료 판매가격의 0.7%를 부담하던 합성수지폐기물 부담금이 플라스틱 폐기물 부담금으로 전환되었다. 이에 따라 플라스틱 제품 중 용기·포장재는 생산자책임 재활용품이 되고 이를 제외한 모든 플라스틱 제품은 폐기물 부담금 대상 품목이 된 것이다.

플라스틱 용기와 포장재를 사용하는 식품, 화장품, 의약품, 세제류 등의 사업자들이 재활용 의무생산자가 되고, 그 밖의 모든 플라스틱 제품이 폐기물 부담금 대상품목이 되면서 종전에 합성수지폐기물 부담금을 관리하던 환경관리공단이 전국에 산재되어 있는 플라스틱 제품 생산사업장의 플라스틱 부담금을 관리하게 되었다.

2014년 환경부는 플라스틱 폐기물 부담금 요율이 낮다는 이유를 들어 일반 플라스틱의 경우 2007년도부터 kg당 0.7원에서 7.6원으로 10배나 인상하고, 연차별로 kg당 30원, 90원, 150원으로 20배나 인상했다. 플라스틱 제품가격의 10~12%가 폐기물 부담금이 되도록 부담금을 인상시킨 것이다.

광공업 통계조사 보고서를 기준으로 약 20%인 용기·포장재 생산사업자를 제외한 약 80%의 플라스틱 업계가 폐기물 부담금 부과 대상 사업자가 되었다. 부담금 대상 사업자들은 원료를 톤당 130~140만 원에 구입하여 인건비, 전기료 등의 부담도 버거운 상황에서, 원료가격의 12~15%인 톤당 15만 원 이상의 폐기물 부담금을 부담하게 된 것이다.

이로 인해 연간 약 5천 톤을 생산하는 중소기업에서도 일반 플라스틱 제품은 연간 7억5천만 원을, 건축용 플라스틱 제품은 3억7천5백만 원의 폐기물 부담금을 지불하게 된 것이다.

부담금을 제품가격에 반영시키라고 하지만 대부분이 영세한 중소 플라스틱 업계는 치열한 경쟁 구조의 시장에서 부담금을 제품가격에 반영시킬 수 있는 형편이 되지 않을 뿐만 아니라, 2년마다 제품가격의 20~30%를 인상시킬 수 있는 형편도 못 된다. 플라스틱 업계는 관계기관에 진정서를 제출하는 등 플라스틱 폐기물 부담금 제도의 불합리성과 폐지해줄 것을 건의했다.

❶ 재활용이 가능한 플라스틱을 재활용이 되지 않는 껌이나 기저귀, 담배와 같이 폐기물 부담금 대상 품목으로 지정하는 것은 부당하다.
❷ 기업들은 기업을 운영하면서 법인세, 소득세, 부가가치세 등의 세금을 부담하기도 벅찬 상황에서 매출액의 10~15%나 되는 부담금을 지불할 능력이 없다.
❸ 플라스틱 폐기물 부담금을 계산하고, 관리 신고할 수 있는 인력도 없다.
많은 중소 플라스틱 공장들은 사장이 직접 현장에서 관리·경영하며, 상황에 따라서는 납품하고 수금도 해야 하는 형편에서 EPR 대상 사업자인지 부담금 대상 사업자인지 알지 못한다.

* 세금 징수 업무를 왜 기업에 전가하는가?

부담금은 매년 전년도의 물가상승률 등을 감안, 환경부 장관이 고시하는 가격변동지수를 곱하여 산정하므로 매년 인상하게 되어있다. 최초의 적용연도(2008년)를 1로 할 때 2019년도 일반용 플라스틱은 178원/kg, 2022년도에는 185원/kg 등 매년 인상하게 되어있다.

* 폐기물 부담금 = 전년도제품 출고실적 x 부과 요율 금액 x 부담금 산정지수

플라스틱 부담금 제도는 환경부가 생각하는 것처럼 그렇게 간단한 일이 아니다. 일상생활에서 사용되고 있는 칫솔, 볼펜, 안경 등은 물론 파이프·창틀 등 건축자재, 하우스 필름이나 농업용 자재, 어망·밧줄(rope)·운반 상자 등 수산에서 사용되는 자재, 의료, 스포츠, 완구·문구, 가구 등 모든 플라스틱 제품가격이 10~12% 상승하게 되므로 국가 물가관리에 지대한 영향을 미친다.

환경부는 플라스틱 재활용을 위한 비용이 EPR에서 적용하는 재활용 분담금보다 플라스틱 부담금 요율이 낮다는 이유를 들어 부담금 인상을 주장하고 있다. 그러나 식품, 화장품, 의약품 등 EPR 대상 사업자들은 부자재인 용기 포장재에 재활용 분담금을 반영해도 제품가격에 큰 영향을 받지 않지만, 플라스틱 부담금은 원자재에 반영하므로 부담금 부담 여부에 따라 기업의 사활이 달리게 된다. 그러므로 플라스틱 부담금이 꼭 필요하다면 원료가격에 반영하여 원료를 구입할 때 지불하도록 해야 한다는 이유가 여기에 있다.

이 밖에도 플라스틱 부담금 제도는 부담금의 목적과 사용처, 다른 소재들과의 형평성 문제, 무임 승차자 관리능력 등 많은 문제가 야기되고 있다.

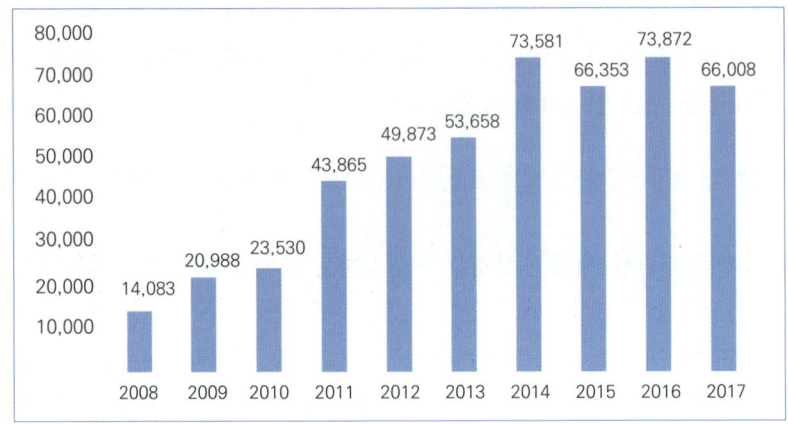

〈그림 3〉 플라스틱에 대한 폐기물 부담금 연도별 부과현황

단위: 백만 원

자료: 환경부

1.4.1 부담금 감면 제도운영

플라스틱 업계가 플라스틱 폐기물 부담금 제도에 대해 진정서를 제출하는 등 많은 중소기업이 어려움을 호소하자 환경부는 중소기업의 부담을 덜어준다는 명분으로 플라스틱 부담금 감면제도를 시행하게 된다.

❶ 2009.4.6. 개정: 연간 매출액 200억 원 미만의 제조업자에 대해서는 2010년부터 2021년분까지의 폐기물 부담금을 별도로 50% 감면

❷ 2015.2.3. 개정: 연간 매출액 200억 원 미만인 제조업자에 대해서는 2015년분부터 2016년분까지의 폐기물 부담금을 제4호에 따른 감면과 별도로 연간 매출액 30억 원 미만의 경우에는 100%, 30억 이상 100억 미만 70%, 100억 이상 200억 미만 50% 추가 감면
- 경과조치: 연간 매출액 200억 원 미만인 제조업자에 대하여 2010년부터 2014년분까지 폐기물 부담금은 종전 규정에 따름

❸ 2016.12.3. 개정: 추가 감면 기간 2016년에서 2018년까지 2년 연장하고 매출액 규모별로 감면비율을 세분화하도록 함
중소기업 추가 감면 대상 기준을 연간 매출액 200억 원 미만에서 300억 원 미만으로 함

중소기업의 부담을 덜어주기 위한 감면제도라고 하지만 당초부터 플라스틱

폐기물 부담금 제도는 플라스틱 업계가 감당할 수 없는 제도였으며 사실상 관리도 할 수 없는 제도라고 할 수 있다. 근본적인 문제의 해결책이 없이 땜질식으로 시행되고 있는 감면제도는

첫째, 연간 매출액 30억 원 이하는 100% 감면이라고 하지만 30억 원이라는 기준은 무엇이며 1원의 차이로 감면을 받지 못하는 기업과의 형평성 문제가 발생한다.

둘째, 매출이 늘어나고 회사가 커질수록 많은 부담금을 지불해야 한다면 누가 기술을 발전시키고 기업을 확장하겠는가? 플라스틱 산업 발전을 가로막는 정책이다.

셋째, 수시로 변화하는 플라스틱 부담금 감면율은 기업들이 제품가격에 반영시킬 수 없다. 매출이 유동적이어서 연말 결산 시 매출액을 예상하지 못하는 상황에서 부담금 감면율을 사전에 반영시킬 수 없다.

넷째, 부담금을 제품가격에 반영시키지 못하는 상황에서 매출액이 많다고 하여 이익이 많이 발생하는 것은 아니다. 부담금을 제품에 반영시킨다면 부담금을 감면받는 사업자들은 감면받는 만큼 기업이 이득을 보는 결과가 된다.

다섯째, 환경관리공단이 플라스틱 업체들을 일일이 확인·관리할 수 있겠는가? 부담금 산정을 정확하게 확인하지 못하면 성실히 신고하는 사업자만 불이익을 받게 된다.

이처럼 플라스틱 폐기물 부담금제도가 많은 문제점을 안고 시행되는 것에 대하여 플라스틱 폐기물 부담금제도의 운영목적이 무엇인지를 묻지 않을 수 없다.

- ■ 플라스틱 제품 사용을 억제하는 방법인지?
- • 플라스틱 폐기물 부담금제도를 시행하므로 플라스틱 사용이 얼마나 감소되었는지?
- ■ 플라스틱 폐기물처리를 위한 비용을 확보하기 위함인지?
- • 플라스틱 폐기물 부담금이 얼마나 확보되어 플라스틱 폐기물 재활용을 위해 얼마가 사용되었으며, 얼마나 재활용되었는지? 그렇다면 감면제도는 왜 시행하는지?

2008년부터는 「전기·전자제품과 자동차의 순환자원에 관한 법률」이 시행되면서 자동차, 전기·전자제품을 생산하는 가전사와 완성차 업체가 재활용 의무를 갖게 되었으며, 소유자에게 제품의 폐기에 따른 의무가 부여된 품목은 플라스틱 부담금 대상 품목에서 제외되었다. 이제는 플라스틱 제품제조업의 약 45%가 기계·운송·장비 조립용 플라스틱 제품제조업이며, 약 20%가 용기 포장 관련 업계라고 볼 때 약 35%가 부담금 대상 사업자라고 할 수 있다.

1.4.2 플라스틱 자발적 협약(V.A: Voluntary Agreement) 제도운영

2011년 9월 국회에서는 28명의 의원 요청으로 「자원의절약과재활용촉진에 관한법률」 일부 개정안이 발의되었다. 당시 개정안의 제안 사유를 보면 폐플라스틱은 재활용이 활성화되어 있음에도 불구하고 부담금 요율을 20배 상당 인상함으로써 플라스틱 산업의 경제적 부담이 가중되고 산업 활동 전반이 위축된다는 것이었으며, 폐플라스틱 등 재활용 가능 자원이 되는 제품의 제조업자나 수입업자를 폐기물부담금 부과 대상에서 제외해야 한다는 내용이었다.

협의 끝에 2012년 2월 공포된 동 법률 제12조(폐기물 부담금) 제2항에서 다음과 같은 예외조항을 두어 개정했다.

2. 제1항에도 불구하고 다음 각호의 어느 하나에 해당하는 경우에는 그 폐기물처리에 드는 비용을 부과하지 아니한다.
① 일정 비율 이상 회수 · 재활용이 가능한 경우와 ② 환경부 장관과 자발적 협약을 체결하고 이를 이행한 경우에는 부담금 대상에서 제외하도록 했다. 그러나 환경부는 시행령에서 플라스틱 폐기물 부담금을 면제받기 위해 회수·재활용해야 하는 비율을
• 건축용 플라스틱 제품은 100분의 20
• 그 밖의 플라스틱 제품은 100분의 80을 재활용해야 한다.

라고 규정함으로써 상위 법률을 사문화(死文化)시켰다. 건축용 플라스틱의 경우 당해 연도 생산량의 20%가 어떻게 폐기물로 발생될 수 있으며 이를 재활용해야 한다는 것인가? 그 밖의 플라스틱은 80%를 재활용해야 한다고 명시했는데 어느 나라가 플라스틱을 80% 재활용하는가? 국가에서 해야 하는 일을 사업자에게 전가시킨 것이다.

자발적 협약제도는 법에서 명시한 바와 같이 폐기물 부담금 대상 사업자의

부담을 줄이고 재활용 활성화를 목적으로 하고 있다. 폐기물 부담금 대상 사업자가 사업자단체를 통해 환경부 장관과 자발적 협약을 체결하고 대상 플라스틱을 회수·재활용하는 경우 부담금을 면제하게 되어있다. 협약 기간은 1년 단위로 하고 연장할 수 있지만 5년으로 한정하고 있어 해당 플라스틱 제품에 대한 재활용 가능 여부를 판단하는 과정이라고 할 수 있다.

협약체결 사업자단체는 협약품목의 수거·회수체계를 갖추거나, 이를 구비한 재활용 사업자와 계약을 체결하여 폐기물로 발생하는 협약품목을 회수 재활용하도록 하고 있다. 생산자단체는 협약 제품의 재활용 의무비율을 이행해야 하며 이행하지 못할 경우, 미이행 가산금을 지불해야 한다. 환경부 장관은 해당 제품의 연도별 생산량, 국내출고량, 시장점유율, 합성수지투입량, 내구 연수, 재활용 여건변동, 재활용 실적 등을 감안하여 재활용 의무비율을 조정할 수 있다.

자발적 협약을 체결하고 5년이 경과되면 재활용이 가능한 품목으로 입증되는 것이므로, 폐기물 부담금 대상 품목에서 당연히 제외되어야 한다. 법이 개정된 이유다.

[표 7-3] 2017년 플라스틱 폐기물 회수·재활용 자발적 협약체결 현황

품 목(15개)	사업자단체(11개)	참여 업체 수	재활용 업체 수	가입일
프로파일	(사)한국바이닐환경협회	22	27	2008.1.1
바닥재		11	13	2008.1.1
파렛트	(사)한국파렛트컨테이너협회	10	54	2008.1.1
컨테이너		17	54	2008.1.1
전력·통신선	한국전선공업협동조합	72	32	2008.1.1
PVC관 (이형관 포함)	한국PVC관공업협동조합	44	20	2009.1.1
로프·안전망	(사)한국해양폐기물자원순환협회	17	32	2009.1.1
망 (어망 등)		8	26	2009.1.1
PE관	한국PE관공업협동조합	22	24	2008.1.1
산업용 PE필름	(사)한국농수산재활용사업공제조합	28	30	2011.1.1
필터		7	6	2010.1.1
자동차용 AS용 범퍼·몰딩 등	(사)한국자동차자원순환협회	4	7	2011.1.1
인조잔디	한국합성수지재활용공업협동조합	3	3	2013.1.1
건설용 발포폴리스티렌	한국발포플라스틱공업협동조합	50	80	2008.1.1
생활용품 20종	(사)한국플라스틱단일재질협회	11	39	2012.1.1

1.5 플라스틱 생산자책임재활용제도 시행 (EPR)

자발적 협약제도의 시한이 5년으로 한정됨에 따라 환경부는 자발적 협약품목을 2022년 5월 생산자책임 재활용품목으로 전환했다. 중소 플라스틱 업계의 부담을 덜어준다는 명분으로 부담금 감면제도가 시행되고, 5년 동안 자발적 협약제도에 의해 해당 품목에 대한 재활용이 입증되었다면 부담금 대상 품목에서 제외되어야 하는 상황인데 또다시 생산자책임 재활용품목으로 전환된 것이다.

사실 자발적 협약제도는 해당 품목 생산자가 기존의 재활용 사업자들로부터 재활용 실적을 구매하여 해당 품목의 재활용을 입증하는 제도라고 할 수 있다. 대부분 상자, 파이프, 파렛트, 창틀 등 내구성 제품들이다. 일반 생활에서보다는 산업계에서 발생하는 사업장 폐기물들로써 재활용 사업자들이 채산성이 있어 시장경제 논리에 따라 재활용하고 있는 제품들이다.

환경부의 주장대로 자발적 협약품목을 생산자책임 재활용품목으로 전환한다면 생산자에게 의무만 부여할 것이 아니라 생산자들이 실제로 수집·재활용할 수 있도록 여건을 조성해 주어야 한다.

① 생산자가 전국을 다니며 대상 제품을 회수할 수 없으므로 회수체계를 구축할 수 있는 제도적 지원이 필요하다. 「전기·전자제품과 자동차의 순환자원에 관한 법률」에서와 같이 소비자의 분리배출이 필요하고, 지방자치단체 등이 수집·선별하여 의무생산자가 재활용할 수 있도록 하는 체계 구축이 필요하다.

생산자가 전국을 다니며 자가 생산한 제품을 회수할 수 없다. 현재 수거 업무를 담당하고 있는 지방자치단체나 수집·선별 업체들이 가지고 있는 대상 폐플라스틱만을 빼앗아 올 수도 없다. 최근 석유화학 기업들이 플라스틱 재활용사업에 참여한다고 하여 기존 재활용 업체와의 마찰이 발생하기도 했다. 이처럼 플라스틱 생산자들이 신규로 재활용사업에 참여할 여지가 없는 것이다.

② 재활용 실적을 객관적으로 입증할 수 있는 체계가 구축되어야 한다. 실무 담당자가 재활용 공장에서 임의로 혼입률을 조사하여 재활용 실적으로 인정하는 것은 믿을 수 없다.

재활용하는 사업자들에게 위탁할 수도 있다고 하지만, 재활용 사업자들은 해당 제품만 수집·재활용하는 것이 아니라 모든 플라스틱 제품들을 수거 재활용한다. 선별 업체들도 해당 제품만 선별하지 않고 PP, PE, PS, PVC 등 재질별로 선별하고 있어 해당 제품을 얼마나 재활용했는지 확인하기는 거의 불가능하다. 재생된 원료나 제품에서 대상 폐플라스틱 제품이 얼마나 포함되었는지 확인할 수 없는 것이다.

마치 변을 본 후 배설물에서 김치, 쌀, 콩, 고기가 얼마나 들어 있는지 확인하는 것과 같다고 할 수 있으며, 밥상에서 김치, 깍두기, 나물, 고기가 몇 %씩 있다고 하여 특정 음식을 얼마나 섭취했다고 증명할 수 없는 것과도 같다.

현재 우리나라에서 시행되고 있는 용기·포장재 생산자책임재활용제도는 재활용 사업자의 사업장에서 EPR 혼입률을 조사하여 재활용 실적을 인정하며 이와 같은 실적에 따라 재활용비용이 지불되고 있다. 참고로 EPR 제도를 시행하고 있는 일본에서는 수집하는 지방자치단체가 재활용공제조합(일본용기포장리사이클협회)에 인계한 수량을 기준으로 하며, 독일은 수집·선별기구(DSD)에서 플라스틱 재활용 의무이행 단체(DKR)에 인계한 객관적 근거를 기준으로 재활용 실적을 인정하고 있다. 이와 같은 재활용 실적인정 문제로 얼마 전 몇몇 재활용 사업자와 검사 관계자들이 형사 입건되고 법적 처벌도 받았으며, 당시 환경부 담당 과장이 언론 보도를 통해 잘못된 부분을 개선하겠다고 했으나 아직도 근본적인 문제가 개선되지 않고 있어 안타까운 일이 아닐 수 없다.

③ 관련 의무 생산사업자 모두가 참여할 수 있는 제도적 장치를 마련하여 무임 승차자가 없도록 관리되어야 한다.

EPR 대상 품목을 생산하는 사업자들이 공제조합을 결정하여 재활용 의무를 이행하는 데 있어 해당 사업자 모두가 참여하지 않으면, 참여하지 않고 재활용비용도 내지 않는 소위, 무임 승차자만 유리하게 된다. 이와 같은 상황이 발생하지 않도록 마크 제도를 시행해야 한다. 철저하게 관리할 수 있는 제도적 장치가 마련되지 않으면 EPR 제도를 시행할 수 없다.

④ 생산자책임재활용제도라고 하여 모든 폐기물을 생산자가 책임을 질 수 없다. 배출자에게 책임이 있는 것을 생산자가 또다시 책임을 질 수 없다. 사업장에서 발생하는 폐기물은 「폐기물관리법」에 따라 배출자가 책임을

지며, 건설공사에서 발생하는 폐기물도 「건설폐기물촉진에관한법률」에 따라 배출자가 책임을 진다. 우리나라에서 독특하게 시행되고 있는 쓰레기 수수료 종량제도 일종의 배출자 책임 원칙에 따른 것이다.

플라스틱 폐기물은 산업계 폐기물과 일반계 폐기물로 구분되며 통상 52 대 47 정도로 산업계 폐기물이 약 5% 정도 더 많이 발생한다. 산업계 폐기물은 의료폐기물·사업장 폐기물 등과 같이 배출자 책임 원칙에 따라 배출자가 책임 처리하고 있으며, 일반폐기물 중 생산자책임 재활용품목인 용기·포장을 제외한 일반폐기물들은 지방자치단체가 책임을 지고 있다. 생산자책임 재활용품목으로 지정되면 이 모든 것을 생산자에게 또 책임을 지게 하는 것이다.

현재 EU를 중심으로 시행되고 있는 생산자책임재활용제도는 일반 생활에서 많이 사용·배출되면서 채산성이 없어 재활용 사업자들이 인수를 거부하는 유리병, 페트병, 종이·플라스틱 용기·포장재들을 대상으로 하고 있다. 미국, 남아메리카, 호주 등에서는 EPR 제도를 시행하지 않고 있으며 일본에서는 지방자치단체의 결정에 맡겨져 있어 약 60여%의 지자체만 참여하고 있다. EPR 제도를 시행하지 않는 국가와 EPR 품목이 아닌 폐기물들은 지방자치단체가 책임을 진다.

⑤ EPR 제도를 시행하면서 재활용 의무를 이행하고 있는 공제조합 운영도 걱정이 안 될 수 없다.

공제조합이 관련부처 출신 공무원들이 주축이 되고 방만하게 운영되어 의무생산자의 부담만 가중되고 있다는 보도와 같이, 금번 생산자책임재활용제도에 포함된 품목들도 십여 개의 공제조합이 운영될 것인데 현재와 같이 운영된다면 이 또한 걱정이 아닐 수 없다. 재활용 의무량 부여, 재활용 실적인정, 공제조합 운영 감독 등 모든 업무가 환경부 소속으로 되어있어 관련 사업자들은 환경부의 눈치를 보지 않을 수 없다.

또 하나 우리가 간과하지 말아야 할 일은 플라스틱 폐기물은 함부로 단순 소각하거나 매립할 수 없게 되어있다는 것이다. 「자원순환기본법」에 따라 매립하거나 단순소각하면 엄청난 폐기물 분담금을 지불하게 되어있다. 사업장이나 지방자치단체에서 발생하는 폐기물을 함부로 매립이나 소각할 수 없도록 하여 재활용하지 않을 수 없게 한 것이다. 이처럼 이중 삼중으로 재활용 촉진정책을 추진하고 있는 상황에서 또다시 플라스틱 제품은 생산자가 책임을 지라고 한 것이다.

국가에서 복지정책을 추진하면서 취약계층에 지원을 집중하는 것과 같이 폐기물 재활용 정책도 시장경제 논리에 따라 재활용이 잘 되는 철, 구리, 알루미늄, 폐지 등 모든 폐기물을 대상으로 하는 것이 아니라 재활용이 되지 않고 있는 폐기물에 대한 지원책을 강구하여 재활용이 잘되도록 하는 데 있다. 시장경제 논리에 따라 재활용이 잘되고 있는 품목에 대해 또 지원책을 강구하게 되면 소위 바닥시세만 높여 재활용 시장에 혼돈만 초래하게 되고 사업자와 국민의 부담만 가중된다.

생산자책임재활용제도를 시행하는 이유는 재활용이 되지 않고 있는 제품·재료·용기의 재활용을 촉진하기 위한 하나의 방편이며 재활용 실적을 사고파는 행위가 아니다.

폐기물은 선별을 어떻게 하느냐에 따라 재활용품이 될 수 있고 쓰레기가 될 수도 있다. 현재 재활용이 가능한 폐기물들이 쓰레기로 버려지는 가장 큰 이유는 선별을 잘하고 있지 못하기 때문이다. 주민들이 힘들게 분리 선별해도 유통 과정에서 혼합되거나 선별이 효과적으로 이루어지지 않으면 재활용률은 떨어질 수밖에 없다.

플라스틱 폐기물은 선별만 잘되면 적은 비용으로 재활용할 수 있고 재활용품의 품질도 높일 수 있다. 독일이나 일본 등 플라스틱 재활용률이 높은 국가들을 보면 재활용 과정에서 선별과 전처리를 가장 중요시하고 있음을 알 수 있다. 유통지원센터 같은 재활용 전문 기구가 양질의 선별 품이 재활용 공장으로 이송될 수 있도록 지원한다.

우리도 분리 배출된 폐플라스틱들에 대해 선별을 잘하고 운반이나 보관, 사용 시 효율성을 높일 수 있는 전처리를 잘하여 물질 재활용과 화학적 재활용 방법을 최대한 강구하고, 나머지 그 외의 폐플라스틱들은 지역의 자원회수시설에서 전기를 생산하거나 온수를 이용하고, 연간 약 300만 톤의 폐플라스틱을 필요로 하는 시멘트공장에서 원·연료로 활용하면 폐플라스틱으로 인한 문제는 더 이상 고민할 필요가 없게 될 것이다. 우리나라 폐플라스틱 발생량의 약 50%를 필요로 하는 시멘트공장에서 탄소 중립정책에 부응하고 경쟁력을 갖기 위해서는 에너지 밀도가 높은 폐플라스틱을 활용하는 방법이 가장 효율적이기 때문이다.

이 모든 플라스틱 재활용 방법은 상용화되어 있어 국가에서 로드맵을 만들어 추진하면 된다. "구슬이 서 말이라도 꿰어야 보배"라는 말이 있듯이 재활용 기술과 방법이 상용화되어 있다고 하여 자연적으로 이루어지는 일이 아니다. 부문별 현황과 관련 업계의 의견을 충분히 반영하여 환경문제뿐만 아니라 경제·에너지 정책도 고려한 범국가적 차원에서 추진되어야 할 것으로 본다. 현재와 같이 규제 일변도의 환경부 정책만으로는 해결할 수 없을 것이다.

금번 15개 플라스틱 제품을 생산자책임 품목으로 지정하고 앞으로 얼마나 많은 품목이 추가로 지정될 것인지? 해당 플라스틱 제품 생산사업자들은 환경부 담당 공무원의 의지에 따라 재활용비용과 의무비율 책정, 재활용 실적인정 등 지대한 영향을 받을 수밖에 없다.

일회용 봉투·쇼핑백도 생산자책임 재활용품목으로 지정되어있는 상황에서 칫솔, 안경, 완구, 문구 등 얼마나 많은 플라스틱 제품들이 생산자책임 재활용품목으로 지정되며? 얼마나 많은 재활용 단체들이 태어날 것인지? 참으로 암담한 일이 아닐 수 없다.

[표 7-4] 2022년 5월 생산자책임 재활용 전환 품목

	제품	세부 내용
1	산업용 필름	표준산업분류에 따른 플라스틱 필름 제조업 또는 플라스틱 시트 및 판 제조업의 제조 대상으로서 물품의 결속, 분리, 보호 등을 위해 사용하는 폴리에틸렌(PE) 재질의 산업용 스트레치필름·비닐·랩
2	교체용 정수기 필터	표준산업분류에 따른 액체 여과기 제조업의 제조 대상인 교체용 정수기 필터(합성수지 재질의 외부 케이스만 해당한다)
3	안전망	표준산업분류에 따른 어망 및 기타 끈 가공 제조업의 제조 대상으로서 놀이터, 야구연습장, 절벽, 교량, 조선소 등 위험이 예상되는 현장에서 사용하는 폴리에틸렌 또는 폴리프로필렌(PP) 재질의 그물
4	어망	표준산업분류에 따른 어망 및 기타 끈 가공 제조업의 제조 대상으로서 「수산업법」 제2조 제1호의 어업·양식업에 사용하는 합성수지 재질의 그물(제1호에 따른 안전망은 제외한다)
5	로프	표준산업분류에 따른 끈 및 로프 제조업의 제조 대상으로서 합성수지 재질의 재료를 꼬아서 만든 줄
6	폴리에틸렌 관	폴리에틸렌 [가교폴리에틸렌(XLPE)은 제외한다] 재질로 된 다음 각 목의 제품 가. 표준산업분류에 따른 플라스틱 선, 봉, 관 및 호스 제조업의 제조 대상인 모든 관류 나. 표준산업분류에 따른 기타 선박 건조업의 제조 대상으로서 폴리에틸렌 관으로 제조한 해양부유구조물

7	폴리염화비닐(PVC) 제품	폴리염화비닐 재질로 된 다음 각 목의 제품 가. 표준산업분류에 따른 플라스틱 선, 봉, 관 및 호스 제 조업의 제조 대상인 모든 관류 나. 표준산업분류에 따른 플라스틱 시트 및 판 제조업의 제조 대상인 시트·평판 및 몰딩(molding)류 제품 [걸레받이, 반경관(半徑管)을 포함한다] 다. 표준산업분류에 따른 플라스틱 발포 성형제품 제조업의 제조 대상인 시트·평판
8	폴리프로필렌 재질의 생활용품	표준산업분류에 따른 그 외의 기타 플라스틱 제품제조업의 제조 대상으로서 폴리프로필렌 재질의 생활용품 중 다음 각 목의 제품 가. 「식품위생법」에 따른 기구 및 용기 포장과 이들 기구 및 용기 포장의 보관을 위하여 사용하는 제품 중 다음의 제품 　1) 밀폐·보관 용기(반찬통, 쌀통, 양념통, 수저통, 도시락 용기를 포함한다) 2) 공기, 대접, 접시, 식판 3) 물병 물통, 컵(텀블러, 계량컵, 컵 홀더를 포함한다) 4) 도마 5) 식기 건조대 나. 목욕, 세탁, 청소, 이·미용에 사용되는 제품 중 다음의 제품 　1) 비누통·비누 받침, 칫솔꽂이, 바가지, 목욕용 의자 2) 휴지통, 쓰레받기 　3) 빨래판, 빨래 바구니 다. 가목과 나목에 해당하지 않는 제품으로서 다음의 제품 　1) 화분(받침대를 포함한다) 2) 옷걸이 3) 바구니 4) 수납장(서랍장, 캐비닛, 수납 박스, 선반, 책꽂이, 구급함, 공구함, 약통을 포함한다)
9	파렛트 (Pallet)	물품의 적재, 하역, 보관, 수송을 위하여 사용하는 적재면(積載面)을 가진 합성수지 재질의 수평 받침대
10	플라스틱 운반상자	물품의 적재, 하역, 보관, 수송을 위하여 사용하는 합성수 지 재질의 상자류 제품(골판지 형태의 플라스틱 상자는 제외한다)
11	창틀·문틀	표준산업분류에 따른 플라스틱 선, 봉, 관 및 호스 제조업 또는 플라스틱 창호 제조업의 제조대상으로서 섀시(sash)의 제작을 위하여 사용하는 합성수지 재질의 창틀 또는 문틀
12	바닥재	표준산업분류에 따른 벽 및 바닥 피복(皮服)용 플라스틱 제품제조업의 제조 대상으로서 건축물의 내부 바닥을 피복하기 위하여 사용하는 폴리염화비닐 재질의 마감재
13	건축용 단열재	표준산업분류에 따른 폴리스타이렌 발포 성형제품 제조업의 제조 대상으로서 건축물 단열재로 사용하기 위하여 폴리스타이렌(PS) 재질의 비드(bead)를 발포·성형한 제품
14	전력·통신선	표준산업분류에 따른 절연선 및 케이블 제조업의 제조 대상으로서 전력 전송 및 통신을 위하여 사용하는 전선(電線) 중 합성수지 재질의 절연물(絶緣物) 또는 피복재
15	자동차 유지관리용 부품	자동차의 유지관리를 위하여 사용하는 합성수지 재질의 다음 각 목의 부품 가. 범퍼 나. 몰딩·가니쉬 다. 언더커버 라. 워셔탱크 마. 냉각수탱크

참고로 일본은 2021년 6월 11일 「플라스틱자원순환촉진에관한법률」을 공포하여 친환경 설계와 인증제도, 1회용품 사용의 합리화, 지자체의 분별 수집 재상품화촉진, 제조·판매사업자 등의 자주 회수촉진 및 인증 등 플라스틱 제품의 순환경제 사회 구축을 위한 세부사항을 정하여 추진하고 있음을 알 수 있다.

지구 온난화 문제와 플라스틱
8장

1. 현황

    2015년 12월 프랑스 파리에서 개최된 UN 회의에서는 기후변화로 인한 인류의 파멸을 막기 위해 산업화 이전의 기온보다 1.5도 올리는 목표를 세웠다 (파리기후협약). 만약 기온이 2도 상승할 경우 북극의 빙하가 회복 불가능할 정도로 손상되고, 해양 생물의 40%를 지탱하는 산호초가 전멸하며, 기후 난민이 수억 명 발생하여 인류가 이를 감당할 수 없다고 보는 것이다. 그러나 지구 기온은 이미 1.1도가 올라가 있어 앞으로 0.4도의 여유만을 가지고 있으며 목표인 1.5도를 지켜내기 위해서는 2050년까지 대기 중에 배출되는 온실가스 배출량과 산림 등 식물자원에 의해 흡수·고정화되는 이산화탄소량이 동량 되어 대기 중 탄소를 ±0인 상태로 유지해야 한다는 것이다. 이것을 "탄소 중립"이라 한다.

    탄소 중립이야말로 현재 인류가 풀어야 할 가장 위급한 과제이며 이미 130여 개 나라가 탄소 중립을 하겠다고 선언하였고 우리나라에서도 2021년 9월 24일 "탄소중립기본법"을 제정·발효시켰다. 이 법에 따르면 2050년까지 탄소 중립을 이루겠다는 목표 아래 5년마다 "국가 탄소 중립 녹색성장 기본계획"을 세우고 이에 따라 온실가스를 줄이도록 하고 있으며 앞으로 만들어지는 법령과 정책들은 모두 이 정책을 따라야 한다라고 명시하고 있다.

정부는 2020년 12월 24일 「생활폐기물 탈(脫) 플라스틱 대책」을 발표하면서 2030년까지 플라스틱으로 인한 온실가스 배출량을 30% 줄이고 2050년까지 석유계 플라스틱을 100% 바이오 플라스틱으로 전환하겠다고 발표했다.

탄소 중립을 위해서는 무엇보다 에너지 정책이 중요하며 근본적으로 석유를 기반으로 하는 에너지사용을 탈피하고 재생에너지를 개발·사용해야 하며, 플라스틱도 석유를 탈피하고 바이오 기반으로 생산하자는 것이다.

2. 플라스틱 업계의 과제와 견해

플라스틱 가공업계는 탄소 중립정책, 특히 에너지 절약·화석연료 사용억제 정책과 어떤 관계가 있으며 어떻게 대처해야 할 것인가? 이 문제는 매우 중요한 관심사가 아닐 수 없다. 사실 플라스틱은 가공과정에서 에너지가 적게 들어가기 때문에 탄소 중립정책에 부응하는 산업이라 할 수 있다. 우리가 많이 사용하는 용기의 예를 보더라도 도자기, 유리, 기타 금속으로 만들어지는 물품들은 생산 공정에서 얼마나 많은 에너지를 사용해야 하는지 따지지 않아도 쉽게 알 수 있다. 플라스틱 용기는 원료를 성형 기계에 넣고 전기 열을 가하면 성형이 되기 때문에 에너지를 가장 적게 사용한다. 그뿐 아니라 깨지거나 폐기되는 플라스틱 용기들은 열로 녹여 다시 용기를 만들 수도 있다. 한번만(One-way)을 사용해야 하는 용기라면 플라스틱의 가치는 더 충분히 인정된다.

문제 시 되는 이유는 플라스틱은 원료가 석유를 기반으로 생산되고 석유자원은 유한하다는 것이며, 사용 후 최종처리에서 플라스틱은 썩지 않아 매립장의 수명을 단축시키고 소각 시 이산화탄소를 배출시킨다는 것이다. 그러나 과연 그러할까?

- **화석원료에 대해**

석탄, 석유, 천연가스를 가리키는 화석연료는 까마득히 오래전의 태양 에너지를 저장하고 있다. 전문 연구가들에 의하면 석탄은 약 3억 년 전에 살았던 나무들의 화석에서 생겼고 석유는 6억~1000만 년 전에 바다에 살았던 단세포 동식물의 화석에서 생겼다. 주로 화석화한 생물에서 나오는 메탄으로 이루어진 천연가스는 대개 석유 주변에서 발견되었으며 죽은 식물들이 쌓이면서 깊이 가라앉게 되고 위에서 누르는 압력과 지구의 열에 의해 이탄이 되고 긴 세월이 흐르면서 석탄이 된다. 수백만 년에 걸쳐 해안선이 바뀌며 바다에 잠겼다가 육지가 되었다가 하면서 만들어진다. 석탄이 형성되던 시대에는 모든 대륙이 하나로 합쳐져 판게아라는 대륙이 생기기도 했다. 미국 동부에 묻혀있는 석탄이 영국 중부의 석탄과 같은 탄맥에 속한다고 한다.[1]

영국 사람들은 난방하고 숯을 태우며 철광석을 녹이는 제련 작업을 하기 위해 땔감으로 많은 나무를 태웠으며 대부분 숲을 없앴다. 런던의 가정들이 나무 대신 석탄을 때면서부터 공장 매연에 가정매연이 더해지면서 도시는 매연과 안개가 섞인 스모그로 뒤덮였다. 비가 내리면 나무와 숲에 매연 입자가 쌓여 검게 되었고, 어느 해 12월에는 이러한 현상으로 사망자가 220%까지 증가하기도 했다. 석탄을 이용한 증기기관이 개발되어 증기 선박, 증기기관차가 등장했으며 공장의 효율성이 증대되어 제조, 통신, 교통에서 사람과 동물의 힘 대신 화석연료를 적용하는 산업혁명이 이루어졌다. 화석연료는 땅을 파고 댐과 관개수로를 건설하는 장비를 등장시켰으며, 우물과 대수층(帶水層)에서 물을 쉽게 끌어 올려 주는 펌프가 개발되어 식량을 증산하게 되었다.

석유는 특정 지역에만 형성되어 있고 세계 석유의 4분의 1이 사우디아라비아에 매장되어 있다. 대규모 석유 매장지는 1859년 펜실베니아 타이터스빌에서 발견되었다. 처음에는 주로 램프의 연료인 등유 형태로 쓰이다가 20세기 초부터 내연기관(內燃機關)의 연료로 쓰였다.

산업혁명의 1차 물결은 18세기 후반에 영국의 직물산업에서부터 시작되었다. 손으로 실을 잡고 천을 짜는 방식을 새로 발명한 기계가 대체하였고, 석탄을 때는 증기기관이 직조기계를 움직일 힘을 충분히 제공했다. 1776년 제임스 와트가 증기기관을 개발하고 1790년대 방직기계에 연결되었으며 혁명은 철강산업으로 이어졌다. 18세기 초 다비는 숯 대신 코크스를 태워 녹이는 법을 고안하였고 1856년 베서머는 철보다 더 강한 강철을 값싸게 생산할 수 있는 용광로를 개발하여 철도와 증기선에 적용했다. 산업화의 주된 과정은 1780년부

1) 빅 히스토리: 데이비드 크리스천, 신시아 브라운, 크레이그 브라운 공저, 2022.12.23.)

터 1870년까지 100년이 채 안 되는 기간에 이루어졌다.

　석탄과 석유는 인류 역사에서 유례없는 추가 에너지를 제공했다. 영국은 산업혁신이 타국으로 유출되는 것을 막으려고 애썼다. 2차의 물결은 1820부터 40년간 벨기에, 스위스, 프랑스, 독일, 미국으로 확산되었으며, 3차 물결은 1870년경 러시아와 일본으로 확산되었다. 우리나라에서도 산업화가 시작된 1960~1970년대 겨울철이나 날씨가 궂은날이면 인천과 영등포 일대에서 쾌쾌한 석탄 타는 냄새와 함께 안개(스모그)가 자욱하게 깔리는 것을 볼 수 있었다.

석탄

　화석연료(燃料)와 석유 화학용 원료(原料)는 구분되어야 한다. 플라스틱은 화석연료를 내연기관에서 연료로 사용하고 버려지는 것이 아니라, 석유를 가공하여 섬유와 목재, 철, 구리, 알루미늄 등과 같은 천연자원을 대체하여 사용하는 물질이다. 2차 세계대전 시 주로 군수용으로 사용되었던 플라스틱은 종전된 후 본격적으로 사용되기 시작했다. 플라스틱은 용도가 확대되고 저렴한 가격으로 공급이 가능해지면서 일반 서민들도 부담 없이 구입하여 사용할 수 있게 되면서 빠르게 대중화되었다. 석유화학 가공품인 합성수지, 합성섬유, 합성고무, 합성피혁과 같은 제품들은 새로운 기능을 갖춘 소재들이 계속 개발되고 가공기술도 발전되어 정보, 통신, IT, 광학, 첨단산업에까지 다양하게 활용되어 인류 생활을 더욱 편리하고 풍요롭게 해주고 있다.

　지구의 북반구에 위치한 우리나라의 경우 한겨울에도 비닐하우스가 있어 온실에서 농작물을 재배할 수 있으며, 플라스틱배관·창틀·보온재 등의 자재가 있어 주택의 난방을 유지할 수 있다. 플라스틱은 자동차와 비행기 등의 경량화를 통해 연료비를 절약할 수 있으며, 가볍고 강한 플라스틱 운반·용기들은 물류비를 절감한다. 실처럼 가늘고 강철보다 강한 플라스틱은 삼면이 바다인 우리나라에서 물고기를 잡고 어패류를 양식할 수 있도록 지원한다. 따뜻하게 지낼 수 있도록 각종 의류를 제공하기도 한다. 플라스틱은 에너지를 절약하고 의식주(衣食住) 모든 분야에서 우리의 생활을 지탱할 수 있도록 지원하는 자원이다.

한때 환경 운동가로 활동하다가 세계적인 환경, 에너지, 안전 전문가로 활약하고 있는 마이클 쎌런버거는 그의 저서「지구를 위한다는 착각(2021. 4. 27.)」에서 "환경과 지구 온난화 문제를 위해 자연적인 것을 피하고 인공적인 것으로 대체해야 한다. 플라스틱은 진보이며 사람들이 문제다. 플라스틱 탓은 이제 그만하자. 환경 운동가들은 자신들은 이미 문명의 이기를 충분히 누리고 있으며 덕분에 전보다 깨끗하고 안전한 환경 속에서 살아가면서, 환경주의라는 이름으로 후진국의 댐 건설을 가로막는 등 이기적인 형태가 만연하고 있다"라고 지적하고 있다.

- **석유자원은 유한하므로 플라스틱 제품을 사용하지 말아야 한다?**

인류는 생활을 영위하기 위해 어떠한 물질이든 사용을 해야만 한다. 자연에서 얻어지든 석유가공 품이든 관계없이 사용해야 한다. 지하자원은 유한하므로 동·식물을 이용해야 한다는 주장도 있다. 그러자면 농경사회로 되돌아가야 한다. 다행히 플라스틱이 있어서 천연자원을 대체할 수 있고 절약할 수 있다. 플라스틱은 석탄, 석유, 가스로 만들 수 있고 사용 후에도 석유나 가스로 되돌릴 수 있다. 최종적으로는 석탄 등의 대체연료로 사용할 수도 있으며 폐광 등 땅속에 보관 후 필요할 때 꺼내 사용할 수도 있다. 플라스틱만큼 유용한 자원이 없다. 폐플라스틱이 도시 광산이라고 하는 이유가 여기에 있다.

- **플라스틱은 썩지 않기 때문에 공해 물질이다?**

플라스틱은 땅에 묻히면 썩지 않기 때문에 공해 물질이라고 한다. 사용 후 폐기했을 때의 이야기다. 사용 중에 썩지 않으니 얼마나 다행한 일인가? 나무처럼 썩지 않고, 철처럼 부식되지 않기 때문에 오래 사용할 수 있고 위생적으로 사용할 수 있다. 썩지 않기 때문에 또 사용할 수 있고 다른 용도로 활용할 수도 있어 순환 경제사회를 유지할 수 있다. 매립을 전제로 한 썩는 물질은 순환경제를 이룰 수 없다. 플라스틱이 썩지 않는다는 것은 플라스틱의 장점이다.

- **플라스틱은 소각하면 유해물질이 발생된다?**

다행히 플라스틱은 불에 태울 수 있는 가연성 물질이다. 흙이나 모래, 돌, 유리처럼 소각할 수 없는 물질이 아니라 소각하면 탄소와 수소로 완전히 분해

된다. 소각 시 다이옥신이 배출된다는 이야기가 있지만, 이는 염소성분이 있는 PVC에 관한 이야기이며 현대의 개량된 소각 기술은 염소가스를 포집하여 활용하는 등 다양한 기술로 대기 문제를 해결하고 있다.

플라스틱은 1,500℃ 이상으로 높여 환경친화적인 방법으로 소각하여 석유나 가스 등을 대체연료로 지역난방으로 이용하거나 전기를 생산한다.

플라스틱의 장점은 다 묻혀 버리고 단점만 부각되어 혐오물질로 인식되고 있어 플라스틱에 대한 올바른 지식이 그 어느 때보다 절실히 요구되고 있다.

3. 바이오 플라스틱과 분해성 플라스틱

플라스틱의 환경문제를 해결하기 위해 일각에서는 식물을 기반으로 하는 바이오 플라스틱을 사용하거나, 분해성 플라스틱으로 바꿔야 한다는 목소리가 커지고 있다. 때로는 친환경 플라스틱이라고 하여 퇴비화가 가능한 생분해성 바이오 플라스틱이 대안이라고도 한다.

바이오 플라스틱은 원료의 일부 혹은 모두를 폴리 유산(PLA)이나 옥수수와 사탕수수 같은 식물의 유기 자원(바이오매스) 유래 원료로 만들어지기 때문에 탄소 중립의 관점에서 화석연료 의존도를 저감시키고 소각 시 이산화탄소 농도를 줄인다는 관점에서 친환경 플라스틱이라고 할 수도 있다.

그러나 좀 더 깊이 들여다보면 많은 모순이 내재하여 있음을 알 수 있다. 독일 플라스틱가공업체총연합(GKV) 등의 견해를 중심으로 우리의 실정을 알아본다.

첫째, 충분한 원자재가 어디에서 나오는가?

사탕수수와 같은 식물자원을 확보하기 위해서는 많은 농경지가 필요하다. 현재에도 식량난 문제를 겪고 있는 상황에서 바이오 연료를 얻기 위해 확보해야 하는 농경지가 얼마나 필요하며 가능한 일인가?

더욱이 국토의 면적이 좁고 곡물 자급률이 20%에 불과한 우리나라의 경우 전량 수입에 의존함에 따른 문제는 없는가?

국제적으로 식량(특히 곡물) 교역이 수출은 미국·유럽·호주·아르헨티나·중국 등 일부 국가에 한정되어 있지만, 수입은 많은 국가로 분산되어 공급 과

점적 시장구조를 갖추고 있다. 러시아와 우크라이나의 전쟁에서 알 수 있는 바와 같이 식량 가격이 급등하면서 수출금지와 수출세부과 등 "식량자원 보호주의 정책"이 확산되고 있다. 세계 인구증가에 따른 글로벌 식량 확보 문제는 어떻게 해결할 것인가? 하는 문제이다.

둘째, 그들의 재배가 먹이사슬에 방해되지 않는가?

그 많은 농경지를 확보하기 위해 훼손시켜야 하는 산림자원, 그 안의 수많은 동·식물의 먹이사슬은 어떻게 되는가? 하는 문제이다.

셋째, 그들은 어떤 조건에서 자라고 추출되는가?

그 많은 농경지에서 특정 식물을 재배하고 원하는 물질을 추출하기 위해 수자원 확보와 장비 가동, 운반 등의 조건들을 어떻게 확보하는가?

기상 이변으로 발생하는 홍수와 가뭄 문제, 특히 세계적인 물 확보 문제, 이들을 재배하기 위한 비료와 농약 토양문제 등 여러 가지 제약들을 어떻게 해결할 것인가? 하는 것이다.

넷째, 이것들을 종합해 보면 오히려 석유로부터 얻어지는 합성수지보다 이산화탄소 배출량을 증가시켜 기후변화를 악화시키는 것이 아닌가?

바이오 베이스 연료는 바이오디젤, 바이오 중유, 바이오 항공유, 바이오 선박유, 바이오가스 등 수요가 지속적으로 증가될 것이며 공급이 수요를 따르지 못할 것이다.

자세히 살펴보면 바이오 플라스틱은 아직 이상적인 해결책이 될 수 없음을 알 수 있다.

최근 들어 수목·대나무·풀·음식료 잔재물 등 식물에서 추출되는 헤미셀룰로오스(hemicellulose)를 사용한 바이오 플라스틱이 개발되고 있다. 현재 강력하게 추진되고 있는 탄소 중립정책의 관점에서 볼 때 그 기술은 여전히 추구할 가치가 있으며 발전되어질 것이다.

또 하나의 과제는 분해성 플라스틱이다. 어느 때는 식물에서 얻어지는 바이오 플라스틱이기 때문에 분해성 플라스틱이며 바이오 플라스틱은 퇴비화가 가능하다는 논리이다. 그러나 우리가 염두에 두어야 하는 것은 석유에서 만들어지든 식물에서 얻어지든 플라스틱은 플라스틱이며 내구성 등 플라스틱의 특성은 비슷하다는 것이다.

분해성 플라스틱의 종류는 생붕괴성 플라스틱, 생분해성 플라스틱, 광분해성 플라스틱 등 다양하며 이를 총칭하여 분해성 플라스틱이라 부르고 있다. 생붕괴성 플라스틱은 합성수지의 생산량은 줄일 수 있지만, 베이스 폴리머는 최종적으로 존재할 수밖에 없으며, 생분해성 플라스틱은 미생물이나 자원을 이용하여 합성수지의 사용을 줄일 수 있고 완전히 분해되기 때문에 지구환경 보호라는 차원에서 재조명되고 있다.

최근 많이 이용되는 PLA(폴리 유산) 등 생분해성 플라스틱으로 사출 제품뿐만 아니라 필름·시트도 생산할 수 있다. 최종 처리 방법도 퇴비화하여 천연비료로 사용하거나 메탄올, 에탄올을 생산할 수 있고, 리사이클도 가능하여 상업화가 이루어지고 있으며, 연구·개발 활동이 활발하게 전개되고 있다.

그러나 이와 같은 분해성 플라스틱이
① 분해되는 과정에서 환경에 어떻게 영향을 주며(조각으로 분리되어 바람에 날리거나 유실되어 발생하는 문제 등)
② 분해시간이 어느 정도이고 조정이 가능한지? (물성이 변화되지 않고 사용할 수 있는 시간)
③ 분해 필름이 분해 과정에서 식품 등에 영향을 주지 않는지?
④ 재활용 과정에서 기존의 합성수지 플라스틱과 혼합되어도 재활용 제품의 물성이 유지되는지?
⑤ 분리배출·수거되어야 한다면 분해성 플라스틱만 분리·배출·수거가 가능한지 등도 검토되어야 한다.
⑥ 무엇보다 폐기물처리를 매립을 전제로 한 방법이 옳은가? 하는 것이며 과연 매립방법으로 순환경제사회체계가 유지될 수 있는가?

하는 문제이다. 분해성 플라스틱 또한 석유자원을 절약할 수 있고 특수용도 등 분해성 플라스틱의 개발도 지속적으로 추구할 가치는 있다고 보는 것이다.

제9장 플라스틱과 재활용에서 알 수 있듯이 플라스틱 재활용 방법은 물질 재활용(M.R), 연료화(T.R), 화학적 재활용(C.R) 등이 있다. 최근 온난화 문제와 더불어 각광 받는 열분해, 수소화, 가스화, 원료화 등의 화학적 재활용 방법이 접목되면서 플라스틱이 자원순환형 사회 구축이라는 측면에서 더욱 활성화되고 있다.

4. 플라스틱 가공업계 역할

현재 사용되고 있는 석유를 기반으로 한 플라스틱과 개발되고 있는 바이오 플라스틱은 원자재를 무엇으로 이용했는가의 문제로 모노머를 생산하는 합성수지 생산업계가 해결해야 하는 과제라고 할 수 있으며 분해성 플라스틱 또한 가공업체들이 개발하는 영역이 아니라고 할 수 있다. 그러면 탄소 중립정책과 관련해 플라스틱 가공업체들은 무엇을 해야 하는 것일까?

첫째, 원료 사용량을 줄이는 것이다

플라스틱 가공업계에서는 플라스틱의 사용량을 줄이기 위한 감량화를 들 수 있다. 운반이나 사용 과정에서 내용물이 그대로 보존될 수 있으면서도 중량을 최소화할 수 있는 디자인을 개발하는 것이다. 물론 디자인은 수요자의 주문 요구에 따라 결정되기 때문에 수요자와 긴밀한 협의가 있어야 한다.

둘째, 재질을 단일화하고 색상은 가급적이면 원색을 사용하는 것이다

플라스틱을 재생원료로 사용하기 위해서는 우선 재질의 단일화가 필요하며 색상을 유색보다는 원료색상인 원색을 사용하여 재생원료의 가치를 높여주어야 한다. 혼합 재질이나 유색 재생원료는 사용처가 제한될 수밖에 없기 때문이다. 재활용 친화적 설계는 지속 가능한 순환경제사회 구축에 매우 중요한 역할을 한다.

셋째, 재생원료의 사용을 확대하는 것이다

재생원료는 물성이 떨어져 제한적으로 사용될 수밖에 없지만, 생산과정에서 발생되는 스크랩 등을 활용하고 최대한 재생원료를 사용하는 것이다. 아울러 폐플라스틱을 기름으로 환원시켜 모노머를 생산한 재생원료의 사용 확대이다. 재생 플라스틱을 활용한 친환경인증원료 사용은 업계에 압력이 될 것이다. 플라스틱 가공업체들은 플라스틱 제품을 생산하지만, 재생원료를 사용하는 주체로서 자원이 순환 이용되도록 하는 중심에 있다. 지금까지는 재생원료 가격이 저렴하여 채산성을 높이기 위한 수단으로 사용했다면, 앞으로는 탄소중립정책 차원에서 재생원료를 사용해야 하므로 재생원료의 가격이 신재 원료 가격보다 높아도 사용해야만 한다. 그러기 위해서는 해당 제품의 판매사업자와 연계하여 회수·재활용을 촉진하는 방법도 강구해야 할 것이다.

넷째, 플라스틱에 대한 교육·홍보가 절실히 요구된다.

인류는 살아가기 위해 기본적인 의(衣), 식(食), 주(住) 문제를 해결해야 했다. 이를 위해 흙이나 돌, 철 등 금속류, 모래, 소금, 석탄, 석유, 가스 등을 활용하고 동·식물 등 자연에서 얻어지는 물질들을 이용해 왔다. 플라스틱이 개발되고 석유화학공업이 발전되면서 의류에서는 면(綿)이나 모(毛) 등 천연 소재가 합성섬유로 대체되고, 천연고무는 합성고무로, 가죽제품은 합성피혁으로, 목재나 철, 구리, 알루미늄 등은 합성수지로 대체 되는 등 많은 천연 소재들이 석유 화학 가공품으로 대체되었다.

플라스틱은 천연자원을 절약할 뿐만 아니라 식량 증산에도 획기적인 역할을 감당하고 있으며 의료, 스포츠, 레저 등 인류 생활을 편리하고 풍요롭게 도와주며, 페인트·잉크·접착제 등 수많은 용도로 사용되고 있다. 이처럼 인류에게 유익을 주는 플라스틱이 사용하지 말아야 하는 혐오물질로 인식되고 원망의 대상이 되고 있다. 사실은 플라스틱 자체에 문제가 있는 것이 아니라 사람들이 사용 후 관리나 처리를 잘하지 못하여 발생하는 문제들인데 매우 안타깝게도 이를 플라스틱에 전가시키고 있는 것이다.

일부에서는 플라스틱 사용억제가 유한한 석유자원을 보호하기 위함이라고 하나 플라스틱으로 사용되는 석유는 합성섬유를 포함해 전체 석유 소비량의 6% 정도에도 미치지 못한다.

플라스틱은 석유에서뿐만 아니라 아직도 풍부한 석탄이나 본격적으로 개발되고 있지 않은 쉘 가스 등으로도 만들 수 있다. 그뿐 아니라 사용 후 버려지는 폐플라스틱은 다시 유화나 가스로 환원시켜 원료로 사용할 수 있다.

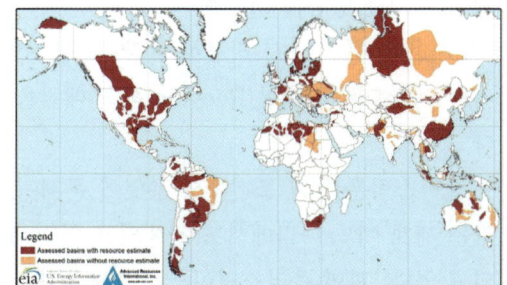

〈그림 8-1〉 셰일 가스 & 오일 분포도

출처: EIA, United States Geological Survey

긍정적 면은 감추어지고 부정적인 면만 부각되어 발생하고 있는 문제들은 플라스틱 업계가 홍보하고 교육해야 할 과제이며 특히 원료를 생산·공급하고 있는 석유 화학 업계의 대기업들이 전문성을 가지고 지속적으로 수행해야 하는 사안이다. 많은 국민이 플라스틱을 포함한 석유 화학 제품에 대해 너무나 모르고 있다.

플라스틱과 재활용

9장

 플라스틱은 앞으로도 신소재의 개발과 함께 응용범위도 확대되어 사용량이 계속 증가할 수밖에 없다. 그러면 이와 같은 플라스틱들은 사용 후 어떻게 처리되는 것일까? 정말 플라스틱은 재활용이 안 되며 소각 시 다이옥신이 발생하고 썩지 않기 때문에 매립장의 수명을 단축시키는 환경오염의 주범인가?

 자원순환형사회구축(資源循環型社會構築)이라는 대명제(大命題)하에 폐기물 정책 기본방향은 3R, 즉 우선 사용량을 최소한 줄이는 감량화(Reduce)이며, 사용된 것을 다시 사용하는 재이용(Reuse)과 최종적으로 사용된 후 버려지는 것을 다시 재활용(Recycle)하고 매립을 제로화(Zero Waste)하자는 것이다.

 플라스틱은 상기 조건에서 무엇이 문제이며 어떠한 위치에 있을까? 우리나라는 세계 어느 나라에서도 시행되고 있지 않은 플라스틱 부담금 제도가 시행되고 있다. 과연 플라스틱이 껌, 기저귀, 담배 등과 같이 재활용이 안 되는 물질일까? 아니면 유독 우리나라에서만 플라스틱이 재활용되지 않는 것일까?

 이와 같은 상황에서 플라스틱 재활용에 대한 바른 지식전달은 매우 중요한 사안이 아닐 수 없으며 국가의 환경, 에너지, 경제정책과도 밀접한 관계가 있다고 보인다. 이 장에서는 선진국들의 폐플라스틱 재활용 실태 및 제도와 우리나라의 실정을 알아보기로 한다.

1. 플라스틱 재활용 방법

폐플라스틱을 재활용하는 방법으로는 일반적으로 ① 물질 회수(Material recycle) ② 연료화(Thermal Recycle) ③ 화학적 재활용(Chemical Recycle) 등이 있다.

폐플라스틱 재활용은 최초 단계에서 재질의 단일화 여부, 이물질 혼입의 정도 등이 매우 중요하며 산업계 폐플라스틱과 일반 생활계 폐플라스틱의 성상에 따라 재활용 방법이 선택된다. 폐플라스틱 재활용기술이 가장 앞선 독일의 경우 우선 물질 회수에 중점을 두고 있는 일본과는 달리 물질 회수 재활용에 대한 한계를 인식하고 연료화 방법으로의 전환을 강력히 추진하고 있으며 일본에서는 비용이 더 들더라도 물질 회수 재활용을 우선시하는 실정이다.

[표 9-1] 플라스틱 리사이클 방법

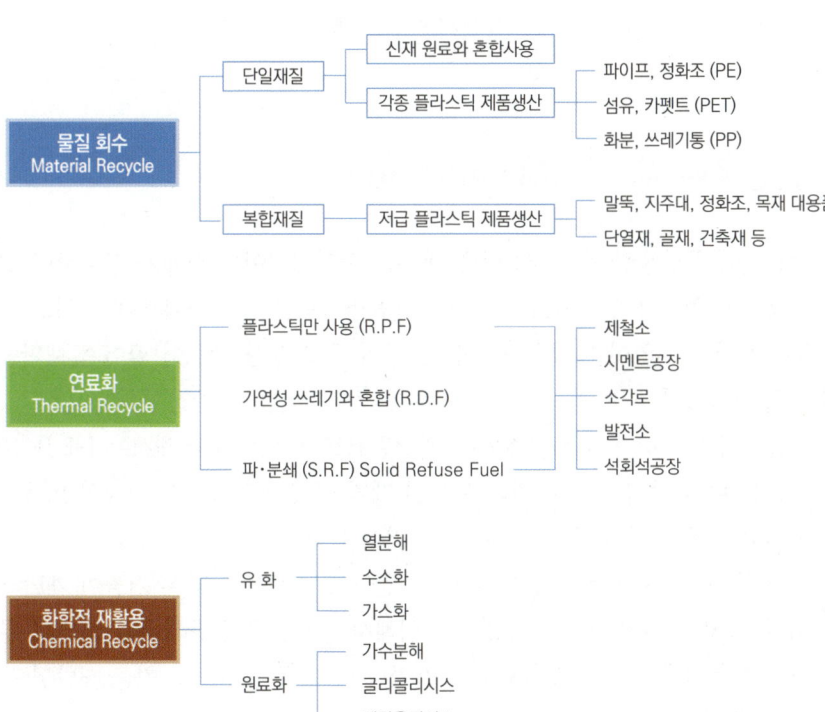

[표 9-2] 독일의 폐플라스틱 리사이클 방법

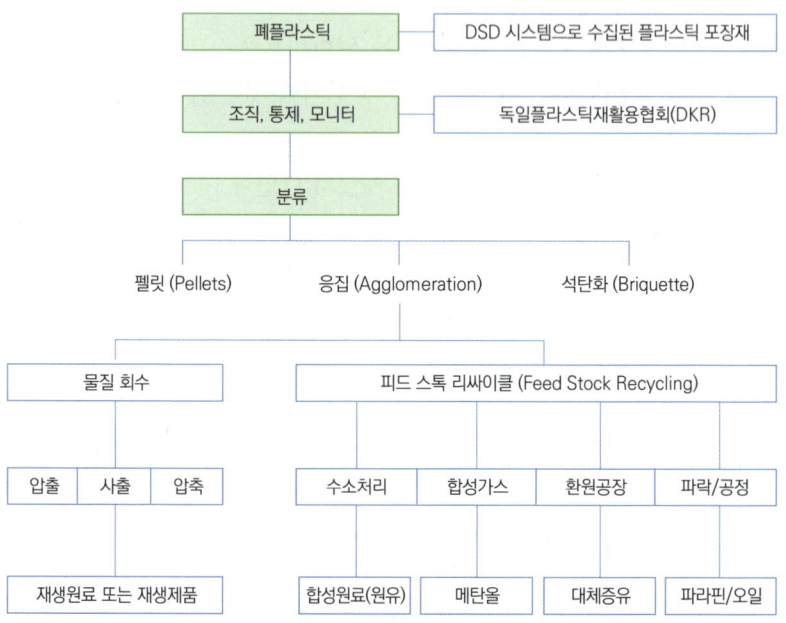

2. 물질 회수 재활용 (Material Recycle)

산업계에서 발생한 폐플라스틱은 대부분 단일재질이며 상태가 양호하여 별다른 문제가 없으나 생활에서 발생하는 폐플라스틱은 종류가 매우 다양하고 이물질이 혼입되어 있어 재활용의 비용이 많이 들고 생산 수율이 떨어져 재활용이 극히 저조하다.

생활에서 발생하는 폐플라스틱을 재생원료로 사용하기 위해서는 [표 9-3]에서 보는 바와 같이 재질 선별과 이물질 제거 공정이 필요하고 최저의 비용을 들여 최고로 좋은 질의 물질을 회수하는 것이 목표이다.

독일 등 선진국에서는 가능한 한 순수 물질에 가깝도록 많은 기술이 개발되고 있다. 그리고 재생원료로 사용하기 위해서는 필름류와 용기류를 별도로 분리하여 각각 다른 공정으로 재활용하고 있다. 용기를 중심으로 최근 개발된 공정별 기술들을 알아본다.

[표 9-3] 물질 회수 재활용 공정도

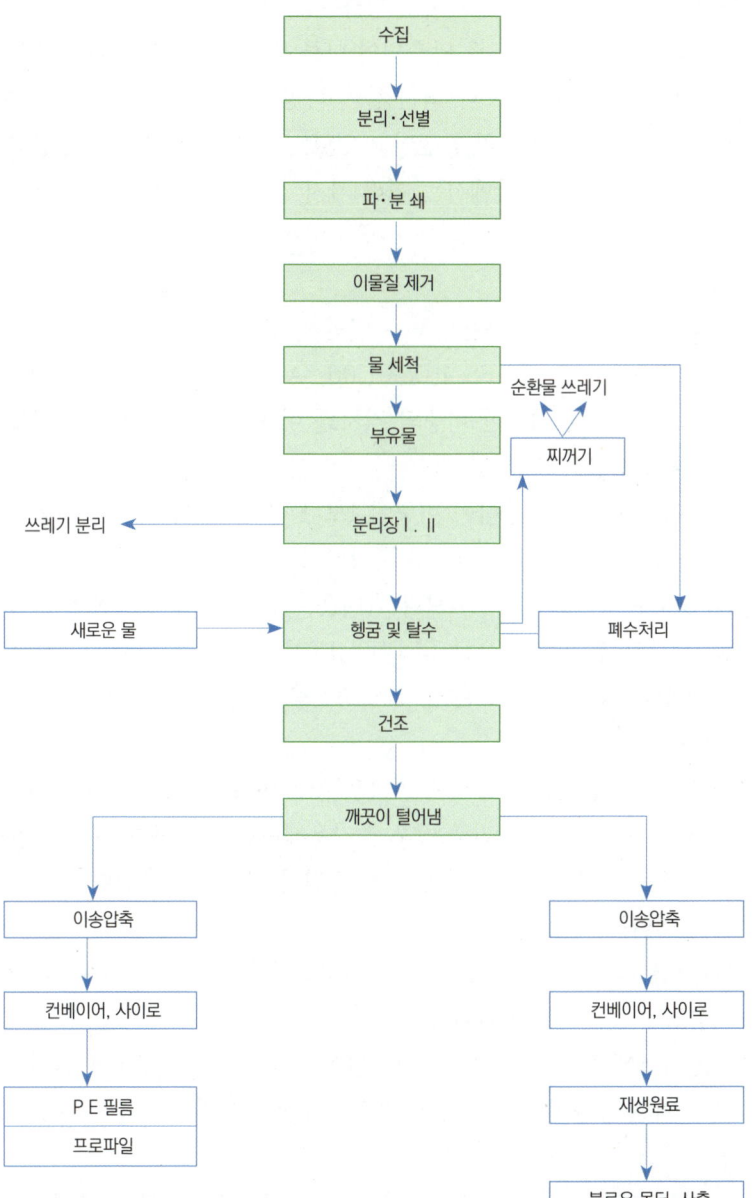

● 분리·선별

필름이나 용기, 컵 등 여러 가지 성형물은 성상이 달라 1차 분류작업이 필요하다. 필름이나 컵은 별도로 압축되어 다른 방법으로 재활용되기 때문에 수선별 작업으로 분류하였으나 최근 들어 다양한 기계적 분류가 개발되어 인건비를 줄이고 경제적 가치를 높이고 있다. 전 처리 공정 중 재질 분류 기술은 매우 중요하며 선진국에서는 여러 가지 신기술이 개발되고 있으나 연구과정과 파이롯트 기술들이 많아 아직은 인력에 의한 선별이 대부분 공장에서 적용되고 있다.

- 비중 분리 – 플라스틱의 비중은 일반적으로 PP가 0.90, LDPE 0.92, HDPE 0.94~0.96, PS 1.05~1.06, ABS 1.03~, PVC 1.22~1.38, PUR 0.18이다. 이러한 비중의 격차를 이용하기 위해 비중 매체로 비중 1인 물을 사용하여 분리한다.

  비중이 1인 물을 이용하여 비중이 1보다 크거나 1보다 작은 것을 선별한 후 무거운 성분은 물 + 염소를 혼합하여 비중 1.2 정도의 증액으로 PS와 PVC를 분리하고 비중이 1보다 가벼운 성분은 물 + 알코올을 혼합한 비중 0.93인 경액(輕液)으로 LDPE와 PP를 떠오르게 하고 HDPE를 가라앉게 한다. PP와 LDPE는 물 + 알코올을 혼합한 비중 0.91의 매체로 분리한다.

- 풍력 분리 – 풍력을 이용하여 미국의 Argonne National Laboratory에서 폐차의 슈레이트 조각편중 발포 폴리우레탄을 선별하기 위해 사용된다.

- 정전 분리 – 각종 플라스틱의 마찰 정전기 차이를 이용하여 감식 분리하는 법이다.

- 용제성을 이용한 분리 – 유기용제에 대한 각종 플라스틱 용제성의 차이를 이용하여 분리하는 방법이다.

- 녹는 상태에 따른 분리 – 벨트 위에 얹어진 플라스틱을 곳곳에 설치된 가열체로 가열 용융하여 벨트에 부착하는 재질과 부착하지 않는 재질을 분류한다.

- 기기분석 분리 – 혼합 플라스틱을 전자 스펙트럼을 이용한 분광분석으로써 X-선, 자외선, 가시광선, 적외선 이용 등이 있다.

- 파·분쇄

    분쇄는 폐플라스틱을 보편적으로 일정한 크기를 유지하는 공정으로 재생원료화 뿐만 아니라 고형연료화, 화학적 재활용 등의 방법에서도 적용된다. 성상에 따라 모양이 큰 플라스틱 제품들은 1차 공정을 거치거나 롤 상의 것은 절단 공정을 거쳐 2차 분쇄를 할 수 있으며 필름상의 형태를 분쇄하기 위한 기술은 별도로 개발되고 있다. 분쇄는 이물질 제거작업이나 재질 선별작업 공정에서 크기나 형태가 중요시되고 있으며 분쇄하면서 라벨이나 금속, 밀착된 이물질 등의 분리작업에도 중요한 역할을 담당한다.

- 세척

    분쇄된 폐플라스틱에서 오염물질을 세척하는 단계는 최종 재생재료의 상태를 좌우하게 되기 때문에 매우 중요하다. 일반적으로 물을 분사시키거나 수조에 있는 분쇄품을 운동시키면서 세척하며 일부 세제제를 사용하게 되는데 사용한 물을 다시 정수과정을 거쳐 재사용된다. 습식 세척 이외에도 고속으로 마찰시켜 불순물을 제거하는 건식 세척방법도 있으나 기름이나 음료 찌꺼기가 완전하게 세정 되지 않아 프로파일이나 파렛트, 목재 대용품 재료 등 재생재료의 용도에 제약을 받는다.

- 분리

    갈리면서 조각난 플라스틱 분쇄품 등은 세척공정을 거치면서 또는 세척 후에 이물질 분리와 재질 분리작업이 행해진다. 원심분리법, 침전이용, 비중 격차 등 여러 가지 방법과 단계를 거쳐 99.5%의 순도를 웃도는 분류가 개발되고 있다.

    - 파쇄면 크기에 따라 체를 이용한 방법
    - 바닥이 평평한 원심분리기
    - 용매재를 이용한 비중 격차 이용
    - 침전상태 이용

- 건조

    세척되고 재질 선별된 조각들은 최후 공정인 성형기에서 아무런 문제 없이 사용되기 위해서는 수분이 없어야 한다. 수분이 있을 때 열 온도에 영향을 주며 실린더 안에서의 용융을 저해하므로 성형에 치명적인 영향을 주게 된다. 조각난 폐플라스틱들은 탈수해도 필름의 경우 10~20%, 용기류 2~3%, 두꺼운 것은 1% 정도의 습기를 함유하고 있으므로 깨끗한 물로 헹구면서 탈수하고 최종적으로 열처리 건조방법으로 습기를 1% 미만대로 유지한다.

드럼 타입의 드라이 기계 내에서 열풍을 이용하고 건식 세척처럼 고속 마찰을 일으켜 불순물을 다시 한번 제거하면서 건조하는 방법이 택해지고 있다.

● 이송과 저장 등 시설

공정에서 다음 공정으로의 이송은 처리물이 한 공정에 쏠리거나 부족함 없이 일정한 양을 작업할 수 있도록 하며 사이로는 정량이 공급되도록 한다. 선별된 재질별로 별도의 사이로가 필요하며 정수시설 등 공정을 모두 충족시키기 위해서는 현재와 같이 가내공업 형태의 재활용 공장으로는 불가능하다.

● 재생가공공정

재질 선별과 세척 공정을 거친 조각들은 펠릿(Pellet)화 하기 위하여 압출기로 투입되는데 최근에 개발된 기계는 마지막 이물질을 자동으로 걸러주는 장치가 설비되어 있다.

생산된 재생 펠릿은 일반 신재 원료(Virgin)와 함께 일정한 비율로 혼합 사용되거나 100% 재생 펠릿으로 사출기나 압출기에 의해 제품화된다.

2.1 우리나라의 물질 회수 재활용

우리나라에서 일반적인 폐플라스틱 재활용기술은 제품생산 공정에서 발생하는 격외품이나 성형불량품, 잉여제품 등 비교적 이물질이 혼합되지 않은 폐플라스틱이 매물(賣物)로 유통되어 전문 재생업체가 재생 압출기로 펠릿화 한 것과 생활에서 발생하여 수집된 비료 포대, 농업용 필름, 용기 일부가 세척과정을 거쳐 재생 펠릿으로 생산된다.

재질의 선별이 어렵고 비교적 양호한 상태의 PE계 플라스틱은 열로 녹여 일명 떡(떡판에 올려놓은 인절미 떡의 반제품 같은 모양)을 만들어 압축 성형하여 대형 통, 정화조, 배수로 등을 만드는 기술로 크게 나눌 수 있다. 주요 제품 등의 재활용 실태는 다음과 같다.

● 플라스틱 용기 재활용(일명 물랭이 재활용)

대부분 PE 계열의 세제류, 식음료 등에 사용된 용기들은 선별장에서 재질별 분리작업을 거쳐 분쇄, 세척, 건조 펠릿화 되어 재생원료로 유통된다.

- **기타 생활용 플라스틱 재활용(일명 딱딱 재활용)**

  PP 재질로 된 바가지, 쓰레기통, 세숫대야 등과 PS나 ABS 재질로 된 가전품 케이스, 청소기 부품 등은 일명 딱딱이라고 한다. 별도로 선별장에서 분리작업 후 분쇄, 세척, 건조 과정을 거친 후 펠릿화 되어 재생원료로 유통된다.

- **농촌의 폐비닐 재활용**

  한국환경자원공사가 농어촌의 폐비닐을 수집하여 대부분의 PE 재질은 매각 처리하고 멀칭용 HDPE 필름은 분쇄·세척·건조·Pellet 공정으로 재생원료화 한다.

- **스티로폼 재활용**

  가전제품의 완충재나 어(漁) 상자, 농산물상자 등 발포폴리스틸렌(EPS)은 지방자치단체가 수집하여 보유하고 있는 감용기로 잉고트화 하여 매각한다. 잉고트 된 PS 수지는 재생 사업자가 펠릿화 하여 사진액자 틀, 건축자재 등을 만드는 데 사용한다.

- **PET병 재활용**

  PET병이 예치금 대상 품목으로 지정되자 삼양사 등 PET병 재생업자가 등장하게 되었으며 현재는 EPR 대상으로 전환되었으며 펠릿으로 만들지 않고 플레이크 상태로 유통된 후 섬유 공장에서 각종 섬유를 생산하거나 수출된다.

- **프레스를 이용한 압축성형**

  비교적 상태가 양호한 폴리올레핀 계통의 폐플라스틱은 정화조, 물통, 농약통, 대야, 농수로, 지주목, 경계목, 수도계량기 뚜껑 등 다양한 제품으로 생산된다.

2.2 일본의 물질 회수 재활용

일본의「폐플라스틱처리촉진협회」가 발표한 내용을 보면 일본의 총 폐플라스틱 배출량 998만 톤 중 21%인 214만 톤이 물질 회수 재활용되었다고 한다. 2008년도 산업계 폐플라스틱 496만 톤 중 29%인 147만 톤, 생활계 폐플라스틱 502만 톤 중 13%인 66만 톤이 물질 재활용된 것이다.

일본에서는 용기, 포장 리사이클 법을 시행하면서 양호한 상태의 필름류들도 재활용 비용을 지원하면서 물질 회수 재활용 방법을 강구하고 있다.

〈그림 9-1〉 일본의 폐플라스틱을 원료로 한 주요 재활용 제품

① 철도표지판 ② 경계말뚝 ③ 파렛트 ④ 이단울타리(의목) ⑤ 지오스탭(법면점검)·관리용 계단 ⑥ 맨홀 ⑦ 칸막이용 연석(의목) ⑧ 실수전함 ⑨ 발판 ⑩ 단차기울기 ⑪ 중앙분리대 ⑫ 파킹블록 ⑬ 행거 ⑭ 타코 실 감기 ⑮ 화분 ⑯ 문방구류 ⑰ 발판(목욕탕 등) ⑱ 세면기 ⑲ 목욕의자

2.3 서유럽의 물질 회수 재활용

서유럽에서는 독일의 폐플라스틱 리사이클 방법에서 보는 바와 같이 피드스톡 리사이클(Feed Stock Recycling)도 물질 재활용 범주에 포함하고 있다. 제철소의 고로 취입과 가스화, 열분해 등도 물질 재활용으로 보고 있어 독일의 2008년도 기준 물질 재활용률은 47.32%로 보고되고 있다.

DSD의 보고에 따르면 1995년도에 회수된 폐플라스틱 50만4천 톤 중 80%인 40만5천 톤이 1996년도 53만5천 톤이 회수되고 이 중 53%인 28만4천 톤이 2008년도 273만 톤 중 47%인 130만 톤이 물질 재활용되었다. 독일에서는 폐플라스틱을 물질 회수만 하는 것은 곤란하다는 여론이 형성되어 있어 점차로 에너지 회수 재활용을 지향하고 있다.

[표 9-4] EU 주요국가의 포장 폐기물 처리현황 (2008년도)

(중량 단위: 천 톤)

국가명	회수량	매립	소각	에너지 재활용	물질 재활용	물질 재활용 (%)	회수율 (%)
프랑스	2047	879	707	-	461	22.5	57.04
독일	2732	102	761	576	1293	47.32	96.27
오스트리아	252	7	94	63	88	34.87	97.20
이태리	2205	855	664	0	686	31.11	61.22
영국	2185	1497	171	0	517	23.65	31.47
스페인	1585	951	237	10	387	24.43	40.02

2.4 독일에서의 물질 재활용

일반적으로 플라스틱 물질 재활용기술은 플라스틱 제품 생산과정에서 발생하는 스크랩 등을 재활용하는 기술이라고 할 수 있다. 재질과 색상이 단일화되어있어 압출기에 의해 용융되고 밀려 나오면서 잔여 불순물이 필터에 의해 제거되며 실처럼 가늘게 압출시켜 냉각한 후 절단하여 재생원료로 사용하는 방법이다.

이와 같은 재생원료들은 신재 원료와 혼합시켜 사용하거나 100% 재생원료만을 사용하여 플라스틱 제품을 만들지만, 생활에서 사용되어 수집되는 플라스틱들은 이물질, 먼지 등 제거작업 문제와 재질과 색상도 일률적이지 않아 재활용 제품화하는 데는 많은 제약을 받게 된다.

독일에서는 이러한 문제점들을 다소나마 제거하기 위해 선별부터 카테고리별로 분류하고 재질과 성상을 고려하여 정제·응집 펠릿화 하여 물질 재활용하는 데 이용하고 있다. 병과 비닐, 컵, 스티로폼, 혼합 플라스틱으로 분류된 EPR 대상품들은 재활용 업체에서 엄격한 규격에 맞게 분류되고 세척된다. 건조된 후에 특수한 방법으로 응집·펠릿화 되며 이것을 2차 원료라고 부르기도 한다. 독일의 DKR에서 조사한 바에 따르면 이와 같은 응집 펠릿은 거의 모든 측정에서 신재 품의 값에 거의 접근하고 있으며 신재 원료에 혼합하여 사용할 경우, 매 경우 추구하는 제품의 물질적 성질에 아무 피해를 주지 않고 있다고 평가하고 있다.

이와 같은 응집 펠릿은 다층압출(복합압출) 성형 시 식품과 재생 플라스틱이 서로 접하지 않도록 내측에 층을 형성시키고 외측에는 신재 원료 층이 형성되도록 하여 식품 포장재로 사용할 수도 있다.

응집 펠릿을 이용한 재생 플라스틱 제품들은 신재 원료와 같이 압출, 사출, 압축 등의 방법으로 생산되며 특수한 경우, 필요로 하는 성질을 유지시키기 위해 보조제(첨가제)가 첨가되기도 한다. 독일에서 EPR 제도를 시행함에 따라 용기·포장재를 활용한 재생 플라스틱 제품 개발·사용 실태를 사진을 통해 알아본다.

 • 플라스틱 포장재로 만든 성형 건축재	 • 포장재를 재생한 정제 스티로폼은 신/구 건축물의 단열재로 쓰임
 • 케이블 보호관	 • 100% 재생 플라스틱으로 만든 성형 건축재나 두껍고 얇은 널빤지, 4각형 기둥
 • 재생 플라스틱으로 개발된 누수 맨홀시스템, 지하 및 기술건축에 투입	 • 식물이 심어진 소음 차단벽
 • 차선유도 및 경계설정 시스템	 • 항구적이고 마모가 적은 횡단보도
 • 주차장에 깔린 잔디용 격자구멍 벽돌	 • 재생 플라스틱으로 조립된 교통 안전지대

9장 | 플라스틱과 재활용

 • 재생 플라스틱으로 만든 격자 구멍 벽돌	 • 창고와 수송용 팔레트
 • 재생 플라스틱으로 만든 가구	 • 육각형의 결합 플레이트는 보편적으로 투입할 수 있는 바닥 덮개로 쓰임
 • 재생-플라스틱 플레이트 – 완전한 형태의 순환경제	 • 재생 플라스틱 기둥과 말뚝
 • 재생 플라스틱 방책과 말뚝은 정원 & 경관 조성에 유용	 • 정원 및 원예 수요에 대한 큰 장점이 있는 용기, 재생 플라스틱 퇴비 통
 • 바닥 부품과 묘판 테두리 용의 꽂는 시스템	 • 혼합 플라스틱 사각 방책
 • "Konfetti-Look(반짝이 스타일)"의 흑회색이나 알록달록한 플라스틱판	 • 재생 플라스틱으로 만든 두꺼운 널빤지와 각재, 보트 선착장
 • 어린아이들을 위한 안전한 환경, 놀이터	 • 재생 플라스틱 탁자와 실외 벤치
 • 혼합 플라스틱 승마 바닥, 재생 플라스틱 바닥재	

3. 연료화 (Thermal Recycle)

플라스틱은 원료가 석유로 되어있어 발열량이 많아서 연료화(Thermal Recycle)가 가능하다.

소각에 의한 에너지 회수에 대해 종래 구미에서는 저렴한 방법으로 자원을 낭비한다는 인식과 소각으로 유해 배출물 발생이 우려된다는 일반 시민의 인식 때문에 리사이클로 간주하지 않으려는 경향이 있었다.

그러나 최근 플라스틱의 경제적인 리사이클을 위해서는 어느 정도 에너지 회수식 소각방법을 택해야 한다는 인식이 높아지고 있다. 지금까지 소각을 반대했던 사람들은 코스트도 들지 않고 공해도 발생하지 않는 에너지 회수식 소각을 물질적 재활용이나 피드 스톡 리사이클보다 효과적이라고 의식이 바뀌고 있다고 한다.

일본의 경우 1993년 통산성에서「폐플라스틱 21세기 비전」을 발표하면서 2000년대 초 약 70%를 에너지 회수식 소각으로 정책 목표를 책정한 바 있다. 기름을 바로 보일러에 사용하는 것보다 플라스틱으로 몇 차례 사용한 후 보일러의 열원으로 기름처럼 사용하기 때문에 효용성이 더 높다는 평가를 받고 있다. 폐플라스틱 연료화 기술은 일반적으로 2가지 방법이 있다. 한 가지는「직접연소」이며 또 하나는「고형연료화」이다.

3.1 직접연소

폐플라스틱을 고형화 등 가공하지 않고 직접 연소화하여 발생하는 열을 에너지원으로 공급하는 것을 말하며 플라스틱을 일반폐기물과 함께 열병합 발전 소각 시설 등에서 사용하는 것을 포함한다. 특히 젖은 쓰레기가 많은 우리나라의 쓰레기 특성상 발열량이 높은 플라스틱은 소각장에서 보조 연료 역할을 한다. 플라스틱이 없을 경우 별도로 기름을 투입시켜 열을 유지해야 한다.

최근 일본의 각 지방자치단체가 운영하는 소각로에서는 오히려 플라스틱을 선호하며 이들은「연소가스로부터 직접 열 회수」,「온수로서의 열 회수」,「증기로서의 열 회수」,「전기로서의 이용」등으로 활용하고 있다. 우리나라는 쌍용양회 등 시멘트공장에서 폐플라스틱을 분쇄만 하여 석탄과 혼입하는 방법으로 에너지를 회수하고 있으며 앞으로의 기대 또한 크다.

3.2 고형연료화 (RDF: Refuse Derived Fuel)

최근 연료화(RDF) 기술이 각광을 받고 있고 독일과 일본 등지에서 급속히 확대되고 있다. 연료화 기술은 ① 폐플라스틱을 고형 압축하는 고형연료화 ② 분말체로 연소시키는 분체연료화 ③ 열분해하는 가스화로 분류하며 이 모든 것을 RDF라고 한다.

미국의 ASTM(American Society for testing and Materials)에서는 「쓰레기로 만든 연료」라는 고체 RDF, 액체 RDF, 기체 RDF로 나누고 있다.

● RDF의 공정

RDF는 쓰레기의 수분 등을 제거하고 일정한 형태로 가공하여 소각 시 일정한 발열량을 유지하고, 수송성, 운반비용 저장성 등을 유지하는 장점을 갖고 있다. 최근 들어 일본의 각 지방자치단체가 적극적으로 채택하고 있는 기술이다.

[RDF 공정]

파쇄·선별공정	→	건 조	→	분쇄선별	→	성 형
병, 캔, 유리, 돌 도자기 파편 등 불순물 제거		음식물 등에서의 수분 제거		건조된 폐기물을 더욱 분쇄, 선별		석회석 등 부원료를 첨가하여 고밀도 고강도의 탄소봉 형태로 성형

플라스틱만을 사용하는 RPF(Refuse Plastic Fuel)는 일반폐기물 1,800Kcal/kg보다 월등히 높은 발열량(8,000Kcal/kg)을 가지고 있어 그 기대가 점점 커지고 있으며 이 또한 RDF의 범주에 포함한다.

● RDF의 용도

RDF를 사용하는 데는 전용 보일러 또는 연소기가 필요하다. 일반적으로 폐플라스틱의 RPF는 고정바닥, 수냉화격자, 스토커, 유동바닥 등을 장비한 보일러가 필요하다. 기존의 톱밥 보일러를 이용할 경우 수냉화격자 스토커가 이용되며 스토커의 경우 발열량이 높고 용융 낙하 되기 때문에 혼합비율에는 한계가 있다.

유동상인 경우 문제가 없고 또 부하 변동성에 대한 제어성이 좋다. 배출가스 처리로는 분진 제거와 HCL 제거가 필요하다. 최근 일본에서는 RPF가 경제성이 있으며 효과가 좋아 보급이 급진되고 있다고 한다. 고유가 시대를 맞아 RDF는 시멘트공장, 제철소, 제지공장, 염색공장 등 대량의 에너지가 필요한 곳은 물론 식품, 제약 등 보일러를 사용하는 공장 등에서 널리 사용된다.

[표 9-5] RDF의 장단점 비교

장점	단점

• 수송 비용 절감
• 연소 컨트롤 용이
• 열회수가 효율적으로 이루어져 에너지의 효과적 이용
• 각 주체별 장점
  - 폐기물 발생 기업
    → 매립에 비교 처리비 저렴
    → 안정처리
    → 설비투자 없이 폐기물을 재이용
    → 불법 투기 우려 없음
• RDF 제조자
    → 중간처리업자로서 처리비용 수입 예상 제품을 연료로 안정적 판매
• 사용자
    → 연료비 대폭 삭감
    → 가격이 안정적이며 깨끗함
	• 폐기물이 원료이기 때문에 발열량이 균일하지 않음
	• 큰 저장공간과 연소 설비 필요
	• 석탄재의 처리비가 고가임
	• 전용 보일러와 연소기가 필요
	→ 보일러 교체비가 고가임

● RDF특성

RDF는 아래의 ASTM에 의한 RDF 제품분류에서 보는 것과 같이 도시 쓰레기를 곧바로 연료로 한 것으로부터 가스상 RDF까지 많은 종류가 있다.

[표 9-6] ASTM에 의한 RDF 제품분류

분류	내용	종류
RDF-1	거친 쓰레기를 분리 제거한 통상적인 도시 쓰레기	
RDF-2	$6in^2$ 통과가 95%인 거친 입자의 RDF로 금속류를 분류한 경우와 분류하지 않은 경우가 있다.	fluff-RDF (연질 쓰레기 연료)
RDF-3	$2in^2$ 통과가 95%인 미세한 입자의 RDF로 금속류와 유리류를 분류한 것	
RDF-4	10-mesh screen 통과가 95%의 분체상 RDF로 금속류와 유리류를 분류한 것	Dust - RDF (미분 쓰레기 연료)
RDF-5	펠릿상, 큐브상 또는 브리켓으로 굳은 RDF	Pellet-RDF (성형 쓰레기 연료)
RDF-6	액상 RDF	
RDF-7	가스상 RDF	

이와 같은 일반폐기물 RDF 및 폐플라스틱 RDF(RPF)에 대해 분석한 결과 아래 내용과 같이 나타나고 있으며 RDF의 대표적 성상을 나타내고 있다.

[표 9-7] RDF의 분석 사례

	일반폐기물 RDF	폐플라스틱 RPF
발열량 (kcal/kg)	4900	7700
수분 (%)	1	8
회분 (%)	12	5
C (%)	45	67
H (%)	7	10
N (%)	1	0.1
O (%)	34	15
S (%)	0.1	0.1
Cl (%)	0.8	3

[표 9-8] RDF의 대표적 성상

저 등급 발열량		6,500 (kcal/kg)
형 상	지 름	약 40mm
	길 이	30~70mm
외관비중		0.3~0.4
수 분		약 0.5%
회 분		약 7.0%
염소분		0.4% 이하
유황분		평균 0.1% 이하

위 내용에서 알 수 있듯이 RDF는 낮은 등급에서도 6,500kcal/kg로서 석탄보다 높은 칼로리를 가지고 있어 낮은 가격으로 높은 칼로리의 연료를 회수할 수 있다.

RDF와 RPF의 차이점을 나타냈으며 폴리염화비닐을 제외했기 때문에, 보일러 부식과 HCl 가스 발생 등의 우려가 없다. 또 유황분이 석유와 석탄보다 미세해 청결한 연료라 할 수 있다.

[표 9-9] RPF와 RDF의 차이점

구 분		RPF (Refuse paper & plastic Fuel)	RDF (Refuse Derived Fuel)
원료 수집		산업폐기업자에 의한 수집배출원 인수 조건 제시에 의한 선별수집	자치단체에 의한 수집 불특정 다수 배출원의 분별 지도에 의한 한계
원료 성상	조성	조성이 특정되어 이물 혼입이 적다. → 사전선별 용이	분별철저에 한계가 있고 불연물, 이물혼입이 있다. → 선별 설정이 필요
	수분	배출원에서의 관리로 수분률이 낮다. → 건조설비 불필요	생활계 쓰레기 잔액에 의한 수분률이 높다. → 건조설비가 필요
제품 성상	발열량	5,000~8,000kcal/kg (종이 혼합비에 따름)	3,000~4,000kcal/kg
	크기	6~20 이물 혼합이 적기 때문에 공기수송이 가능한 소경(小徑)까지 대응가능	15~50 이물 혼입으로 소경(小徑) 크기의 제조는 곤란
연료화 부대설비		집진장치	집진장치 건조기 배기가스 처리장치 부패방지용 첨가제 장치 연소 시 중화용 첨가제 장치

3.3 우리나라의 에너지 회수 재활용

독일과 일본 미국 등 선진국에서는 일찍부터 폐플라스틱을 열원으로 활용해왔다. 우리나라는 열병합 발전소가 건립되면서부터 일반 생활계 폐기물을 연료화했지만, 초창기에는 열병합 발전소에서도 플라스틱 사용을 금지하였으며 시멘트공장에서 주로 산업계에서 발생한 폐플라스틱을 파쇄하여 연료로 사용했다.

본격적으로 폐플라스틱을 연료화한 것은 2002년부터 생산자책임재활용제도(EPR)가 시행되면서 플라스틱 용기와 포장재가 EPR 대상 품목으로 지정되면서부터이다. 플라스틱원료 생산자단체인 석유화학공업협회와 플라스틱공업협동조합, 플라스틱재활용협회가 「플라스틱 재활용대책협의회」를 결성하고 RPF 시범공장인 (주)코리아리싸이클시스템을 경기도 안성에 설립하여 가동하면서 RPF를 규격화하여 사용하기 시작했다.

플라스틱 재활용 방법 중 RPF화하여 연료로 사용하는 방법이 재활용으로 인정되면서 과자, 빵, 라면 봉지 등 그동안 재활용이 안 되었던 필름류 등이 재활용되는 획기적인 변화가 이루어졌으며 이제는 시멘트공장뿐만 아니라 염색

공장, 제철소, 제지공장 등에서 RPF 전용 소각로가 설치되어 연간 20여만 톤이 사용되고 있다.

RPF 생산업체도 40여 사가 가동하고 있으나 2013년 1월 「자원의 절약과 재활용 촉진에 관한 법률 시행규칙」이 기존의 RDF, RPF에서 SRF(Solid Refuse Fuel)로 변경되면서 RDF는 경쟁력을 상실하게 되어 활성화되지 못하고 있는 실정이다.

3.4 일본에서의 에너지 재활용

미국 RDF의 주류는 제조공정의 성형공정이 없고 연질 쓰레기연료라고 할 수 있는 플러프-RDF(Fluff-RDF)상태인 반면 일본에서는 모두 성형공정으로 고형화하는 방식이다. RDF의 이용방법으로는 주로 민간기업의 혼소(混燒) 공공시설에서 시행하고 있는 것과 같이 전소(專燒) 방법을 택하고 있다.

1985년부터 지방자치단체 중심으로 RDF 생산시설이 설치되어 현재는 40여기의 RDF를 만들어 복지시설 등 여러 가지 시설에서 열원으로 사용하고 RDF 전용 발전소도 운영하고 있다. 최근에는 우리나라와 같이 용기포장리사이클 법에서 RPF를 재활용으로 인정하고 있다.

일본에서는 2000년 4월부터 용기 포장용 플라스틱에 대한 재활용이 시작되었는데 이들 폐플라스틱은 종류, 형상, 용도가 여러 가지이고 오염과 복합재도 있어 물질 재활용(MR)은 한계가 있다고 보며 대부분 연료화(TR)나 유화 환원(CR) 방법을 모색하고 있다. 이와 같은 맥락에서 RDF는 발생자 측에서는 폐플라스틱의 경제적, 효율적 처리방법으로, 수요자 측에서는 경제성이 있는 에너지원으로 자리를 잡아가고 있으며 최근 대규모 RDF 발전이 가동되고 있어 큰 수요처가 되고 있다.

고형화 방법을 채택하고 있는 RDF는 성형을 위한 코스트가 많이 들지만, 수송성, 저장성의 향상에 의한 광역이용의 가능성, 연소성 향상에 의한 에너지 효율 향상 등 효과가 크다고 보인다.

RDF는 연소하여 에너지를 취하는 것이 최종 목적이기 때문에 일부러 공정을 늘리고 비용을 들여 성형하는 것이 반드시 좋은 방법이라고는 할 수 없다. 미국에서 일반적으로 실시하고 있는 것처럼 미분화하여 플러프 상태로 RDF하는 방법이 효과적이라는 시각이 형성되고 있다.

〈그림 9-2〉 소각로의 구조

일본의 에너지 재활용 (폐플라스틱 매립에서 열적 재활용으로)

■ 소각로의 구조

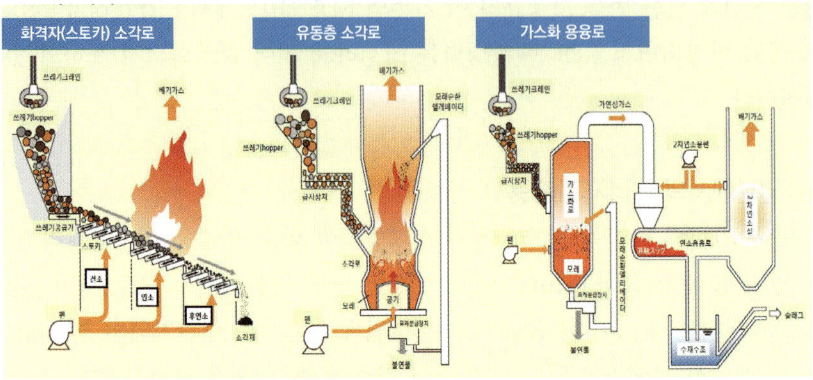

화격자(스토카) 소각로 / 유동층 소각로 / 가스화 용융로

출처: 2013년12월(쓰레기리포트23 2014) 동경23구 청소 일부 사업조합(당 협회에서 구성을 일부 조정함)

일본 환경성은 가지각색이었던 분별기준을 〈가연쓰레기〉로 통일하기로 하고, 2005년 5월, 폐기물처리법 기본방침을 [폐플라스틱에 관해서는 우선 발생 억제를, 그다음으로 재생이용을 추진한다]로 정하고 [그래도 남는 것에 관해서는 직접 매립하지 않고 열 회수하는 것이 적절하다]고 개정·고지했다.

한편, EU에서의 폐플라스틱 재활용에서는 주요국 대부분에서 에너지 리커버리(일본의 열적 재활용)가 실시되고 있지만, 아직 매립 처리가 중심인 나라도 여전히 상당수 있다. 일본과 같이 매립 처리장 확보문제가 있는 만큼, EU에서도 매립 처리 중심인 나라에 대해서 에너지 리커버리로의 유도를 어떻게 할 것인지에 주목이 되고 있다.

열적 재활용 방법으로는 쓰레기소각 열 이용, 쓰레기소각 발전, 시멘트원연료화, 고형 연료화(RPF, RDF) 등이 있다. 이 중에서 쓰레기소각 발전은 최근 중요한 에너지원으로 새롭게 주목되기 시작했다.

현재 쓰레기소각 방식으로는 화격자 소각로, 유동층 소각로, 가스화 용융로 등이 있다.

화격자 소각로는 쓰레기를 스토커 위로 이동시키면서 연소하는 것으로 수분을 증발시키는 [건조], [연소], [후 연소]로 구성되어 있다. 유동층 소각로는 가열한 모래가 들어있는 소각로 안의 밑 부분에서 공기를 불어 넣어 모래를 끓는 물처럼 유동시켜 여기에 쓰레기를 넣어서 소각한다. 가스화 용융로는 쓰레기를 고온에서 가스화하고 발생한 열 분해가스나 탄화물을 연료로 회수시키는 것으로 증기 터빈을 돌려서 발전하면서 소각재는 용융 고화시킨다.

시멘트원 연료화는 폐기물을 발생량이 높고 연소성이 좋은 시멘트 소성용 연료로서 효율적으로 이용하는 것이다. 또한, RPF는 폐플라스틱을 파지와 섞은 것으로 최근 제지회사 등에서 석탄이나 코크스 등의 화석 연료의 대체로서 수요가 증가하고 있다.

〈표 9-10〉 폐플라스틱 총배출량 / 유효 이용량 / 유효 이용률의 추이

(단위: 만 톤)

연		2000	2001	2002	2003	2004	2005	2006	2007	2008	2009	2010	2011	2012
총배출량		997	1016	990	1001	1013	1006	1005	994	998	912	945	952	929
유효이용량	물질 재활용량	139	147	152	164	181	185	204	213	214	200	217	212	204
	화학적 재활용량	10	21	25	33	30	29	28	29	25	32	42	36	38
	열적 재활용량	312	345	337	344	364	368	457	449	464	456	465	496	502
	합계	461	513	514	541	575	582	689	691	703	688	724	744	744
유효이용률(%)		46	50	52	54	57	58	69	69	70	75	77	78	80

출처: (일반사단법인) 일본플라스틱순환이용협회

3.5 EU 지역의 에너지 회수 재활용

폐기물의 소각기술은 독일에서부터 시작되었으며 이탈리아에서 쓰레기 대란이 일어났을 때 쓰레기 전체를 독일로 가져와 처리할 정도로 소각기술이 가장 발전되어 있다. 단순소각 방식에서 에너지 회수 재활용으로 전환되고 있으며 폐플라스틱 중 3%만 매립될 정도이다. EU 국가 중 플라스틱 폐기물이 연간 100만 톤 이상 발생하는 국가는 독일, 영국, 프랑스, 이탈리아, 스페인 등 5개국이며 〈그림 9-3〉에서 보는 바와 같이 주요국 대부분에서 에너지 리커버리(일본의 열적 재활용)가 실시되고 있다. 스위스, 독일 등 9개 나라에서 플라스틱 매립을 금지하고 있으며 물질 재활용은 한계가 있어 에너지 회수 재활용을 채택하고 있다.

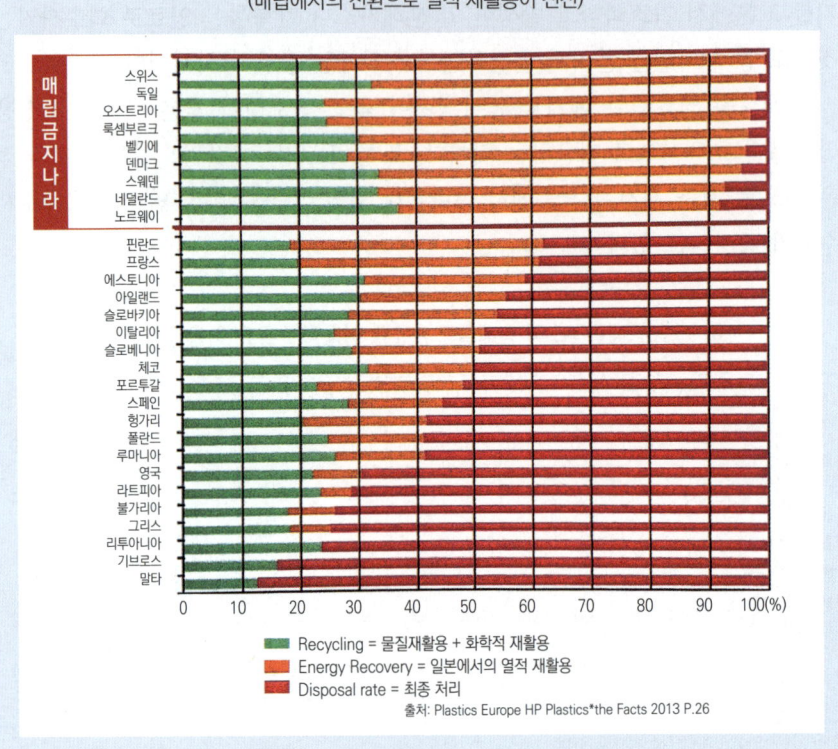

〈그림 9-3〉 EU 각국의 폐플라스틱 재활용 현황(2012년)
(매립에서의 전환으로 열적 재활용이 진전)

　플라스틱의 경우도 우선 발생량을 최대한 억제하고 발생한 폐플라스틱은 재활용하는 방법을 강구하고 그래도 남는 것은 직접 매립하지 않고 에너지를 회수하며 에너지 회수를 하더라도 발전 방법으로 하는 것을 EU에서 정책적으로 추진하고 있음을 알 수 있다.

　EU 지역에서의 플라스틱 재활용 방법 중 눈여겨볼 사항은 폐플라스틱을 일단 선별한 다음 담배 필터 크기로 응집(Agglomeration: 일종의 RDF)하여 유화, 가스화, 환원제 등으로 사용하고 이것들을 물질 재활용(MR)으로 분류하고 있다는 것이다. 물론 샴푸 용기나 우유 용기 등 부피가 크고 선별이 용이한 폐플라스틱들은 우리와 같이 파쇄, 세척 등의 공정을 거쳐 펠릿화 하여 재생원료로 사용하고 있다.

열병합 발전 등 일반 쓰레기와 혼입되어 사용되는 폐플라스틱은 재활용으로 인정하지 않고 있다.

4. 화학적 재활용 (Chemical Recycle)

화학적 재활용은 열, 촉매 등의 화학적 반응으로 폐플라스틱을 재자원화하는 것이다. 화학적 재활용기술로는 ① 열에 의한 분해 ② 촉매와 용매를 이용한 화학분해(해중합)로 분류된다. 사용처로는 ① 연료 이용 ② 화학 원료 이용 등이 있으며 독일에서는 피드 스톡 리사이클량을 확대해 유화, 물 첨가, 가스화 외에 제철소의 고로에서 환원제로 이용하는 것을 포함한다.

열분해는 ① 400~500℃에서 유화 ② 600~700℃에서의 가스화 ③ 1,300~1,500℃ 부근에서의 부분 연소 가스화 ④ 수소첨가(물 첨가)에 의한 고압에서의 열분해 ⑤ 초임계 용매 중에서의 열분해 등으로 나눌 수 있다.

유화처리 프로세스는 전처리-용융-열분해-생성유 회수공정으로 진행되며 일본, 구미 등에서 활발하게 기술이 개발되고 있으나 채산성 문제로 상용화에는 한계가 있는 것으로 알려져 있다. 원료로의 재활용기술은 가수분해, 글리콜리시스, 메탄올리시스(methanolysis) 등의 방법이 있으며 또는 올리고머 상의 형태를 회수하여 플라스틱 물질을 다시 만들기도 한다.

4.1 독일의 Chemical Recycle

독일의 경우 1993년 DKR 설립 당시에는 재활용량 21.6만 톤을 DSD로부터 인수하여 물질 재활용이 91.2%인 19.7만 톤을, 원료화(또는 유화)가 0.8%인 1.9만 톤을 각각 재활용하였으나 5년 후인 1997년도에는 총재활용량 61만 톤 중 41.6%인 25.6만 톤을 물질 재활용하고 58.4%인 35.9만 톤을 원료화(또는 유화) 방법으로 재활용되어 원료화(또는 유화) 재활용 방법이 대폭 증가하였다.

[표 9-11] 재활용 방법별 실적 (EPR에서)

연도	1993		1995		1997	
	수량(만톤)	백분율(%)	수량(만톤)	백분율(%)	수량(만톤)	백분율(%)
재활용량	216	100	470	100	615	100
물질재활용	197	91.2	385	81.9	256	41.6
유화	19	8.8	85	18.1	359	58.4

1995년대에 오히려 물질 재활용량은 줄어들고 원료화(또는 유화)는 420%나 증가된 것이다. 그렇다면 원료화(또는 유화)는 어떠한 방법으로 재활용되는 것인가?

4.1.1 플라스틱에서 오일로 돌아가다.

독일의 바트롭 사는 DSD 시스템에 의해 수집된 혼합 플라스틱에서 고품질의 합성 오일-합성원유를 생산하고 있다. 전 단계인 준비공정에서 응집 펠릿된 혼합 플라스틱이 섭씨 약 400℃로 용해된다. 섭씨 450℃가 되면 수소 가스가 액화 플라스틱 믹스를 통해 흘러나온다. 적정한 압력과 온도 조건에서 본래의 분자 구조가 깨지면서 수소 원자들이 새로 결합한다.

접촉 세척하고 난 후, 최종적으로 순수 합성 오일이 생성된다. 이것은 가솔린, 디젤, 난방 오일 생산에 사용될 수 있고, 또는 플라스틱 생산을 위한 시작물질(Starting material)로 사용될 수 있다. 1t의 혼합 플라스틱에서 800kg의 합성원유가 재생될 수 있다. 수소처리의 부산물로 아스팔트를 얻게 되는데 이는 코크스 제조 플랜트에서 결합체로 사용된다.

4.1.2 플라스틱에서 합성가스를 생산한다.

혼합 플라스틱이 아탄(亞炭), 연탄과 혼합되고 섭씨 800~1,300℃까지 가열되는데 밀폐된 시스템 안에서 산소와 스팀이 첨가되는 동안 25bar의 압력을 받게 된다. 천연가스는 주로 일산화탄소, 이산화탄소, 메탄으로 구성된다. 이것이 급속 냉각되면 합성가스와 마찬가지로 그 용도가 아주 다양하다.

SVI 사에서는 재생되는 합성가스의 60%를 메탄올 생산에 사용하고 나머지 40%는 근대적인 가스 & 스팀발전소에서 사용된다. 이 플랜트에서 얻어지는 스팀은 플라스틱 기체화 사이클로 귀환한다.

4.1.3 폐플라스틱이 원유를 절약시킨다.

선철은 혼합 플라스틱 덩어리의 도움으로 여러 제철소에서 생산된다. 플라스틱은 용융과정에서 선철로부터 산소를 제거하는 환원제 역할을 한다. 종전에는 이를 위해 냉각 분말, 연료 오일, 또는 천연가스가 섭씨 약 200℃의 용광로 속에 주입되어 순식간에 기화하였다.

그러나 이제 탄소와 수소로 구성된 플라스틱이 이 역할을 대신하고 있다. 탄소와 수소가 철광석 안의 산소와 작용해 스팀과 이산화탄소를 발생시켜 철광석을 선철로 화학 변화시키기 때문이다. 그 결과 1kg의 오일을 대신할 수 있다. 용광로 속에서 플라스틱을 사용하면 전체 효율이 약 80%에 달한다고 밝혀져 있다.

4.1.4 녹을 방지하는 폐플라스틱

베다우 소재 파라핀 공장에서는 DKR로부터 인수한 필름류들이 파라핀 공정을 거쳐 파라핀으로 변화된다.

PARAK: 플라스틱으로 만든 파라핀

1996년을 기점으로 독일에서는 Schwarze pumpe AG 사 등 5기의 파일럿 형태의 피드 스톡 리사이클 장치를 가동하였다. 1997년에 피드 스톡 리사이클도(유화) 물질 회수(Material Recycle) 범주에 포함했으며 제철업에서 고로 환원으로 이용하는 것도 피드 스톡 리사이클로 보고 유화 환원 범주에 넣고 있다.

4.2 일본의 Chemical Recycle

일본에서 열분해 유화 실용화 사례는 후지리사이클 프로세서가 유명하다. 공업기술원, 신기술개발사업단과 공동으로 PE, PP, PS를 주체로 하는 폐플라스틱을 원료로 열분해와 촉매분해를 결합하여 가솔린, 경유, 등유의 혼합물의 생성유를 얻고 있다.

촉매로는 합성제오라이트(ZMS-5), 분해온도는 열 분해조 390℃, 접촉 분해조 310℃, 압력은 상압, 회수율 80~90%이다. 兵庫현의 相生市와 埼玉현의 桶川市 2개 지구에서 열분해 유화설비 위탁운전을 하고 있다.

相生市의 열분해 유화시설은 산업폐기물계 처리능력이 5천 톤/년으로, 일반계 폐플라스틱을 대상으로 17% 이하의 PVC 함유와 소량의 PET가 포함된 것이다.

가스화 기술은 가와사끼중공업에서 도시 쓰레기 속의 혼합 폐플라스틱을 가스화하여 가스연료로 사용하거나 메탄올을 합성하여 연료와 공업원료로 이용하는 것을 연구하고 있다. 이것은 통산성 공업기술원의 보조금을 얻어 관서전력, 중국전력, 광도시와 공동으로 추진하는 것이며 히로시마에 2t/일의 파일럿 플랜트(pilot plant)를 가동하고 있다.

일본에서 화학적 재활용 방법의 발전은 EPR 제도가 시행되면서 활성화되었다고 해도 과언이 아니다. 폐플라스틱 재활용에 오랜 기간 기술개발을 해왔던 일본에서는 용기재활용법과 2000년 제정된 '순환형 사회형성 추진기본법'에서 재활용의 목적을 석유 등 한정된 석유자원의 소비를 억제하고 환경에 대한 부하를 가능한 한 저감시키는 것이라고 명시하고 있어 유화 등 화학적 재활용(원료/모노머화, 고로 환원제의 이용, 코크로 화학 원료화, 가스화에 의한 화학공업 원료화, 유화)이 활성화되었다.

〈그림 9-4〉에서 보는 바와 같이 2013년 일본에서는 13개 공장에서 연간 약 40만 톤의 EPR 대상 폐플라스틱을 화학적 방법으로 재활용하게 되었다. 화학적 재활용 방법별 기술을 알아본다.

〈그림 9-4〉 용기 재활용법 대상 화학적 재활용 시설 (2013년)

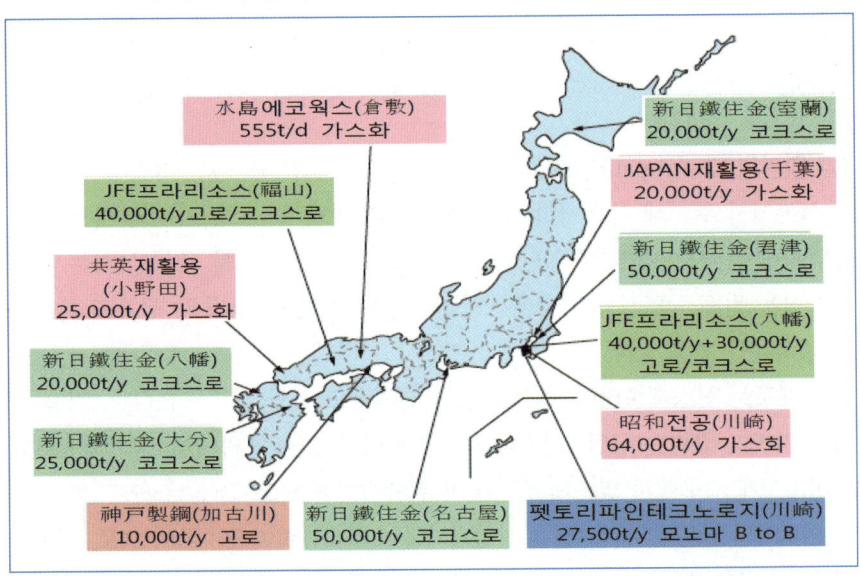

출처: 일본플라스틱순환이용협회

(숫자는 처리능력)

4.2.1 원료/모노머화 기술 (PET병으로 PET병을 생산)

새로운 수지와 동등한 재활용 PET 수지를 만들어 음료용 병으로 사용하는 보틀 to 보틀(B to B) 사업이 2003년부터 시작되었다. 여기서 사용되는 기술이 사용이 끝난 페트(PET)병을 화학적으로 분해하여 원료나 모노머로 되돌려(해중합) 다시 PET 수지를 만드는 방법이다.

테이진(주)이 EG(에틸렌글리콜)와 메탄올 병용에 의한 독자적인 분해법으로 폐 PET 수지를 원료의 DMT(디메틸 테레프탈레이트)까지 되돌려 섬유나 필름의 원료를 만들었다.

2003년부터 테이진화이버(주)에서 연간 처리능력 약 6만2천 톤의 설비를 가동시켰다. 이 PET 수지는 2004년 식품안전위원회에서 식품·음료 용기로 사용 가능하다는 평가를 받고, 후생노동성의 승인을 받아 4월부터 보틀 to 보틀이 시작되게 되었다. (주)아이에스는 EG에 의한 분해법에 신규기술을 더하여 고순도 BHET[Bis(2-하이드록시에틸)테레프탈레이트] 모노머로 되돌려 수지를 제조하는 기술을 확립, (주)페트리바스에서 2004년부터 연간 처리능력 약 2만7천5백 톤의 설비를 가동시켰다.

그러나 폐페트병 수출 급증에 따른 원료 부족으로 인하여 테이진화이버(주)는 보틀 to 보틀 사업에서 손을 뗄 수밖에 없었고 (주)페트리바스사의 사업은 동양제지(주) 그룹의 페트리파인테크놀로지(주)에서 계승하게 되었다.

〈그림 9-5〉 프로세스의 개념도

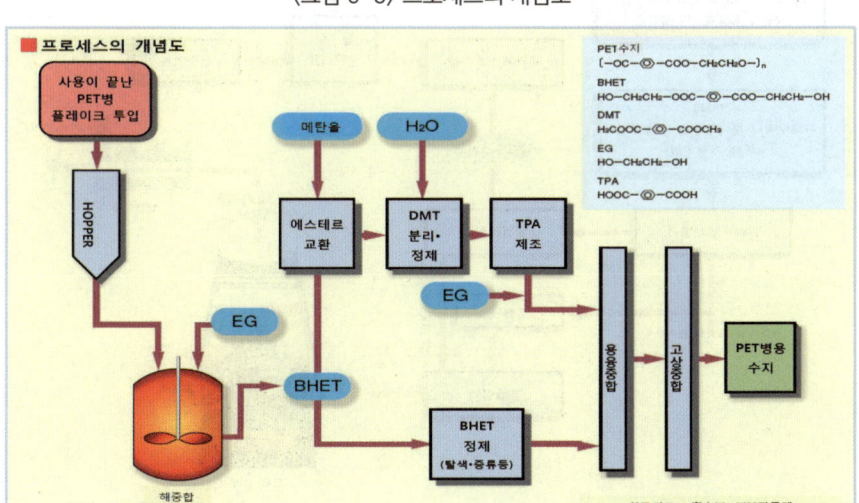

4.2.2 고로 연료화 기술 (폐플라스틱을 환원제로 사용)

제철소에서는 철광석과 코크스 그리고 부원료를 고로에 넣고 철광석을 녹여서 선철을 생산한다. 이때 코크스는 연료로서 로안의 온도를 높임과 동시에 철광석의 주성분인 산화철에서 산소를 제거하는 환원제로의 역할도 하게 된다.

공장이나 가정에서 모아진 폐플라스틱을 불연물이나 금속 등의 이물질을 제거한 후 잘게 부수고 단단하게 하여 부피를 감소시킨다.

염화비닐을 포함하지 않는 플라스틱은 미립자상태로 한 후, 코크스와 함께 고로에 불어 넣는다. 염화비닐을 포함한 플라스틱은 염화수소가 발생하여 로에 손상이 가지 않도록, 무산소 상태로 약 350℃의 고온으로 염화수소를 분리한 후에 동일하게 고로에 불어 넣는다. 이때 분리한 염화수소는 염산으로서 회수하고, 제철소 열연공정의 산 세정 라인 등에서 사용한다.

이 탈염산화수소법은 1999년에 NEDO((독일법인) 신에너지 산업기술 종합개발기구의 위탁을 받아서 일본 플라스틱순환이용협회, 일본 염화비닐환경대책협의회, 일본 염화비닐/환경협회, NKK플라리소스(주)(2005년 11월 설립)에서 채용되어 현재, 후쿠야마 공장에서 그 기술을 기초로 한 브랜드가 가동되고 있다.

〈그림 9-6〉 고로 원료화 기술의 공정도

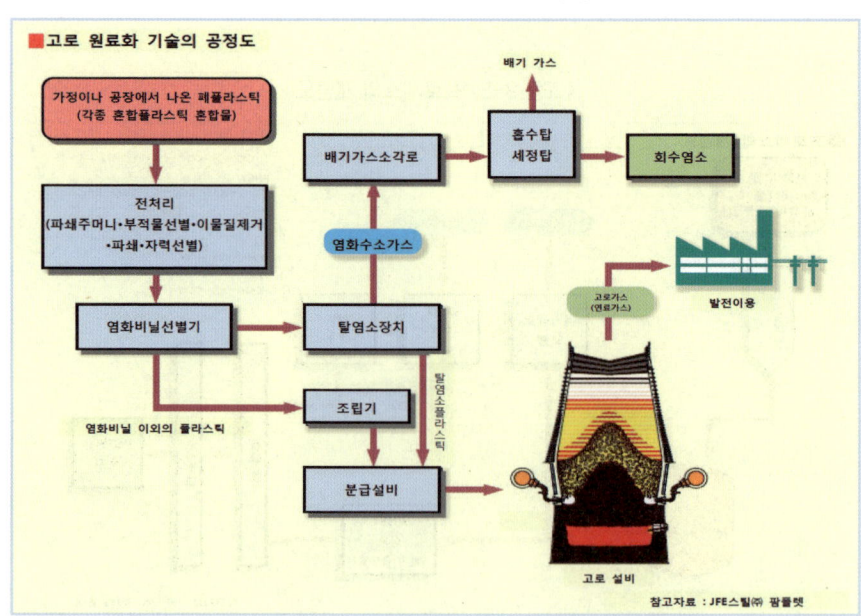

4.2.3 코크스로 화학 연료화 기술 (폐플라스틱을 코크스로 재이용)

석탄을 증기로 열을 가하게 되면 코크스가 생기고, 그때 발생하는 휘발성분에서는 탄화수소유와 코크스로 가스가 발생한다. 폐플라스틱에서도 똑같이 코크스, 탄화수소유, 코크스로 가스가 발생한다. 신일제철주금(주)에서는 폐플라스틱을 코크스, 화학원료, 연료로 이용하기 위한 설비를 완성하고, 나고야(名古屋), 기미츠(君津), 무로란(室蘭), 야와타(八幡), 오이타(大分)의 각 제철소에서 가동하고 있다.

이 시스템에서는 먼저 지자체에서 넘겨받은 폐플라스틱을 잘게 부수고 금속 등의 이물질을 제거한 후, 다시 한번 염화비닐을 제거 후 100℃로 가열하여 미립 상으로 가공한다. 이것을 파쇄·정립화한 석탄과 1~2% 배합으로 혼합하여 코크스로의 탄화실에 투입한다.

탄화실은 양측의 연소실 사이에 있어서 간접적으로 가열하는 구조로 되어 있다. 탄화실 내는 무산소 상태이기 때문에 폐플라스틱은 1,200℃까지 건류 온도를 올려 열분해한다.

분해된 고온 가스는 석탄 고온 가스와 함께 냉각 정체하여 상온에서 고칼로리 가스와 함께 냉각 정제하여 상온에서 고칼로리 가스와 유분으로 분리한다. 이렇게 하여 화학 원료가 되는 탄화수소유가 40%, 고로의 환원제가 되는 코크스가 20%, 발전 등으로 이용되는 코크스로 가스가 40% 얻어지게 된다.

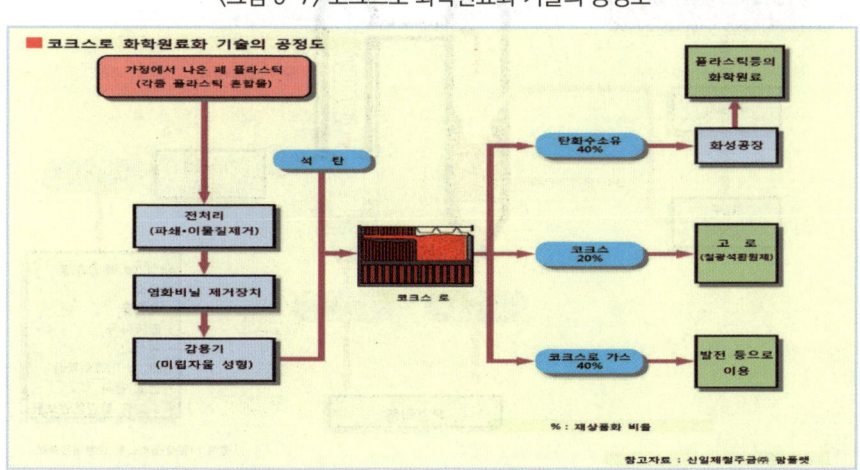

〈그림 9-7〉 코크스로 화학원료화 기술의 공정도

4.2.4 가스화 기술 (폐플라스틱을 가스화하여 화학공업 원료로 사용)

플라스틱의 주성분은 탄소와 수소이다. 그러므로 플라스틱을 연소시키면 이산화탄소와 물이 된다. 플라스틱 가스화의 프로세스에서는 가스화에 필요한 산소와 증기를 공급하여 가열하지만, 산소는 제한되기 때문에 플라스틱 대부분은 탄화수소, 일산화탄소, 그리고 수소가 된다.

첫째 단의 저온 가스화로의 내부에서는 600~800℃로 가열한 모래가 순환하고 있다. 투입된 플라스틱은 그 모래와 접하면서 분해되어 탄화수소, 일산화탄소, 수소, 탄화고형물 등이 만들어진다. 산소를 포함한 플라스틱에서는 염화수소도 발생한다. 금속이나 유리를 포함한 플라스틱 제품에서는 금속이나 유리가 그대로 불연물로서 회수된다.

두 번째 단의 고온 가스화로의 온도는 1,300~1,500℃로 저온 가스화로에서 유입된 가스는 증기와 반응하여 일산화탄소와 수소 주체의 합성가스가 된다. 로의 출구에서 합성가스는 물에 의해 200℃ 이하까지 냉각되어 다이옥신의 생성을 방지하고 있다. 또한, 배출되는 수재 슬래그는 토목·건축자재로 이용된다. 잔존하는 염화수소는 가스 세정설비를 통하면서 알칼리로 중화되어

〈그림 9-8〉 가스화 기술의 공정도

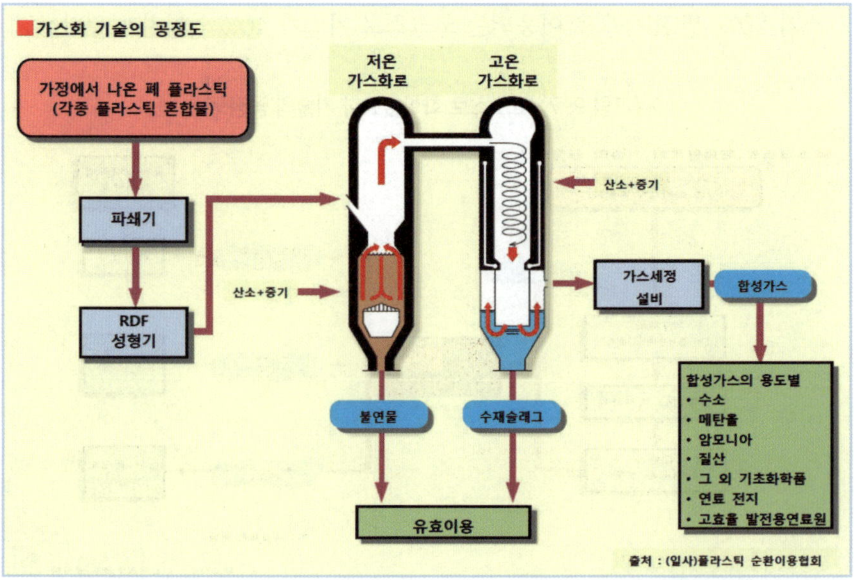

제거된다. 이런 공정을 거친 합성가스는 수소, 메탄올, 암모니아, 초산 등의 화학공업 원료가 된다.

　재팬재활용(주)에서는 폐플라스틱을 클린한 연료가스로써 이용하는 JFE 서모셀텍트 방식을 이용하여 2000년부터 가동 중이다. 같은 방식은 폐기물 PFI 사업으로서 2005년 미즈시마에코웍스(주), 2006년 오릭스자원순환(주)에서도 채용되었다.

4.2.5 유화기술 (폐플라스틱을 기름으로 환원)

　플라스틱은 석유가 원료이기 때문에 제조의 프로세스를 되돌린다면 석유로 되돌릴 수 있을 것이다. 1970년대 후반부터 폐플라스틱 유화기술의 개발이 진행되었고 그 기술은 거의 확립되었다.

　폐플라스틱의 유화기술 개발은 어느 정도의 결과를 올릴 수 있었지만, 실용화에 있어서 사업 규모의 확보, 높은 비용의 경감 등의 과제가 많이 남아 있어서 현재, 새로운 전개는 어려운 상황이다. 본 기술을 채용하기 위해서는 이러한 문제 및 과제에 관한 충분한 검토가 필요하다.

〈그림 9-9〉 유화기술의 공정도

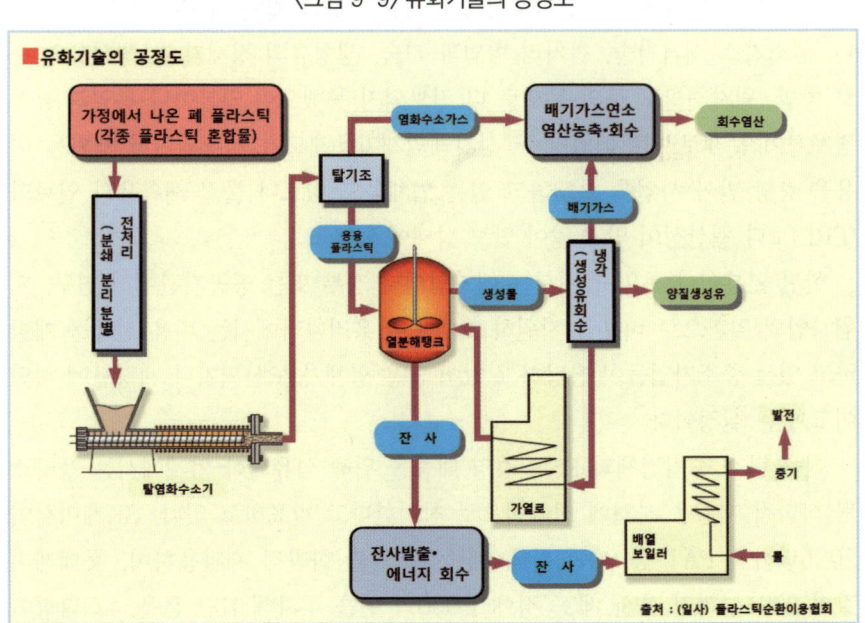

[표 9-12〉 폐플라스틱 유화 플랜트 (용기 재활용법 대상)의 철수현황

유화 플랜트	소재지	처리능력	상황
도오 유화센터	미키사 시	6000 t/y	2000년 가동 2004년 철수
니가타 플라스틱 유화센터 레키세이 광유(주)	니가타 시	6000 t/y	1997년 가동 2007년 철수
삿포로 플라스틱 재활용	삿포로 시	18000 t/y	2000년 가동 2010년 철수

4.3 우리나라의 Chemical Recycle

우리나라에서는 열분해와 촉매분해 방법의 유화 환원기술이 개발되어 파일럿 개념의 시험생산에 성공을 거두고 연간 1만 톤 처리능력의 상용화를 위한 시설이 설치되기도 했다. 1990년대 하반기부터 시작된 유화기술은 충남 예산에 ㈜한국로이크, 경북 영천에 (주)스무다엔텍, 경기도 안성에 성공에너지, 창원에 (주)코엔텍, 천안에 (주)GL코리아, 인천에 (주)리플코리아 등의 회사들이 주식회사 형태를 갖추고 유화기술을 입증시키면서 투자자들을 모으는 노력을 하였다.

그러나 많은 업체들이 연속생산장치 기술, 가스폭발 등에 따른 화재 예방설비, 염소가스 제거기술, 전처리 방법과 기술, 생성유의 정제기술, 생성유의 판로 방법, 원자재확보 등의 문제로 더 진보되지 못했으며 일본이나 독일과 같이 경제성이 문제로 대두되었다. 생산자책임재활용제도가 시행되면서 재활용 비용을 충당 받아 사업을 수행하고 있는 업체들도 있으나 물질 재활용과 연료화(FRP)보다 채산성이 맞지 않아 답보 상태에 있다.

한편 일본이나 독일 등에서는 대기업이나 정부 또는 공공기관에서 연구, 지원사업의 일환으로 비용을 지원하고 있으나 우리나라에서는 비용 전체를 개발하고 있는 중소기업들이 담당하고 있어 많은 업체가 도산되거나 재정난에 허덕이고 있는 실정이다.

최근 탄소 중립정책과 ESG 경영 대응을 위해 석유화학 업계에서는 플라스틱 화학적 재활용 사업에 적극적으로 참여한다고 발표하고 있다. SK케미칼이 2025년까지 PAT 등 90만 톤의 폐플라스틱을 화학적 재활용하며, 롯데케미칼이 2024년까지 울산 제2공장에 1,000억 원을 투자해 11만 톤을, LG화학이

2024년까지 충남 당진에 국내 최초로 연간 2만 톤 규모의 초임계 열분해유 공장을 건설하는 등 석유화학 업계가 폐플라스틱 화학적 재활용 사업에 적극적으로 참여한다고 보도되고 있다. 정부에서도 2022년 9월 5일 규제개선·지원을 통한 순환경제 활성화 정책을 발표하면서 플라스틱 화학적 재활용 산업을 적극 지원하기로 발표한 바 있다.

5. 재활용제도와 플라스틱 재활용

폐기물 문제는 제품을 설계하고 시장에 출하하는 「생산자」와, 사용하고 배출하는 「소비자」, 이를 수집 운반하는 「지방자치단체」, 선별하고 재생산하는 「재생 사업자」 등이 각각 이어 이들 각 주체가 어떻게 순환경제 체계시스템(System)을 구축하고 제도적으로 이를 어떻게 관리·운영하는가에 따라 결정된다고 할 수 있다. 공유 책임제, 배출자 책임제, 생산자 책임제 등 여러 가지 제도가 운용되고 있다.

사용된 후 폐기되는 여러 가지 제품들은 사업자들이 생산만 할 것이 아니라 폐기까지 책임지게 하는 생산자책임재활용제도(EPR:Extended Producer Responsibility)가 OECD의 권유에 따라 우리나라를 비롯해 독일, 일본 등지에서 시행되고 있다. 용기, 포장재, 가전제품, 자동차 등에 적용되고 있는 생산자책임재활용제도는 국가별로 약간의 차이는 있으나 소비자에게 분리배출, 지방자치단체는 분리수거, 생산자에게는 재활용 비용분담 등 주체별 의무를 부여하고 있다.

그러나 생산자에게 재활용 비용을 분담토록 하고 있지만, 이 비용이 제품 가격에 포함됨에 따라 결과적으로는 소비자에게도 부담이 되는 것이다.

독일에서는 DSD사에서 캔, 유리, 종이, 플라스틱 재질을 사용하는 사업자가 재활용 비용을 부담할 때 DSD 마크를 이들 용기, 포장재에 부착하도록 하고 소비자들은 DSD 마크가 표시되어있는 용기와 포장재를 구매, 사용, 선별, 배출하고 DSD 사가 수거하면 DKR에서 인수하고 선별하여 책임 재활용하고 있다.

5.1 독일의 플라스틱 재활용산업 동향

독일은 플라스틱 재활용제도와 기술에서도 선두에서 세계플라스틱 업계를 리드하고 있다. 현재 우리나라가 시행하고 있는 '생산자책임재활용제도' 역시 독일의 DSD(Duales System Deutsch)에서 기인하여 UNEP(유엔환경계획)의 권장 사항으로 채택되었으며 일본 역시 많은 부분에서 독일의 제도와 기술을 표방하고 있다고 해도 과언이 아니다.

독일에서는 1991년 제정된 포장규정에 근거하여 1993년 7월 28일 DKR(독일 플라스틱재활용 유한회사)가 설립되었으며 〈그림 10-10〉에서 보는 바와 같이 DSD에서 수거된 플라스틱 재활용품을 DKR에서 인수 재활용한다. DKR은 기계생산업체를 포함하여 플라스틱 생산 및 가공업체 (50.4%)와 DSD(독일 유한책임회사 49.6%)가 설립한 플라스틱 재활용 전문기구이다.

〈그림 9-10〉 DUALES SYSTEM의 보증회사로서의 DKR

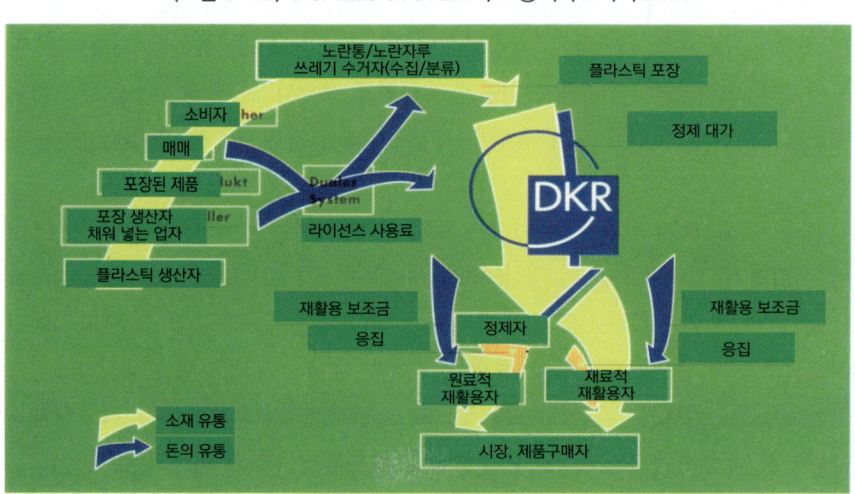

● 순환경제 구조를 이루고 있는 독일의 플라스틱 재활용 시스템

사용된 후 버려지는 각기 다른 플라스틱들은 용해점이 다르고 각기 특수한 성질을 가지고 있어 재생방법과 설비기술이 다르며 이물질 제거작업과 함께 재질과 성상 분류작업이 매우 중요하다.

생산자책임재활용기구인 DSD에서는 노란 봉투나 통에 들어있는 EPR 대상 플라스틱들을 400여 분류 사업장에서 비닐류, 병, 컵, 스티로폼, 플라스틱 등 카테고리별로 분류하고 불순물(철, 종이, 유리, 음식물류)의 함유율이 8% 이하가 되도록 하고 400kg 이하로 압축 밴딩 하여 DKR에 인계되며 이 과정에서 선별사업자의 실적에 따라 비용이 지원된다.

DKR에 속해있는 100여 회원사에서는 DSD(수집·선별)에서 카테고리별로 분류된 플라스틱 압축 품을 받아 자동선별기를 이용하여 재질을 선별하거나 저속의 드럼과 샤프트 모양의 분쇄기에 의해 50mm 이하의 작은 조각으로 분쇄하고 시리즈로 연결된 분리제거기와 회오리 제거기, 자석 등을 이용하여 철과 같은 불순물을 제거한다.

불순물은 물을 사용하여 또는 물을 사용하지 않고 제거될 수 있다. 습식 준비기술(Wet Preparation technique)이 선정된 경우 플라스틱 세척이 중요하다. 이 단계에서 불순물은 바닥에 가라앉고 나머지 물질들은 물 위에 뜨므로 건져낼 수 있으며 비중이 다른 PVC나 PET 재질을 분리할 수 있다. 건식 준비기술(Dry preparation technique)이 선정될 경우, 체에 연결된 공기분리기에 의해 이물질이 제거되기도 한다. 건식 준비기술은 복잡한 폐수처리 대신 폐 공기정화기만 필요하므로 투자비가 적게 들고 에너지 소비를 축소할 수 있다.

이물질이 제거된 폐플라스틱은 드럼통처럼 생긴 원형 응집기 안에 말려 들어가 마찰에 의해 자체 열로 융해되며 회전하는 날에 의해 밖으로 밀리게 되고 적당한 크기로 커트 된다. 맷돌과 같은 이치이며 여러 가지 곡물을 섞어 동물들의 사료를 만드는 공정과 비슷하게 이루어진다. 용융되지 않고 응집되기 때문에 용융시키기 위한 전기료가 들지 않으며 물성에 영향을 미치지 않고 신재 원료처럼 이송, 보관, 성형방법 등이 적용되어 여러 가지 재활용 제품을 만들 수 있는 것이다.

알갱이들은 크기가 최고 10mm 이하, 재 함유량이 4.5% 이하, 잔여 수분이 1% 이하, 염소함유량이 2% 이하, 밀도는 제곱미터 당 최고 300kg으로 한정하며 DKR로부터 엄격한 품질테스트를 받게 된다.

〈그림 9-11〉 응집기 안에서 밀려 나오는 펠릿과 커트 된 성형품

응집기 안에서 밖으로 밀려 나오고 있는 펠릿

계속해서 밀려 나온 응집성형품은 10mm 이하로 커트 된다.

세척 과정을 거친 담배 필터 크기의 응집 펠릿들은 주로 물질적 재활용의 원자재로 사용되며 세척 과정을 거치지 않은 것들은 유화(또는 원료화)하는데 사용되

고, 응집된 펠릿을 만드는 사업자에게 재활용 비용이 실적에 따라 지급된다.

이물질이 제거된 플라스틱들은 응집된 펠릿(Agglomeration) 상태나 고형연료화되어 다음 단계인 재료적재활용(Mechanical Recycling)과 원료적재활용(Feed stock Recycling)[1] 공정을 거치게 되는데 이들 표준 응집 펠릿 품들은 여러 가지 재활용 제품을 만들 수 있어 또 하나의 산업으로 발전시키는 계기가 되어 2차 원료라고까지 불리게 되었다.

〈그림 9-12〉 플라스틱의 순환경제 모형

포장 생산자: 플라스틱은 식품과 다른 민감한 제품들의 포장에 필수적인 재료다.

생산자/판매자: 소모품생산자는 자신의 제품 포장 위에 녹색 점을 붙이고 그에 대한 라이선스 사용료를 지불한다. 이 사용료는 이후 중고 플라스틱 상품포장재를 수거, 분류 및 재활용하는데 투입된다.

소비자: 소비자는 녹색 점이 있는 플라스틱 포장재를 사용 후 노란 통과 자루, 콘테이너에 넣는다.

새로운 생산품: 제2원료로서의 중고 플라스틱은 강철 및 파라핀 생산에서 석유를 대신하거나 정원 및 도로건설에서 나무나 콘크리트를 대신하고, 때로는 재생품의 품질이 추구하는 용도에 충분할 경우 새 플라스틱을 대신하기도 한다. 그러면 에너지와 천연자원이 절약된다.

구체적인 순환경제
플라스틱 재생은 이렇게 진행된다.

수거: 수집된 플라스틱 포장재는 지역의 쓰레기 처리 업자에 의해 분류시설로 보내진다.

B) 원료적 재생: 혼합된 플라스틱은 잘게 잘려 응집 처리된다. 응집된 플라스틱은 자기의 소립자인 석유와 가스로 분해되거나 선철을 생산할 때 증류를 대신한다.

분류: 독일 전국적으로 약 425개 분류시설에서 중고 포장재가 분류된다. 왜냐하면 분류는 재생의 종류를 결정하기 때문이다. 현재 플라스틱 영역에서는 혼합 플라스틱, 비닐, 컵, 스티로폴의 다섯 부분으로 분류된다.

A) 원료적 재생: 분류된 플라스틱의 재생 입상제와 혼합된 플라스틱의 응집체가 용해되어 새 생산품으로 만들어진다.

Agglomeration

운송: 분류된 플라스틱이 그 분류업체에서 정제업체 또 재생업체로 가는 길들을 DKR은 현재적인 정보처리 시스템으로 조정한다. 운송을 돕기 위해 플라스틱은 볼(ball)로 압축된다.

[1] 독일에서는 Mechanical Recycle과 Feed Stock Recycle로 분류하지만, 일본에서는 Material Recycle과 Chemical Recycle로 분류하고 있다.

5.2 EU 주요국가들의 재활용 시스템

① 독일: Duales System Deutschland AG

- 법령: 1991년 6월 12일 제정

  「포장 쓰레기를 예방하고 감소시키며 재사용하거나 재활용할 것」

- 조직구성: 1990.9.28. DSD GMSH 성립(비영리 법인)

→ 유통업체, 소비재 제조업체, 포장 제조업체, 원자재 제조업체 등 600여 개 업체

→ 정계, 기업, 연구단체, 소비자 단체 대표로 구성된 자문위원회 운영

- 재정조달: 포장관리업체, 포장업체, 수출업체에서 조달

→ 재정조달의 표시로 Green Dot를 포장재에 부착하고 있으며 가입업체는 현재 17,000여 업체에 달함

→ 사용재료별, 소매된 중량, 수량에 의해 산출

→ 일별(120,000 마르크 이상) 분기별(10,000 마르크 이상) 연별(10,000 마르크 이하)로 지불

→ 철저한 수량관리를 위한 확인이 체계적으로 이루어져 있음

→ 이로 인해 1인당 포장 폐기물이 94.7kg에서 82.5kg 하락 (1991~1997)

- 수집 및 재활용: 18개월 만에 전국 조직 가능(900여 곳의 자치단체와 계약체결)

→ 용기류·필름류·튜브류는 MR, 가스화·유화·고형연료화 발달

→ 향후 자동화를 통해 Green Dot 부담 경감 예정

  Green Dot (DM/kg)

  유리: 0.15, 종이: 0.40, 주석: 0.56, 알루미늄: 1.5, 플라스틱: 2.95, 음료용 캔지: 1.69, 플라스틱: 10.81~19.48

② 오스트리아: ARA system

- 포장법: 1993년 10월 → 1996년 12월 최종 확정

→ 제조업체, 포장관리업체, 판매 대행업체 수입업체는 자신들이 비용을 지불하지 않고 출시한 포장물에 대해 회수, 실시해야 하며 최선의 기술을 이용하여 보수 및 재활용을 시행해야 한다.

→ 처리업자는 환경부의 허가를 받아야 하며 쓰레기 수집비용을 밝혀 환경부에 제출한다.

- 조직구성: 1993. ARA AG와 8개의 재활용회사의 지부로 구성

→ ARO: 종이, ARG: 폐유리, ARGEV: 플라스틱 수집류, OKK: 플라스틱 재활용, Acu Rec 알루미늄 재활용 준비, Ferro Pack 120Kecyling Gunbit 철 금속 재활용 조정, VITP: 목재 포장물 수집, AVM: 기타포장물의 보수 및 재활용
- 재정조달: 특정 포장재에 대한 비용으로 제조자가 지불, 포장 관련 법령에서 정한 의무사항을 ARA System에 전가하기 위한 비용부담
→ 1년 단위로 지불
→ 비용을 지불한 사업자는 자신의 포장물에 Punkt(Dot) 부착
- 수집·회수·재활용: 매년 1백17만 톤의 포장물이 배출
→ 가정 : 산업 분야 50 : 50으로 형성
→ ARA 처리 약 60만 톤/년 플라스틱 14%
→ 플라스틱은 노란 백에 분리수거
→ 플라스틱은 6만3천 톤 발생, 3만7천 톤이 Energy 회수 소각 Green Dot(STS/kg)
  종이·하드보드: 1.19~2.79, 유리: 0.20~1.20, 철: 4.00~5.49, 알루미늄: 6.35, 플라스틱: 10.81~ 19.48

③ 스페인: Ecoembalajes Espana, U.S
- 법령: 1997년 4월 24일 제조업체에 책임성 수행의 제도적 장치 마련
  1998년 3월 1일 개정 → 소비자에게도 의무부여(방치, 인수)
→ 초포장재 15% 재활용 의무, 가포장재는 10%, 3년 후 25~45% 재활용
→ 에너지 환원 차원의 소각 50~65%
- 조직구성: 1996년 11월 ASOPECO 설립, 포장관리업체 55%, 포장재 생산업체 20%, 쓰레기 관리 & 인수회사 5%의 주식보유
- 재정조달: "elpunto verde"라는 Green Dot 부담
  ECOEMBES System에 참여하는 사업자는 매출액 기준 매년 회비 지불하고 마크 사용
→ 백만 peseta가 넘는 기업은 매년 10만 peseta 지불
- 수집 및 재활용: 6천 업체가 계약체결

④ 프랑스: Eco-Emballages SA

- 법령: 프랑스의 포장법은 운송 포장 법령(법령 94-609호)과 가정용 쓰레기 처리에 관한 법령(법령 96-1008호)이 있음
  기업 → 가정용 포장재 인수 및 재활용 책임
  지방정부 → 수거와 분리 책임
- 조직구성: 1996년 Eco-Embllages는 240개 주주로 구성
  주식의 70%는 포장제조업체와 수입업체, 5개의 보증업체 20%, 소매체인이   10% 보유, 36,560군데의 지자체와 협의
→ 수거: 지방자치체 수거 용기 Eco-Emballage 지원
- 재정조달: Green Dot표 사용료에 의해 조달
→ Eco Emballages System에 참여는 의무적임
→ 1년에 출시된 수에 따라 분담, 유리와 플라스틱은 무게와 부피로 책정
→ 팩당 1centime이 조금 안 되며 2백만 프랑이 안 될 때 일시불 Green Dot(CTS/kg)
  유리: 5.00, 철: 10.00, 플라스틱: 50.00, 알루미늄: 50, 종이: 30.00, 기타: 30.00
- 회수 및 재활용: 유리: CSVMF, 제지·판지: Revipac, 양철: Slooac, 알루미늄: 프랑스 알루미늄, 플라스틱: Valorplast

⑤ 벨지움: FOST PLUS

- 법령: 1997년 3월 5일부터 시행 → 제조자 책임
  1997년까지 80% 회수, 50% 재활용
- 조직구성: 1993년 4월 FOST PLUS 발족, 1996년 1월 비영리단체로 설립
→ 식품, 유통, 세제 그리고 용기 제조업체가 설립
- 재정조달: Green Dot (BEF/kg)
  유리: 0.31, 철: 1.34, 알루미늄: 2.96, PVC: 8.27, PET: 8.21, HDPE: 8.27, 종이: 0.36
→ 플라스틱은 연청색 봉투에 호별수거 양식으로 한 달에 한 번 수거
→ 혼합 플라스틱, 요구르트, 플라스틱 호일, 가방, 약병, 종이접착 등은 에너지 회수식 재활용

⑥ 포르투갈: Sociedade Ponto Verde, SA
- 법령: 유럽 시행령(94/62) 후 1997년 12월 제정
→ 포장 관리업체와 수입업체 그리고 판매대행업체는 재활용 포장재에 대해 회수, 처리시스템 구축 → 비 재활용 포장재는 통합에너지 회수시스템 구축·Symbol 마크 사용
- 조직구성: SPV (Sociedade Ponto Vorde, SA) 1998년 1월 설립 약 300개 사 가입
  포장 관련 업체 57%, 소매업체 20%, 포장제조업체 20%
- 재정조달: Green Dot(PTE/kg)
  유리: 0.3, 플라스틱: 8, 종이: 2, 알루미늄: 1.5, 철: 3.5, 기타: 1.5
→ 2005년까지 에너지 회수 재활용 50%, 재활용 20%

⑦ 룩셈부르크: VALORLUX asbL
- 법령: EU 시행령 (94/62)에 따라 아직 법 제정 중
  2001년 1월 30일까지 에너지 회수 55%, 재활용 45%, 재질별 재활용 5%
- 조직: VALORUX → 1995년 10월 2일 민간단체 비영리 법인 설립(생산업체, 수입업체)
- 재원조달: Green Dot(LUF/kg)
  유리: 0.31, 종이: 0.33, PUC: 8.27, PET: 8.21, 알루미늄: 2.96, 철: 1.34, HDPE: 8.27
→ 플라스틱병과 음료 포장재는 호별수거

5.3 일본의 플라스틱 재활용산업(제도·기술) 동향

일본에서는 용기 포장 리사이클 법을 제정하여 금속, 유리, 종이, 플라스틱 재질의 용기 포장재를 사용하는 제조업자는 비용을 부담하고 지방자치단체는 분리수거 주민은 분리배출 등 각각의 역할을 분담하고 있다. 용기포장리사이클링협회는 지방자치 단체가 수집한 용기, 포장재를 인수 재활용하고 있으며 유리병, 종이팩, 페트병, 기타 플라스틱 등 모든 재질과 모든 제조업을 대상으로 하고 있다.

일본에서 플라스틱 재활용 활성화를 위한 대책은 약 50년 전인 1971년 (사)일본플라스틱처리촉진협회(현 플라스틱순환이용협회)가 설립되면서 시작되었다. 일본석유화학공업협회, 일본플라스틱공업연맹, 염비공업·환경협회 등 3개 단체와 석유화학업체 및 플라스틱 생산업체 18개 회사가 - 폐플라스틱을 적절하게 처리하여 자원으로서의 유효 이용 시스템을 확립하기 위한 연구개발을 행하고 보급을 도모하기 위해 설립 - 된 후 플라스틱 제품의 생산·사용·배출·재활용·기타 처리 등에 대한 통계자료 확보에서부터 재활용 기술개발(R&D), 국제교류 및 대국민 홍보 등의 사업을 지속적으로 수행해 왔기 때문에 플라스틱 재활용산업 현황이 잘 정리되어 있다.

일본에서 플라스틱 재활용 방법은 물질 재활용, 화학적 재활용, 열적 재활용 등 크게 3가지로 분류하고 있다.

[표 9-13] 일본의 플라스틱 재활용 방법

분류(일본)	리사이클 방법		ISO 15270
물질 재활용	재생이용·플라스틱 원료화 플라스틱 제품화		Mechanical Recycle
화학적 재활용	원료·모노머화		Feedstock Recycle
	고로 환원제		
	코크스로 화학 원료화		
	가스화	화학 원료화	
열적 재활용 (에너지 회수)	유화	연료	Energy Recovery
	시멘트원 연료화 쓰레기 발전 RPF[2], RDF[3]		

출처: 일본플라스틱순환이용협회

일본의 경우 2000년도부터 〈그림 9-13〉과 같은 운영 체계로 생산자책임재활용제도를 시행하고 있으며 약 50%의 지방자치단체가 EPR 제도에 참여하고 있다.

2) RPF: Refuse Paper & Plastic Fuel (물질 재활용이 곤란한 고지와 폐플라스틱류를 원료로 하는 고위 발열량 고형연료)
3) RDF: Refuse Derived Fuel (음식물쓰레기나 가연성 쓰레기나 폐플라스틱 등으로부터 만들어지는 고형연료)

〈그림 9-13〉 일본의 EPR 운영 체계도

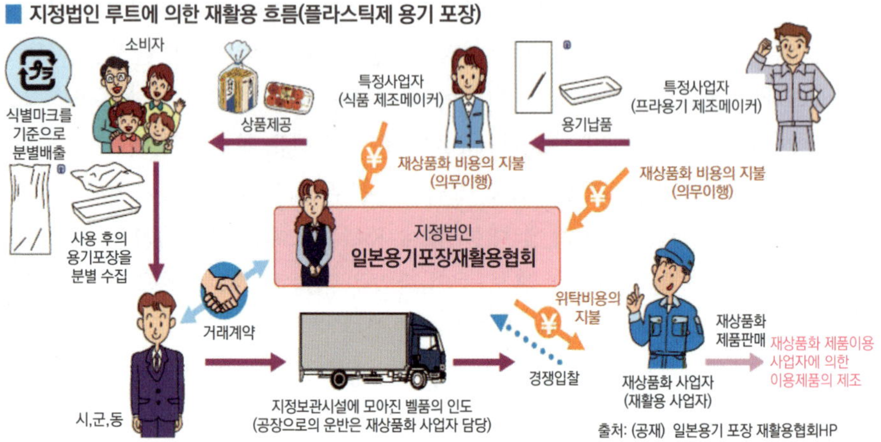

출처: 일본 플라스틱순환이용협회 '플라스틱 리사이클의 기초지식'

    2012년 기준 일본의 폐플라스틱 재활용 실적은 80%에 이르는 774만 톤을 재활용한 것으로 보고되어 있다. 〈그림 9-14〉에서 보는 바와 같이 일반계 폐플라스틱 446만 톤과 산업계 폐기물 482만 톤, 총 929만 톤의 폐플라스틱 발생량에서 폐플라스틱을 이용한 발전이 가장 많은 32%이며, 물질 재활용이 22%, 고형연료화가 12%, 열 이용 소각이 10%, 화학적 재활용이 4% 등이다.
    우리가 눈여겨볼 것은 물질 재활용은 22%에 지나지 않으며 발전을 포함한 에너지 회수와 화학적 재활용이 58%에 이르고 있다는 것이다. 그중에 발전이 32%를 점유하고 있으며 특별히 EPR 제도가 시행되면서 화학적 재활용 시장이 형성되어 약 40만 톤이 화학적으로 재활용되고 있다는 것에 주목할 필요가 있다.

5.4 우리나라의 재활용제도
    우리나라는 캔, 유리, 페트병에 대해 예치금 제도를 운용해 왔으나 2002년부터 플라스틱을 포함하여 생산자책임재활용제도로 전환 운용 중이다. 플라스틱류 재질 중 페트병은 (사)한국페트병자원순환협회가, 발포 플라스틱은 (사)한국발포스티렌재활용협회가, 기타 플라스틱은 (사)한국플라스틱자원순환협회가 담당하고 있다.
    환경부는 2013년 11월 22일 종이팩·금속 캔·유리병·페트병·EPS 포장재·

〈그림 9-14〉 일본의 플라스틱 처리 처분 실적

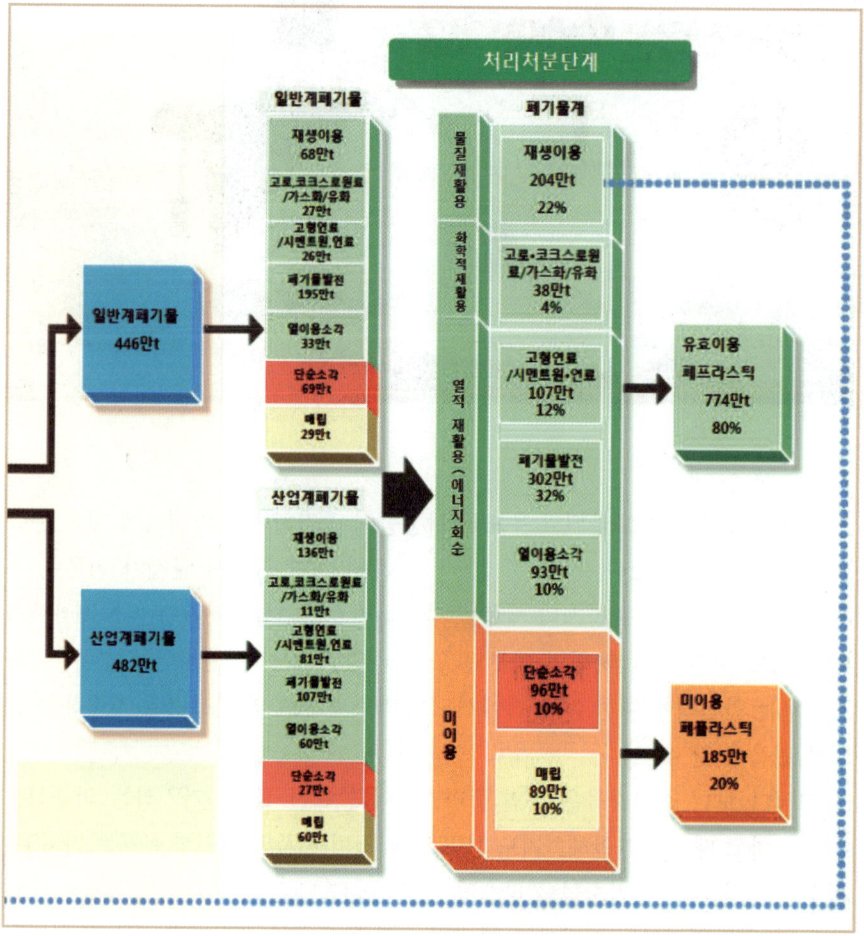

```
처리처분단계

일반계폐기물
  재생이용 68만t
  고로·코크스로원료/가스화/유화 27만t
  고형연료/시멘트원,연료 26만t
  폐기물발전 195만t
  열이용소각 33만t
  단순소각 69만t
  매립 29만t

일반계폐기물 446만t

산업계폐기물
  재생이용 136만t
  고로·코크스로원료/가스화/유화 11만t
  고형연료/시멘트원,연료 81만t
  폐기물발전 107만t
  열이용소각 60만t
  단순소각 27만t
  매립 60만t

산업계폐기물 482만t

폐기물계
  물질재활용
    재생이용 204만t 22%
  화학적재활용
    고로·코크스로원료/가스화/유화 38만t 4%
  열적재활용(에너지회수)
    고형연료/시멘트원,연료 107만t 12%
    폐기물발전 302만t 32%
    열이용소각 93만t 10%
  미이용
    단순소각 96만t 10%
    매립 89만t 10%

유효이용 페프라스틱 774만t 80%
미이용 페플라스틱 185만t 20%
```

출처: 일본플라스틱순환이용협회

플라스틱 등 품목별 공제조합을 통합하여 포장재재활용공제조합과 유통지원센터로 이원화하여 운영하고 있다.

생산자책임재활용제도에 적용되는 대상 사업자는 식품, 의약품, 화장품, 세제류 등의 제조업이며 이들은 사용한 용기, 포장재 중 일정률을 의무적으로 재활용하도록 하고 있다. 자체적으로 재활용하지 못할 경우, 사업자 단체에 재활용 비용을 내도록 하고 재활용 단체들은 적극적으로 재활용 시스템을 구축하고 전문재활용 사업자 등에게 비용을 지원하여 재활용 의무를 대행하고 있다.

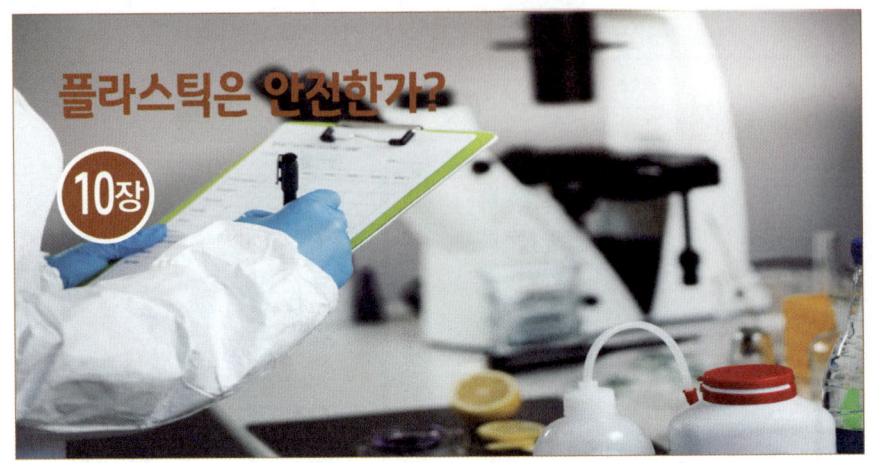

10장 플라스틱은 안전한가?

플라스틱이 개발 보급되고 용도와 사용량이 증가하면서 안전성에 대한 논란이 끊임없이 일고 있다. 특정 플라스틱 제품에 대한 안전성 문제가 언론에 주목받으면 마치 모든 플라스틱 제품을 사용하면 큰일 나는 것처럼 떠들썩하다가 어느 정도 시간이 경과 되면 아무런 일이 없었던 것처럼 인식하곤 한다. 결과적으로는 안전성에 대한 논란 속에서도 플라스틱 제품의 사용량은 지속해서 증가해 왔음을 알 수 있다.

그러다 보니 소비자들은 과연 플라스틱이 안전한 물질인가? 라는 의구심을 같기도 하고 때로는 불안해하기도 한다. 플라스틱 제품의 안전성 문제는 약 40년 전부터 시작된다. 열가소성 플라스틱 제품 중 PVC(염화비닐 수지: Polyvinyl chloride)가 일찍부터 개발 상용화되면서 각종 용기나 포장재로 폭발적 인기를 얻으며 사용량은 증가하게 되었다. 그러면서 PVC가 마치 모든 플라스틱을 대변이나 하듯 널리 사용되었다. 우리나라에서는 플라스틱 봉투를 비닐봉지, 온상용 하우스를 비닐하우스라고 부르게 되는 계기가 된다.

이러한 PVC 제품들은 생산과정에서 유연성이나 내열성, 성형성 등을 좋게 하고자 가소제를 첨가하게 되고 이러한 가소제에 의한 안전성 문제와 소각 시 다이옥신이 발생한다는 이유를 들면서 환경문제로 대두되기 시작했다.

유럽의 경우 플라스틱이 등장하면서부터 목재, 유리, 금속 등으로 사용되었던 대부분의 용기가 PVC 재질로 대체되었다. 이러한 용기들이 일반 쓰레기와 함께 버려져 소각처리 되었으며 소각장 인근의 나무가 고사하자 그 원인이 무엇인가를 찾게 되고 PVC로 인한 HCL 문제로 판명되자 PVC 재질의 용기들을 순차적으로 PE 등 다른 재질로 바꾸어 나가는 법을 시행하게 되었다.

우리나라는 1973년 미국 FDA가 우리 정부에 보낸 통보문에서 알코올 성분을 가진 의약품, 화장품, 또는 술 등을 PVC 용기에 담을 때 인체에 해로운 물질이 유출되어 심장병을 일으킨다고 경고하고 이의 사용 금지를 권고하게 된 것이다. 당시 보사부에서는 그해 9월 1일부터 이들 용기에 PVC 재질을 사용하지 못하도록 지시한 것으로 알려졌다.

그러나 현재 PVC 제품에 사용되는 가소제의 기술이 진보되었고, 소각기술도 발전되어 PVC에 대한 환경성 문제는 또 다른 관점에서 평가돼야 한다는 논란이 일고 있다. 일본에서는 농촌 비닐하우스의 70% 이상을 PVC 재질로 사용하고 처리 방법도 소각에 의한 에너지 회수방법으로 재활용할 정도로 PVC에 대한 환경성 문제를 대폭 개선 완화했다. 세계적으로 유명한 모 제약회사는 아직도 PVC 재질의 수액백을 고집하고 있기도 하다.

플라스틱 제품 중 식품과 직접 닿게 되는 기구, 용기, 포장재 등은 정부의 엄격한 규제를 통해서 올바르게 만들고 바르게 사용하면 안전성에 아무런 문제가 없다. 식품과 직접 접촉되어 이용되는 기구나 용기, 포장재 등은 나라마다 법으로 엄격히 규제하고 있으며, 국가에 따라서는 국가 규격보다 업계 자율에 맡겨 안전마크 부착 등의 다양한 방법을 통해 플라스틱의 안전성을 홍보하고 있다.

이번 장에서는 우리나라의 식품위생법에서 정하고 있는 기구 및 용기, 포장에 관한 기준 및 규격 중 플라스틱제에 대한 전반적인 사항을 알아보고 일본 플라스틱공업연맹 등의 자료를 통하여 플라스틱 제품의 안전성과 환경 호르몬 문제 등을 Q&A 형태로 풀어본다. 또 플라스틱의 안전성에 대한 외국 언론 및 기관들이 발표한 보고서 내용을 소개하는 한편 어떻게 하면 플라스틱을 안전하게 잘 사용할 수 있는가에 대해서도 알아보기로 한다.

1. 합성수지제 기구 또는 용기, 포장에 대한 기준 및 규격

우리나라는 식품위생법 제8조(유독 기구 등의 판매, 사용금지) 및 제9조(기구 및 용기, 포장에 관한 기준 및 규격)에서 유독, 유해물질이 들어 있거나 묻어 있어 인체의 건강을 해칠 염려가 있는 기구 및 용기, 포장과 식품 또는 식품 첨가물에 직접 닿으면 해로운 영향을 끼쳐 인체의 건강을 해칠 우려가 있는 기구 및 용기, 포장을 판매하거나 판매할 목적으로 제조, 수입, 저장, 운반, 진열 또는 영업에 사용하지 못하도록 규정하고 있다.

식품의약품안전처는 필요한 경우 판매하거나 영업에 사용되는 기구 및 용기, 포장에 관하여 그 제조 방법이나 원재료에 관한 규정을 정하여 운영토록 하고 있다.

이 규격에서 재질 규격이란 식품에 직접 접촉 이용되는 제품에 포함되어서는 안 되는 물질의 종류와 기준치를 정하고 그 시험 방법도 세밀하게 정하고 있다.

용출 규격이란 제품에서 녹아 나와 식품에 흘러 들어가는 물질의 총량을 규제하기 위한 시험 방법이며 플라스틱 재질의 경우 PE, PP, PVC, PET, 멜라민, 요소 등 총 34종류의 플라스틱 재질에 대한 기준을 정하고 있다. 랩 제조 시 DEHA의 사용을, 젖병 제조 시 DBP와 BBP의 사용을 규제하는 동시에 용기에 재질 명을 표시하도록 규정하고 있다. [표 10-1]을 통해 플라스틱 재질 중 몇 가지 종류의 규격을 알아본다.

2. 플라스틱 용기 등의 안전성에 대한 Q&A

Q1. 어떤 식품이 들어가 있던 용기에 다른 식품을 넣어도 됩니까?
A : 플라스틱 용기는 그 안에 넣는 내용물에 따라 여러 가지 재질이 분리 사용됩니다. 플라스틱은 일반적으로 산이나 알칼리에 강하고 석유나 알코올로 팽창한다거나 금이 갈 수 있으므로 될 수 있으면 용도를 바꾸어주지 않는 것이 좋습니다. 다른 식품을 넣었던 용기를 액체 특히 석유나 알코올류의 용기로 바꾸지 않는 것이 좋습니다. 설탕 용기에 소금을 넣거나 청량 음료수병에 식수를 넣는 것은 물론 괜찮습니다.

Q2. 유해성이 있는 첨가물은 일절 사용해서는 안 되는 것입니까?
A : 유해성이 있다고 확인된 첨가물은 사용을 허락하지 않습니다. 또 플라스틱

[표 10-1] 합성수지제 기구 또는 용기, 포장에 관한 기준 및 규격

(단위: 천 톤)

	구분	PVC	PE·PP	PS	PC	PET	페놀	요소
재질규격	1. 납, 카드뮴 및 6가크롬	100이하	100이하	100이하	100이하	100이하	100이하	100이하
	2. 염화비닐	1.0이하	-	-	2.비스페놀A 500이하	-	-	-
	3. 염화비닐덴	-	-	-	3.디페닐 카보네이트 500이하	-	-	-
	4. 휘발성물질	-	-	5,000이하	4.아민류 1.0이하	-	-	-
	5. 디부틸주석화합물	50이하	-	-	-	-	-	-
	6. 크레졸이산에스테르	1,000이하	-	-	-	-	-	-
	7. 바륨	-	-	1.0이하		-	-	1.0이하
용출규격	1. 중금속	1.0이하	1.0이하	1.0이하	1.0이하	1.0이하	1.0이하	-
	2. 과망간칼륨소비량	100이하	100이하	100이하	100이하	100이하	-	30이하
	3. 증발잔유물	30이하	30이하	30이하	30이하	30이하	30이하	5이하
	4. 디브틸프탈레이트	0.30이하	-	-	비스페놀A 2.5이하	-	페놀 5이하	4.0이하
	5. 벤질부틸프탈레이트	30이하	-	-	-	-	포름알데히드 4.0이하	-
	6. 디에틸헥실프탈레이트	1.5이하	-	-	-	-	-	-
	7. 디-n-옥틸프탈레이트	5이하	-	-	-	-	-	-
	8. 디이소노닐프탈레이트	9이하	-	-	-	-	-	-
	9. 디이소데실프탈레이트	9이하	-	-	-	-	-	-
	10. 디에틸헥실이디레이트	18이하	-	-	-	-	-	-
	11. 헥산	-	3이하	-	-	-	-	-
	12. 옥텐	-	15이하	-	-	-	-	-
	13. 안티몬	-	-	-	-	0.04이하	-	-
	14. 게르마늄	-	-	-	-	0.1이하	-	-
	15. 테레프탈산	-	-	-	-	7.5이하	-	-
	16. 이소프탈산	-	-	-	-	5.0이하	-	-

의 첨가물과 식품의 첨가물과는 개념이 전혀 다릅니다. 우선 식품 첨가물은 100%가 체내에 흡수되지만, 플라스틱 첨가물은 용기에 쓰이더라도 내용물인 식품에 유입되지 않으며 안전합니다.

Q3. 플라스틱 김치통에 된장을 담으면 이상한 냄새가 나는데 괜찮은가요?
A : 김치통은 폴리에틸렌 재질로 되어있고 용기 자체에서 냄새가 나는 것은 없습니다. 이 경우의 냄새는 뒤섞기를 게을리했다고 생각됩니다. 플라스틱 용기는 나무와 비교하면 통기성이 좋지 않으므로 한층 더 뒤섞기를 잘할 필요가 있습니다.

Q4. 플라스틱 도마, 강판(가는 기구) 조각을 먹어버린 일이 있는데 괜찮을까요?
A : 플라스틱 도마나 강판의 재질은 대부분 폴리에틸렌이나 폴리스타이렌입니다. 플라스틱의 본체(폴리머)는 비록 먹었다 해도 위장에서 흡수되지 않습니다. 폴리에틸렌이나 스타이렌 등에 대하여 동물 실험에서 실제로 먹여본 결과 안전성이 확인되었습니다.

Q5. 플라스틱 용기에 식품을 넣어 두었는데 용기가 변색되었습니다.
A : 플라스틱 용기에 식품의 색이 배는 경우가 있습니다. 특히 인공 착색된 식품을 오랫동안 넣어두면 물이 들기 쉽습니다. 그것 때문에 플라스틱이 변질된 것처럼 생각될지 모르지만, 나무 김치통에 김치 물이 드는 현상과 같으므로 걱정할 필요가 없습니다.

Q6. 플라스틱 용기나 식기로부터 유해 물질이 용출되면 위험하다고 하는데요?
A : 식품 용기나 식기는 늘 식품과 직접 접하고 있어 안전성이 무엇보다 중요합니다. 플라스틱이 나오기 시작할 무렵에는 플라스틱 제품기술이 미숙하고, 안전성에 대한 과학이 발전되지 못하여 유리아 수지 제의 식기 등에서 포르말린이 유출된 적도 있지만, 현재는 식품위생법에 따라 엄격하게 규제되고 있으므로 문제가 전혀 없습니다.

〈자료출처: 일본플라스틱공업연맹〉

3. 환경 호르몬 문제에 대한 Q&A

Q1. 환경 호르몬에 대한 어떤 점이 문제가 되고 있습니까?

A : 미국에서 출판된 'Our Stolen Future(번역판: 빼앗긴 우리들의 미래)'는 "환경 속으로 방출된 DDT와 PCB 등의 이른바 잔류성 염소 화합물 등으로 대표되는 합성 화학 물질 중에는 생체가 가진 호르몬과 유사한 작용을 하는 것도 있으며 이것이 야생 동물과 사람의 내분비(호르몬) 작용을 교란하고 있으므로 야생생물에 벌어지는 심각한 영향이 인간에게도 미치고 있다."라고 주장하는 등 기초적 또는 과학적 연구 시행과 긴급한 대책을 마련토록 강력한 메시지를 던지고 있습니다.

Q2. 사람의 정자 농도가 감소하고 있다고 보도되었는데 정말입니까?

A : 사람의 정자 수를 계측할 때는 스트레스·기후·기타 환경인자 등에 의한 영향이 매우 높다고 알려졌으며 과거의 수치에 대해서는 이와 같은 점에서 불확실성이 있습니다. 1997년 7월에 정리된 환경청 위험대책검토회의 중간보고서에는 정자 수 감소와 정자의 질 저하에 관한 시비 양론의 보고가 계속되어 현 단계에서는 정말 사람에게 정자 수의 감소와 정자의 질 저하가 발생하고 있는지 아닌지에 대한 결과가 나오지 않았습니다. 이점에 대해서는 후생성을 중심으로 몇 개국과 공동으로 조사하고 있어 그 결과를 기다리는 단계입니다.

일본의 상황에서는 일본인의 정자 수와 질에 관해서도 보고된 사례가 적고 또 연도별 정자 수의 증감에 대해 현시점에서 확실한 것은 아무것도 없다고 말하는 것이 전문가의 결론이라고 볼 수 있습니다.

Q3. 환경 호르몬 문제를 유발하는 것으로 의심되는 물질에는 어떤 것이 있습니까?

A : 호르몬은 생식계뿐 아니라 생체의 모든 기능과 관계된 것인데 매스컴 등에서 '환경 호르몬'이라고 할 때는 주로 생식과 관계되는 것에 초점을 맞추는 일이 많은 것 같습니다. '환경 호르몬'으로 화제가 되는 물질 그룹을 크게 분류하여 각각의 특성을 [표 9-2]에 정리했습니다. [표 9-2]에 게재된 물질은 각각 특성이 달라서 이것들을 하나로 묶어 취급하는 것은 부적절합니

다. 또 동일 그룹 내 물질이라도 개별 물질별로 논의되어야 한다고 생각됩니다.

[표 9-2]에 나타난 것처럼 호르몬과 같은 작용을 하는 물질을 비롯해 환경 잔류성, 생물 농축성, 독성 강도의 정도는 물질의 그룹에 따라 크게 다릅니다. 또 제조(성분)된 상황과 사용되는 형태도 크게 다릅니다. 호르몬과 같은 작용으로 나쁜 영향을 미치는지, 아닌지는 그 물질의 작용 강도와 섭취량과 환경 중 농도와의 관계로 생각할 필요가 있습니다.

아울러 화제가 되고 있는 노닐페놀·비스페놀A·프탈산에스테르에는 약하지만, 호르몬 작용이 있다고 연구자로부터 지적이 되었습니다. 그러나 이 약한 호르몬 작용이 정말 유해한지 만일 그렇다면 어느 정도 유해한지 등에 대해서는 아직 명확한 답이 없고 정량적 관점을 포함한 과학적인 해명이 필요합니다. 현재 국제적으로 이 같은 인식에 바탕을 둔 연구 논의에 산업계도 참여하여 함께 이루어지고 있습니다.

이상과 같이 기초적 관점을 벗어난 논의가 일부 대중 매체에서 받아들여져 이것이 세상의 혼란에 박차를 가하는 것은 정말 유감스러운 일입니다. 일화협은 앞으로 더더욱 정확한 정보 전달에 노력할 것입니다.

Q4. 폴리카보네이트 수지 제의 식품 용기에서 비스페놀A(BPA)가 음식물에 용출되면 사람에게 어떤 나쁜 영향을 주게 됩니까?

A : 비스페놀A는 이미 동물을 이용한 생식 독성 시험 및 만성 독성, 발암 시험이 시행되었습니다. 구미에서는 만성 독성 시험의 기초로 사람이 평생 매일 섭취해도 이 수치 이하라면 건강에 영향이 없다는 1일 허용 섭취량을 체중 1kg 0.05mg(0.05mg/kg/일)로 하고 있습니다.

이 시험, 특히 생식 독성 시험과 발암성 시험은 화학 물질의 호르몬 작용도 검출할 수 있다고 생각되는데 비스페놀A에서는 생식 독성도, 발암성도 인정하지 않습니다. 일본에서도 이것을 바탕으로 폴리카보네이트 수지 제 식품 용기에서 비스페놀A의 식품 중 용출기준을 2.5ppm 이하(체중 50kg인 어른이 섭취하는 하루당 식품섭취량 1kg 중에 용출하는 비스페놀A를 2.5mg 이하, 0.05mg 50/1kg=2.5mg/kg)로 정하고 있습니다. 요코하마 국립대에서는 우유병을 이용하여 용출 시험을 한 결과 0.003~0.006ppm

[표 10-2] 「환경 호르몬」으로 화제가 되고 있는 물질

구분	내 용
PCB DDT 다이옥신	• PCB · DDT는 환경 잔류성과 식물 농축성이 매우 높고 독성이 있어 제조가 금지되어 있다. • 다이옥신은 매우 작은 양에도 독성을 나타내기 때문에 엄격한 배출 규제를 받고 있다. • 최근 이들 물질에 호르몬 작용이 있다고 하여 이 방면에 문제로 보고 있다.
트리부틸주석화합물 (TBT)	• 매우 낮은 농도에서도 수생생물에 독성을 나타낸다. 생물 농축성도 높다. • 바다에서 나는 고등 등의 생식에 영향이 있는 것으로 알려져 있어 현재 일본에서는 사용되지 않는다. • 생식에 해로운 영향이 호르몬 작용에 있다는 가능성이 주목을 받고 있다.
여성 호르몬 합성 여성 호르몬	• 여성 호르몬은 체내에서 생성한다. 합성 여성 호르몬은 경구 피임약과 갱년기 장해의 호르몬 보충 치료제로 사용된다. • 호르몬으로 작용하는 물질로 호르몬 작용은 당연히 강하다. • 하수처리장의 배수에 존재하는 여성 호르몬으로 환경의 영향이 우려된다.
식물 에스트로겐	• 자연계에 존재하는 여성 호르몬이다. • 콩 등에도 함유되어 사람은 항상 식사를 통해 섭취하고 있다.
농약	• 현재 사용되는 농약은 잔류성 독성에 대해 일정 평가를 마친 상태이다. • 몇 가지는 호르몬 작용의 관점에서 우려된다.
노닐페놀 비스페놀 프탈산에스테르	• 각각 주로 계면활성제 원료 수지원료, 수지의 가소제로 사용되고 있다. • 생물 농축성은 낮다. 독성도 약하다. • 환경 잔류성에 대해 화학심의법 시험조건에는 난분해성이 있지만, 활성 오염처리는 분해 제거된다. • 노닐페놀과 비스페놀A의 여성 호르몬 작용은 여성 호르몬의 1만분의 1에서 10만분의 1이다. • 프탈산에스테르는 쥐를 이용한 실험에서 여성 호르몬과 같은 작용은 인정되지 않는다.

의 비스페놀의 용출이 확인되었다고 보도되었는데 이상에서 서술한 것처럼 이 수치는 유아로 환산하더라도 현재의 기준보다 대폭 낮아서 유아 건강에 나쁜 영향을 주지 않는다고 생각합니다.

또한, 비스페놀A가 매우 낮은 농도에서 동물에 대한 호르몬 작용이 있다는 보고가 일부 연구자들에게서 나왔는데 영국 보건성 위원회가 데이터를 정밀히 조사한 결과 이 보고에 대한 부정적인 견해를 발표했습니다.

또 일본 및 구미 정부에서는 이것을 포함하여 최근의 비스페놀A 관련 보고를 계속 검토해도 현 단계에서 1일 허용 섭취량은 변경하지 않고 있습니다.

일부 연구자들에게서 나온 의문점에 대답하기 위해 동물 실험이 미국에서 실시되었는데 이 결과도 포함하여 최신의 과학적 식견을 항상 도입하면서 안전 확보에 노력을 쏟아야 한다고 생각합니다.

한편 '빼앗긴 우리들의 미래'가 발행되면서부터 일부 매스컴에 보도된 내용에는 비스페놀A가 PCB·DDT와 다이옥신과 같은 맹독 화학 물질로 취급되고 있습니다. PCB, DDT, 다이옥신은 환경 잔류성과 생체 축적성이 있고 발암성 등의 독성이 강하다고 알렸습니다. 이중 PCB와 DDT에 대해서는 현재 일본 내에서는 화학심의법 제1종 특정 화학 물질로 실질적으로 제조가 금지되어 있습니다.

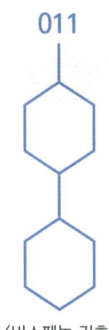

〈비스페놀 기호〉

그러나 비스페놀A는 생체축적성이 낮고 체내에서 빨리 배출되며 또 급성 독성은 낮고 발암성도 인정되지 않는 등 명백하게 PCB·DDT, 다이옥신과는 다른 환경 동태·생체 내 동태를 나타내는 것으로 판명되었습니다.

따라서 환경 호르몬 문제에서 비스페놀A를 PCB·DDT 등의 물질과 비교하여 고찰할 때는 이와 같은 점에 유의하는 것이 필요합니다.

Q5. 플라스틱 첨가제로 사용되는 프탈산에스테르는 여성호르몬 작용으로 사람에게 영향은 없습니까?

A : 가소제공업회는 프탈산에스테르의 환경 안정 문제에 관하여 20년 전부터 조사·연구에 착수했습니다. 특히 발암성(간종양)과 정소 독성에 대해 영장류인 마모셋(비단원숭이)을 이용하여 연구를 시행, 쥐와 생쥐 등의 설치류에서 보인 간장과 정소에 대한 독성은 영장류에선 발생하지 않은 것을 확인했습니다.

즉각적인 독성의 발현(나타나는 모양)은 동물에 따라 차이가 있다는 것을 알았습니다. 또 설치류에서 발생한 간종양의 메커니즘을 해명했습니다.

게다가 쥐에서는 130mg/kg, 마모셋에서는 100mg/kg의 최대 무작용량을 결정했습니다.

이 마모셋에서의 데이터를 사람에게 적용하면 체중 50kg인 사람에 대해서는 약 5g으로 통상적인 환경 수준에서 노출되는 수치보다 상당히 높습니다.

이 연구 성과는 일본 국내 및 국제 학회에서 발표해 학술 전문지에 투고하고 있습니다. 또 마모셋을 이용한 연구 성과는 구미의 환경청 당국에서도 높은 평가를 받고 있습니다.

프탈산에스테르의 환경 호르몬 문제(여성 호르몬 작용이 있는 것은 아닐까? 하는 의심)는 해외 연구자가 실시한 in vitro(시험관 내) 시험결과에 따른 것인데 시험 관내 실험 방법은 여러 가지로 이 결과만으로 유해성의 유무를 판단하는 것은 문제가 있습니다.

가소제공업회는 주요 프탈산에스테르 5종류(프탈산디브틸(DBP)·프탈산디2에틸헥실(DEHP), 프탈산노멀옥실(DNOP)·프탈산디이소노닐(DINP)·브탈산디이소디실(DIDP)에 대해 외부의 연구 기관에 위탁하여 동물(쥐)을 이용한 in vivo(난소 제거) 시험을 시행했습니다.

그 결과 모든 프탈산에스테르에서 여성 호르몬 작용은 확인되지 않았습니다. 더욱이 쥐의 난소 제거 시험은 현재로서는 가장 진보된 여성 호르몬 작용의 발현 확인 시험법의 하나입니다.

Q6. 비이온 계면활성제로 사용되는 노닐페놀에톡시레이트가 분해하여 생성하는 노닐페놀에는 여성 호르몬 작용이 있다고 하는데 정말 나쁜 영향이 있습니까?

A : 노닐페놀에톡시레이트는 일본에서 연간 4만 톤이 사용되고 있습니다. 이 계면활성제는 모두 공업용으로 사용되고 있습니다. 이 노닐페놀에톡시레이트에는 여성 호르몬 작용이 없습니다. 노닐페놀에톡시레이트가 생분해 과정에서 생성되는 노닐페놀에 약한 여성 호르몬 작용이 있다고 주장하기도 합니다.

▶ **노닐페놀의 안정성에 대하여**

노닐페놀에 대해서는 미국 화학품제조자협회(CMA)가 이미 많은 안전성 시험을 시행했습니다. 이것들을 요약하면 다음과 같습니다.

- 생분해성은 화학심의법의 시험조건에서는 분해되지 않지만, 활성 진흙처리(분해 능력이 있는 미생물이 증가한 진흙을 사용하게 된다)에서는 분해·제거됩니다.
- 물고기에서 축적성을 볼 수 없습니다. 섭취하면 단시간에 배출됩니다.

- 물고기에서 여성 호르몬 작용을 볼 수 있는 농도는 가장 신중한 보고서에도 10ug/L(10ppb) 입니다. 이 농도는 패류로의 악영향이 지적되는 트리부틸주석화합물의 1만 분의 농도에서 처음 영향이 나오는 정도입니다.
- 쥐를 이용한 3세대 생식 독성 시험에서는 출생 쥐의 데이터(마릿수·체중·기형률)에 영향을 볼 수 없었습니다. 사료 중의 노닐페놀 농도가 600ppm 이상에서 정자 수가 약 10% 감소하는 등 생식선으로의 영향이 보였지만 200ppm에서는 영향이 보이지 않았습니다.

이상과 같이 노닐페놀은 PCB와는 달리 환경 잔류성이 낮고 축적성도 없습니다. 또 트리부틸주석과 같이 극히 낮은 농도에서 수생생물에 악영향을 미치지도 않습니다. 더욱이 포유류에 대해서도 특별히 낮은 농도에서 여성 호르몬과 같은 작용을 나타내지 않기 때문에 사람에 대해서도 악영향을 미치는 것은 없다고 생각합니다.

수생생물로의 영향을 환경농도 면에서 고찰해 봅니다.

노닐페놀의 환경농도에 대해서는 일본 계면활성공업회가 동경도 내의 다마천 및 에도천에서 실시한 측정결과에서는 0.2~0.27ug/L이며, 또 강가의 최근 수환경학회는 다마천에서 0.05~0.17/ug/L, 우전천에서 0.09~1.08mg/L 이었습니다. 수생생물에 악영향을 보이는 농도는 위와 같이 10kg/L 이상입니다. 따라서 측정결과 이것보다 상당히 낮은 수생생물에 대해서도 문제가 없다고 생각합니다.

Q7. 합성화학물질은 천연화학물질보다 위험합니까?

A : 환경 호르몬을 문제로 생각하는 사람은 합성화학물질의 환경 호르몬만을 문제 시 하는 것 같습니다. 이것은 '빼앗긴 우리들의 미래'에 게재된 천연에 존재하는 호르몬 유사물질과 합성된 그것과는 전혀 다른 것을 인식해야 합니다.

단적으로 말하면 후자는 전자보다 훨씬 유해합니다. "천연의 식물 에스트로겐은 하루가 지나면 체외로 배출되지만, 합성화학물질은 체내에 몇 년이고 잔류하고 있기 때문"이라는 주장에 따른 것입니다.

이것은 합성된 환경 호르몬은 모두 PCB와 같이 축적성의 물질이 있다는 오해 때문입니다. 천연품인가, 합성품인가의 구별이 문제가 아니라 그 물질의 성질이 문제라고 생각합니다.
아래에 예를 들어 설명합니다.

▶ 체내 잔류성

체내에서 만들어진 에스트로겐도, 식물 에스트로겐도 체내에서 탄산가스와 물로 분해되어 사라지게 됩니다. 글루크론산 포합을 받아 수용성을 증가시켜 요(尿) 중으로 배설됩니다. 비스페놀A 노닐페놀 부틸산에스테르도 동일하게 글루크론산과 같이 체내에 흡수되면 하루 만에 거의 배설됩니다.

▶ 디에틸스틸베스트롤(DES)의 작용

일찍이 구미에서 유산방지제로 사용된 DES를 복용한 임산부가 낳은 아기들에서 성기 이상증세가 있었다는 것은 DES의 합성품인 것이 나쁜 것이 아니라 체내에서 생성하는 에스트로겐 보다 강한 에스트로겐 작용이 있는 것과 체내에서 생성하는 에스트로겐 양보다 많이 투여한 것이 원인이었습니다. 체내에서 생성하는 에스트로겐도 대량으로 투여하면 DES와 같은 이상이 발생한다는 것을 쥐를 사용하여 증명하였습니다.

▶ 식물 에스트로겐은 안전한가?

식물 에스트로겐은 천연 호르몬이기 때문에 안전한 것은 아닙니다.
예를 들면 특정한 클로버의 대량 섭취가 토끼를 불임으로 만들었다는 것은 널리 알려진 사실입니다. 사람에게는 피해가 없는 것으로 보이는 것은 식경험과 섭취량이 적기 때문이라고 생각됩니다.

▶ 신규 화학 물질은 위험한가?

신규 화학 물질에 대해서는 화학 물질의 심사 및 제조 등의 규제에 관한 법률에 따라 심사를 받기 때문에 DDT와 PCB와 같은 환경 잔류성 물질과 유사한 것이 제조·수입되는 것은 없습니다. 단지 화학 물질에 의한 내분비 영향 작용에는 시험법을 비롯하여 과학적인 식견을 얻을 수 없어서 현재 국제적인 연구개발 검토와 보조를 맞추어 추진하고 있습니다.

Q8. 일본인은 식물 에스트로겐을 다량 섭취하고 있다고 들었는데 건강에 나쁜 영향은 없습니까?

A : 일본인은 콩을 먹습니다. 이 콩에는 식물 에스트로겐이 다량 함유되어 있습니다. 식물에서 유래한 에스트로겐은 식품으로서 광범위하게 분포되어 음식섭취를 통해 사람은 평소 다량으로 섭취하고 있습니다.

그 섭취량은 콩을 적게 먹는 구미의 계산으로는 에스트로겐 활성으로 통상 화학 물질에 의한 수준과 비교하면 훨씬 높은 단계의 식물 에스트로겐을 식사로 섭취하고 있습니다. 그러나 그것이 사람의 건강에 나쁜 영향을 주기보다는 보건 영양 면에서 암 예방과 또는 순환기계의 개선 효과를 촉진하고 있습니다.

식물에서 유래한 내분비(호르몬)계에 영향을 주는 식물은 매우 다양한 것으로 알려졌습니다. 이것들의 섭취량이 적으면 문제없고 오히려 적당량 섭취하는 것이 유용 또는 필요하다는 등의 연구가 보고되고 있습니다.

내분비계는 이러한 식물 등에서 유래한 외란이 있어도 이것을 억제해 생리상태를 안정되게 유지하는 기구가 있으며 이런 자극(외란)의 유효성도 필요하다고 알려져 있습니다. 결국 호르몬 유사물질이 들어와도 적당량이면 생체는 균형을 유지하는 조정 작용을 할 수 있습니다.

Q9. 사람의 건강에 미치는 영향과 환경 영향의 미연 방지 차원에서 과학적으로 불분명하더라도 자주 의심이 가는 물질을 제조하는 것을 중지 또는 사용을 금지해야 하는 것이 필요치 않나요?

A : 현재 의심되는 화학물질의 유해성은 지금까지의 견해로는 매우 고농도·고투여량의 시험결과 또는 인 비트로(시험관) 시험에서의 유추를 기초로 하고 있으며 통상의 사용방법이라면 즉시 제조를 중지해야 할 문제가 있다고 판단하기가 어렵다고 생각합니다.

1997년 2월에 개최된 화학물질안전정부간 포럼(IFCS)의 보고서를 보면 「각국 모두 화학 물질에 의한 내분비 교란 문제를 우려하고 있는데 화학 물질의 환경 노출과 그 영향과의 관계는 과학적으로 불확실성이 남아 있다. 또 내분비 교란의 정의 자체도 명확하게 할 필요가 있다」라고 기술하고 있습니다. 이 견해 작성에는 그린피스 등의 환경단체·소비자단체·노동조합 대표 등 폭넓은 관계자가 참여했습니다.

일본에서는 후생성이 식품 용기의 안전성에 대하여 심의하고 있으므로 1998년 3월에 식품위생조사회독성·기구용기포장합동부회를 개최. 폴리카보네이트·폴리설폰·염화비닐의 세 가지 수지에서 용출하는 비스페놀A·스티렌다이머 및 트리머·프탈산 에스테르 각각에 대해 심의했습니다.

이에 따르면「당일 협의만으로 결론이 난 것이 아니다. 위의 세 가지 물질에 대해 나타난 데이터에 따르면 직접 큰 위험 또는 긴급하게 문제시되는 양에 아직 미치지 않으며 하루빨리 결론을 내려 후생성이 무엇인가를 해야 할 정도로 긴급성이 있는 것이 아니다. 어쨌든 이 일에 대해서는 검토할 문제가 남아 있다」로 마무리된 것으로 이해하고 있습니다.

현재 시장에 출시되고 있는 화학품은 사회생활의 향상에 큰 공헌을 하고 있으며 또 적어도 지금과 같은 취급형태를 양호하게 준수하는 한, 문제는 발생하지 않는다고 생각합니다. 물론 앞으로의 과학적 해명의 진전에 따라 필요한 대책을 추진할 방침은 변함이 없습니다.

그러나 위에서 기술한 것처럼 많은 화학품에 대하여 환경 호르몬의 영향이 과학적으로 해명되지 않은 관점에서도 시기상조라고 생각합니다.

국제화학협회협의회(ICCA)도 같은 관점으로 현 단계에서 의심을 불러일으키는 물질을 자주 규제할 생각은 없습니다.

〈자료출처: (사)일본화학공업협회〉

※ 참고사항 EU 집행위원회에서는 2011년 1월 말 채택된 관련 법규에 따라 각 회원국이 자국 내 실정법에 이를 반영 비스페놀A(BPA) 성분이 함유된 유아용 젖병의 수입 판매를 금지한다고 발표.

(注記) 1) 이 문제는 구미에서는 내분비 교란 문제(이른바 엔드크린 문제)로 알려졌는데 일본에서는 '환경 호르몬' 문제로 통칭하고 있어 혼란을 피하고자 가능하면 환경 호르몬 이라는 용어로 통일하여 기술했습니다. 더욱이 이 자료는 과학적 해명의 발전과 필요에 따라 내용을 수정하여 정확한 정보 전달에 노력해야 한다고 생각합니다.

4. 염화비닐(PVC)과 환경 문제

우리들의 환경과 생활에 공헌하고 있는 염화비닐 수지를 없애도 좋습니까? 현재 염화비닐을 비난하는 움직임은 과학적 근거를 무시한 일방적인 것으로 가장 큰 원인은 정보 부족에 따른 것입니다. 사회에 대한 올바른 정보를 계속 제공하는 것은 업계의 책임이며 앞으로도 염화비닐이 사회에 도움을 주기 위한 필수 요건입니다. 당 협회는 이러한 정보제공과 나아가서는 염화비닐이 사회에서 요구하는 기대에 부응하기 위한 제반 활동을 적극적으로 추진할 것입니다.

● 염화비닐을 제로로 한다고 다이옥신 문제가 해결되지 않습니다.

다이옥신 문제에 대하여 일부에서는 염화비닐을 비난하는 움직임이 있습니다. 그 대표적인 논리가 「원료에 염소를 사용하는 염화비닐은 다이옥신 발생의 주요 원인으로 염화비닐을 사회에서 배제하면 다이옥신 문제가 해결된다」라는 것입니다.

이 문제에 대한 염화비닐협회의 견해를 살펴봅니다.

(1) 쓰레기 소각로 차원에서 많은 조사·연구는 소각로에 투입하는 염소량과 다이옥신 농도 간에는 아무런 상관관계가 없다는 결론이 나왔습니다. 따라서 쓰레기 속에서 염화비닐을 제거해도 다른 폐기물에서 다이옥신이 발생하기 때문에 문제가 해결되지 않습니다.

(2) 다이옥신이 어떻게 발생하는가에 대해서는 전문가들 사이에서도 아직 명확하게 해명되지 않은 상태입니다. 그러나 염화비닐 이외의 많은 물질도 연소과정에서 다이옥신이 발생하고 있습니다.

(3) 연구결과 다이옥신 발생량은 폐기물 소각조건에 크게 의존하고 있는 것으로 알려졌습니다.

(4) 폐기물 소각조건을 개선(고온에서 완전히 연소하는 등)함으로써 다이옥신 농도를 사실상 제로(0.1ng~TEQ/Nm3)로 하는 소각기술이 완성되었습니다.

● 우리는 다이옥신 억제를 위해 노력하고 있습니다.

현재 상태에서 다이옥신의 30%는 도시 쓰레기 소각로에서 발생하고 있습니다. 따라서 다이옥신의 총량을 감소하기 위해서는

* 쓰레기 총량을 줄일 것

* 다음으로 자원의 유효활용과 쓰레기 처리량을 줄이기 위해 각종 리사이클을 하는 것이 필요합니다. 이를 위해 우리는

  (1) 폐염화비닐 제품의 리사이클을 적극적으로 추진하고 있습니다.

  (2) 리사이클을 더욱 확대하기 위해 각종 리사이클 기술 개발을 추진하고 있습니다.

  (3) 다이옥신 발생 메커니즘의 조사·연구도 진행하고 있습니다.

● **최신예 소각의 정비를 추진하면 다이옥신은 사실상 제로로 할 수 있습니다.**

전항 「2」와 같이 리사이클을 하더라도 최종적으로 쓰레기는 발생합니다. 이것은 소각되지 않습니다. 그러나 최신예 소각로의 정비를 추진하면 다이옥신은 사실상 제로로 할 수 있습니다. 다이옥신을 소각조건에 따라 억제할 수 있다는 사실에 근거하여 일본에서는 작년 폐소법(廢掃法) 개정으로 신설 전 연속로(4t/h 이상)에 $0.1ng\sim TEQ/Nm^3$의 배출 기준이 의무화되었습니다. 또 이미 설치된 고로에 대해서도 전체적 개선이 요구되고 있습니다.

우리는 이러한 정비 계획의 조기 실현을 목표로 각 지방 자치단체 등에 소각로에 관한 최신 정보와 다이옥신에 관한 정보 등을 제공하고 구식 소각로의 개선과 최신예 소각로의 설치를 강력하게 요망하고 있습니다.

● **최종적으로 쓰레기가 된 염화비닐은 열 재생(Thermal Recycle)되어 에너지로 이용됩니다.**

일반폐기물 중의 염화비닐은 다른 쓰레기와 함께 소각됩니다. 발생한 열에너지는 전력과 스팀으로 열 재생(Thermal Recycle)에 활용됩니다. 현재 전국의 100개소를 넘는 도시 쓰레기 소각시설에서 1시간당 약 50만kW의 전력이 만들어지고 있습니다. 산업폐기물 중의 염화비닐도 발전(發電)에 따라 열 재생이 시행되고 있습니다.

● **염화비닐은 지구환경에 공헌하고 있습니다.**

염화비닐은 과거 반세기에 걸쳐 전 세계에서 폭넓게 사용되었으며 사람들의 생활과 사회의 향상, 발전에 공헌해왔습니다. 또 자원 절약·에너지 절약성 등의 높은 물질로 CO_2 배출 억제와 석유자원, 산림자원의 절감에 이바지하는 등 환경에도 공헌하고 있습니다.

염화비닐이 다이옥신 발생의 원인 물질이기 때문에 사회에서 배제해야 하는 것과 같은 일부에서 볼 수 있는 현재의 논조는 이미 기술한 것처럼 잘못된 것이며 균형을 잃은 것이라고 할 수 있습니다.

▶ **염화비닐의 환경에의 공헌**

1) CO_2 배출억제에 공헌하고 있습니다.

염화비닐은 다른 소재에 비해 제조·가공공정, 연소처리 공정에서 CO_2 배출이 적은 수지라 할 수 있습니다. 일본에서 소비되는 염화비닐 수지는 200만 톤/년으로 다른 소재에 비해 제조·가공공정에서 82만 톤(탄소 환산)의 CO_2를 절감하고 있는데 이것은 1990년 일본 CO_2 총배기량의 0.26%에 해당합니다.

2) 에너지 절약에 공헌하고 있습니다.

염화비닐은 그 수지 제조공정에서 다른 플라스틱에 비해 에너지 소비가 훨씬 적은 에너지 절약 수지일 뿐 아니라 제조 가공공정에서도 다른 소재와 비교해 현격한 에너지 절약형입니다. 그 절감량은 일본에서 소비되는 염화비닐 제품이 200만 톤/년으로 석유로 환산하면 연간 약 340만 kl 분량. 20만 톤 탱크 15대 분량입니다. 이것은 일본 총에너지 사용량의 약 1%에 상당하는 것으로 에너지 절약에도 크게 이바지하고 있습니다.

3) 석유·천연가스의 자원 절감에 공헌하고 있습니다.

염화비닐은 그 조성 성분의 57%가 소금으로서 43%만 석유·천연가스에 의존하기 때문에 석유자원 등의 절감에 크게 이바지하고 있습니다. 염화비닐의 세계 생산량은 2.500만 톤/년으로 이 중 석유·천연가스에 의존하지 않는 양은 1,400만 톤/년입니다. 다른 플라스틱과 비교해 1,400만 톤/년의 석유자원 등을 절감하게 됩니다. 이 양은 전 세계에서의 플라스틱 생산량의 약 10%에 상당합니다.

4) 산림자원의 보호에 공헌하고 있습니다.

염화비닐은 바닥재·벽지재 등의 용도로 목재와 종이를 대체하여 이용되고 있으며 일본 내에서의 대체분량만 해도 약 10만 ha, 전 세계 베이스로는 약 108만 ha로 산림의 과잉 벌채를 방지하여 산림자원 보호에도 큰 역할을 담당하고 있습니다.

〈자료출처: 염화비닐환경협회〉

5. 발포스타이렌(PSP)과 환경 문제

● 발포스타이렌 트레이는 환경 적응성이 우수합니다.

발포스타이렌 트레이는 종이 트레이에 비해 환경 적응성이 뛰어나다는 것이 플라스틱처리촉진협회가 정리한 「플라스틱 등 포장 재료의 환경영향평가」에 의해 밝혀졌습니다. 환경영향평가(LCA: Life Cycle Assessment)는 지구환경에 부드러운 재료의 욕망이 강해 원재료의 채취부터 제품 폐기까지의 전 과정에서 요구되는 에너지와 발생하는 환경부하를 종합적, 객관적으로 평가하고 지구환경에 부드러운 제품을 만들기 위해 행해지는 것입니다.

우리는 발포스타이렌 트레이가 종이 트레이에 비해 환경부하나 자원성을 포함하여 환경에 부드러운 소재임이 알려지기는 이번 LCA 조사를 통해 알게 되었습니다.

[표 10-3] 트레이 1,000매당 환경영향평가 비교

구 분		PS 트레이	종이 트레이	PSP/종이
중 량		4.4kg	21.9kg	1/50
천연재료		원유 4.4Kg	원목 11.4Kg	-
중량별 원료		발포제 0.156	고지 17.70Kg	-
에너지 소비		47.0x10^{3}Kcal	145.4x10^{3}Kcal	1/3.1
대기 오염 물	CO_2	14.50Kg	44.62Kg	1/3.1
	NO_2	0.015Kg	0.112Kg	1/7.5
	SO_2	0.074Kg	0.081Kg	1/1.1

같은 크기의 트레이 (135x135m)를 태울 때 발생하는 트레이 장당 열량, 잔재량, 가스량의 일례

● 발포스타이렌 트레이는 소각해도 문제가 없습니다.

플라스틱류는 일반적으로 발열량이 많으므로 플라스틱 쓰레기가 많아지면 소각로의 가동률이 떨어지고 설계량의 쓰레기를 태울 수 없게 됩니다. 확실히 플라스틱의 단위 중량으로 보면 발열량은 종이나 목재의 2배 이상이 됩니다. 그러나 제품의 발열량이라고 하는 것은 단위 중량당의 발열량과 제품의 총 중량을 곱하여 표시하므로 제품의 중량이 적으면 그만큼 열량이 적게 됩니다.

[표 10-4] 종이보다 낮은 소각 에너지

트레이	1장당 중량 (g)	발열량 (cal)	잔재량 (mg)	이산화탄 (mg)	일산화탄소 (mm)	염화수소 (mg)	유황산화물 (mg)	질소산화물 (mg)
PS	3.3	34.551	0.04	5.775	561	배출안함	배출안함	배출안함
미백지	8.3	42.247	0.37	13.280	7.162	배출안함	5.81	배출안함
종이	10.1	39.995	0.75	17.270	1.151	배출안함	10.10	배출안함

발포스타이렌 트레이와 종이 트레이의 단위 중량당 발열량은 발포스타이렌 트레이가 1kg당 9,600Kcal이고, 종이 트레이는 1kg당 4,000Kcal로 발포스타이렌이 종이의 2, 4배입니다만 표와 같이 발포스타이렌 트레이와 종이 트레이를 1장당의 제품으로 비교하면 발포스타이렌 트레이 쪽이 제품 중량이 가벼워 발열량도 발포스타이렌 트레이 쪽이 종이 트레이 보다 적어집니다. 쓰레기 소각로에서 플라스틱이 있으므로 발열량이 유지되며 플라스틱이 없다면 별도로 보조연료를 투입해 주어야 합니다.

- 잔량, 이산화탄소 발생량이 적습니다.
- PSP, 고지, 종이 등 재질이 다른 트레이를 연소시킬 때 발생하는 가스량을 비교해 보았습니다.

우선 지구의 온난화를 촉진하고 있다고 하는 이산화탄소의 발생량이 매우 적은 것이 발포스타이렌 트레이입니다. 또한, 대기오염의 원인이 되는 유황 산화물의 발생량도 적다는 것을 알 수 있습니다. 종이, 목재 등을 태우면 아황산가스 등이 발생하나 발포스타이렌 트레이에서는 일절 나오지 않습니다.

● **완전히 연소하면 이산화탄소와 물이 됩니다.**

발포스타이렌 트레이는 완전히 연소하면 이산화탄소와 수증기가 되어 재를 거

의 남기지 않게 됩니다. 그러나 로의 밖에서 태울 때는 산소 부족으로 검은 그을음이 납니다. 이것은 순수한 탄소 입자로 해가 없지만, 세탁물을 더럽힐 우려가 있어 세탁물 근처에서 태우는 것은 삼가야 합니다.

[연소 반응의 일례]

<완전 연소의 경우>   <불완전 연소의 경우>
$C_aH_a + 10O_2$ $C_aH_a + 4O_a$

$8CO_2 + 4H_2O$ $CO_a + 2CO + 5C + 4H_2O$
                            ⋮

- **유해가스가 전혀 나오지 않습니다.**
발포스타이렌 트레이는 폴리스타이렌을 발포시킨 것으로 완전히 연소하면 유해가스를 발생시키지 않으며 가스에 의한 소각로를 손상하는 일이 없습니다.
- **태워도 다이옥신은 나오지 않습니다.**
폴리스타이렌은 염소가 들어 있지 않은 수지로 이것만 태웠을 때는 다이옥신을 발생시키지 않습니다.

- **최근의 다이옥신 발생 방지**
최근의 기술에 의하면 일반폐기물의 소각 시 연속 고온으로 연소 시킴으로써 다이옥신 발생을 억제한다는 것이 밝혀졌습니다. 또한 다이옥신의 배출을 안전기준 이하로 하기 위하여 폐기물 소각시설의 구조기준 및 유지관리 기준에 의한 정부령도 공포되어 있습니다.

<자료출처: 일본플라스틱처리촉진협회>

6. 플라스틱을 잘 사용하는 방법

- **불 옆에 두지 말아 주세요.**

  열경화성 플라스틱 이외의 플라스틱 등은 열에 약합니다. 가스레인지나 히터 등 불 옆에 두면 변형될 수 있습니다. 또 뜨거운 물에 약하기 때문에 품질 표시의 내열 온도를 확인하고 사용하십시오. 열에 강한 것이라도 많이 끓이면 플라스틱의 노화 현상이 빠를 수도 있습니다.

- **직사광선을 피해 주십시오.**

  플라스틱은 직사광선을 쪼이면 노화되어 약해지며 깨지기 쉬워집니다. 쓰레기통, 세숫대야 등은 될 수 있으면 직사광선에 노출되지 않도록 하는 것이 오래 사용할 수 있는 비결입니다.

- **기름이나 알코올류의 보존은 신중하게 해야 합니다.**

  플라스틱은 일반적으로 산이나 알칼리 등의 내약품성이 뛰어납니다만 종류에 따라서는 기름이나 알코올에 약한 것이 있습니다. 예를 들면 플라스틱 등의 용기에 식용유나 알코올류 등 오래 보관해두면 가는 금이 생기기도 하고 불투명해질 수가 있습니다.

- **살살 닦아 주세요.**

  플라스틱 표면은 의외로 부드럽고 상처가 생기기 쉬우므로 수세미나 솔로 빡빡 닦는 것은 금물입니다. 스펀지나 중성세제로 살살 닦아 주세요.

- **전자레인지 오븐에서 사용할 때는 이렇게 해주세요.**

  전자레인지나 오븐에 플라스틱 용기나 랩 필름을 사용할 때는 취급표시 내용을 확인하신 후 사용하십시오. 전자레인지나 오븐에 사용할 수 있는 내 열선이 강한 플라스틱도 있습니다. 전자레인지에 사용하는 경우에는 기름기가 있는 식품은 이상하게 온도가 높아지기 때문에 플라스틱 용기나 랩 필름을 유성 식품에 직접 닿지 않도록 취급하십시오.

- **플라스틱 도마는 위생적입니다.**

  플라스틱 도마는 나무 도마보다 여러 가지 균이 덜 붙는다는 장점을 갖고 있습니다. 지역에 따라서는 음식점 등의 업무용으로는 위생상의 이유를 들어 플라스틱 도마 사용이 의무화된 곳도 있습니다.

- **폴리백이나 랩을 잘 사용합시다.**

  폴리백과 랩은 식품을 포장하여 저장할 때 매우 편리합니다. 수분이 빠져나가는 것을 방지하여 채소나 과일 본래의 싱싱함을 늘 유지하고 다른 식품의 냄새가 배는 것을 방지하는 효과가 있습니다.

- **음식물을 장기간 보존하지 마십시오.**

  플라스틱제 밀봉 용기는 잡균의 침입이 어렵기는 하지만 뚜껑을 돌려서 막는 병 등의 용기에 비하면 밀봉 도가 떨어집니다. 식품의 장기보존은 피하는 것이 좋은 것 같습니다. 김치와 같이 색깔이 있거나 장기간에 걸쳐 보관이 필요한 경우에는 용기 안에 폴리백과 같은 필름을 이용하는 것도 장기보관의 지혜가 되겠지요.

- **냉동, 냉장고에 넣을 때는 내냉온도를 확인하십시오.**

  뚜껑이 있는 플라스틱 용기는 냉동식품의 보존용으로서도 편리합니다. 그러나 냉동실 내의 온도는 마이너스 -20℃나 되니까 품질, 형상에 의해서는 견디지 못하고 금이 가는 것도 있습니다. 품질 표시에 있는 내냉온도를 확인하십시오.

- **유기용제는 넣지 마세요.**

  벤젠, 신나 등의 유기용제는 플라스틱을 녹이는 작용이 있으므로 넣지 마세요.

- **사용 목적 이외의 사용은 하지 마세요.**

  플라스틱 제품은 각각의 용도에 대해 가장 적정한 플라스틱이 사용됩니다.

- **플라스틱 제품에도 수명이 있습니다.**

  식기나 식품을 놓는 용기는 적당한 시기에 바꿔야 할 필요가 있습니다. 상처가 나 있거나 바슬바슬해지거나 이상한 냄새가 날 때는 새것으로 바꾸세요.

※ 참고사항: 냉장고 등에서 음식물을 보관하는 용기들은 짙은 색상보다 백색 투명한 용기가 좋습니다. 짙은 색상은 재생원료나 첨가제가 혼합되어 있을 수 있습니다.

7. PL(Positive List) 제도

　국내외적으로 식품용 기구 용기 포장을 비롯해 생활 화학제품들의 안전성에 관한 관심이 높아지고 원자재에서부터 최종 제품에까지의 전 과정에서 사용되는 물질의 성분공개와 소비자와의 소통 증대 방안이 강구되고 있다.

　현행 우리나라의 식품위생법 제8조(유독 기구 등의 판매, 사용금지), 제9조(기구 및 용기·포장에 관한 기준 규격)에서는 "유독·유해물질이 들어 있거나 묻어 있어 인체의 건강을 해칠 염려가 있는 기구 및 용기·포장과 식품 또는 식품 첨가물에 직접 닿으면 해로운 영향을 끼쳐 인체의 건강을 해칠 우려가 있는 기구 및 용기·포장을 판매하거나 판매할 목적으로 제조, 수입, 저장, 운반, 진열 또는 영업에 사용하지 못하도록 규정"하고 있다. 그러나 추상적인 조문으로 되어있어 실제로는 최종 제품을 생산하는 제조자의 책임을 요구하고 있다.

　이와 같은 우리나라의 관리제도는 식품과 접촉되는 최종 제품만을 관리하는 사후적 관리이기 때문에 주원료와 부재료·첨가제 등에 대하여는 실질적으로 어떤 물질이 함유 또는 잔류해 있는지를 판단하기 어려운 실정이다.

　유럽연합, 미국 등 선진국에서는 기구 및 용기·포장에 사용 가능한 원료 물질의 사전 관리제도를 시행하고 있으며, 중국의 경우 유럽연합의 관리제도를 벤치마킹하여 원료 물질에 대한 국가표준을 마련하고 있고, 일본의 경우 폴리올레핀위생협의회 등 5개 단체에서 자율적으로 PL 제도를 운용하여 합성수지 식품용 기구, 용기·포장에 대한 소비자의 불안한 안전관리의 불확실성을 감소시키고자 노력하고 있다.

　우리도 생활 방식의 변화와 함께 날로 사용량이 증가하고 있는 합성수지 식품용 기구, 용기, 포장재에 대해 불확실성을 해소시킬 수 있는 방안이 요구되고 있다. 국제적으로 통용되고 있는 포지티브 리스트(사용 가능 물질)를 활용하여 적절한 재료 사용을 보급하고, 더불어 자율안전관리 체계를 구축하여 안전성을 보다 높여줄 방안 마련이 필요한 것이다.

PL 제도는 합성수지(원료), 첨가제 생산업체들이 자사가 사용하는 원료 물질을 사업자 단체에 신고하여 사용 가능 물질임을 확인받고, 이를 이용해 1, 2차 가공업체(필름·시트)들이 제품을 생산하였음을 등록·확인받아 용기·포장에 PL 마크를 표시한다. 식품 제조업체들은 등록 확인 표시된 용기·포장재를 사용하여 소비자들이 PL 마크를 통해 식별할 수 있도록 하는 제도이다. [표 10-5]는 2017년 (사)한국플라스틱포장용기협회가 추진하던 PL 제품 등록절차에 대한 그림이다.

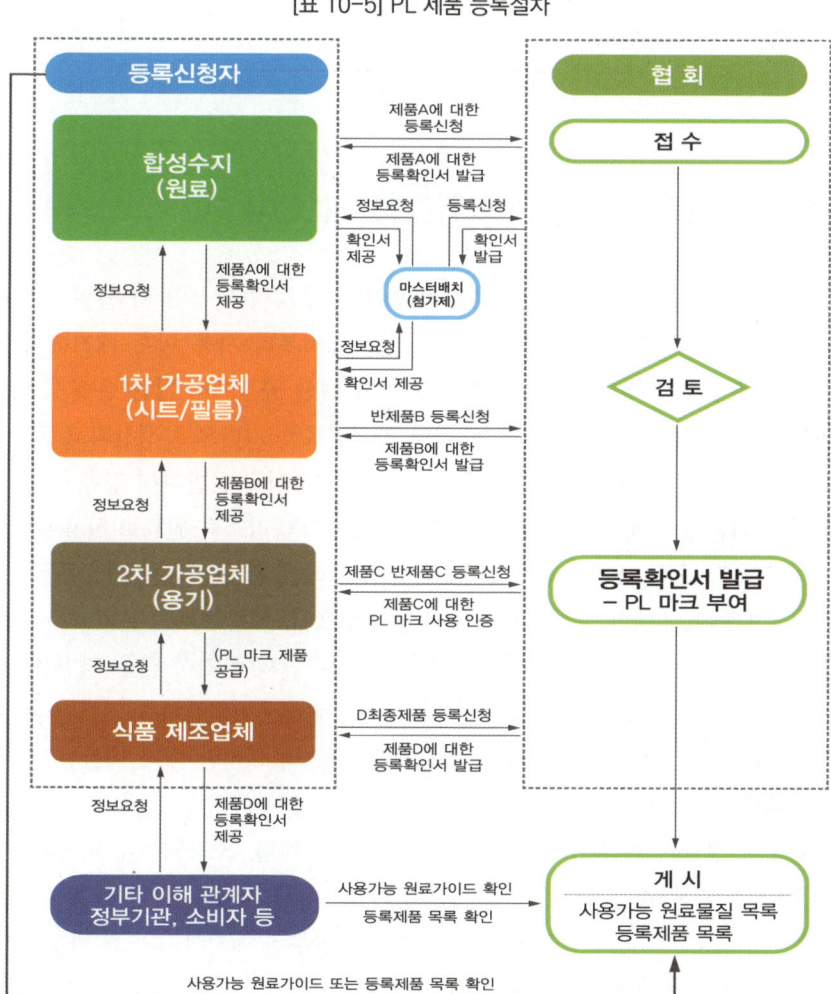

[표 10-5] PL 제품 등록절차

11장 플라스틱 제품 전 과정 환경영향평가 (LCA)

플라스틱 제품 전 과정 환경영향평가 (LCA)

환경 운동가들을 중심으로 플라스틱에 대한 부정적 인식의 바탕에는 다음과 같은 논리가 전개된다. "플라스틱은 생산에서부터 사용 이후 폐기까지의 전 과정에서 환경 영향을 발생시키는데 먼저 생산 공정에서 많은 온실가스를 배출하게 된다. 플라스틱의 99%는 천연 화석연료를 기반으로 생산되고 있다. 플라스틱을 생산하기 위해서는 석유와 가스를 채굴하고 운반하여 정유 공장으로 가게 되는데 세계 석유 소비량의 약 6% 정도가 플라스틱 원료로 사용된다.

2015년도 기준 미국에서는 플라스틱을 생산하기 위해 석유나 가스채굴 및 운반에 9.5~10.5백만 톤의 CO_2 eq가 발생했으며, 대략 108만 톤의 CO_2 eq가 발생했다. 특히 플라스틱 생산 공정 중 지구온난화에 가장 많은 영향을 미치는 공정은 정유 공정이다. 2015년 기준 미국에서만 어림잡아 17.5백만 톤의 CO_2 eq가 정유 공정에서 발생했으며, 이는 자가용 380만 대가 내뿜는 온실가스 배출량과 같다.

이렇게 생산된 플라스틱은 사용 이후 재활용, 매립, 소각되는데 미국의 경우 2015년 기준 소각으로 5.9백만 톤의 CO_2 eq가 나왔으며 전 세계적으로 16백만 톤의 CO_2 eq가 발생했다. 플라스틱 생산부터 폐기까지의 전 과정에서 발생하는 지구온난화 가스를 추산해보면 2019년도 86억 톤 CO_2 eq에 달하며, 2050년 280억 톤에 달할 것으로 예측된다. 280억 eq는 615개의 석탄발전소에서 발생되는 온실가스 배출량과 동일하다".[1]

플라스틱만 보았을 때는 부정할 수 없겠다. 그러나 인류는 의, 식, 주 문제를 해결하고 생활을 영위하기 위해 철, 구리 알루미늄 등 지하자원이나 흙이나 돌, 모래, 또는 동·식물에서 얻어지는 천연자원을 이용해야만 한다. 인류는 18세기 후반 화석연료라는 새로운 에너지원을 대량으로 이용하면서 사람과 동물의 힘 대신 화석연료가 적용되었으며 사회적 경제적 발전을 이루었고 산업화를 가져왔다. 전통적 에너지자원의 경우 6억7천만 명을 지탱할 수 있었지만 10배 이상 많아진 세계 인구를 먹여 살릴 수 있을 만큼 식량 생산을 늘렸다.[2]

플라스틱은 식량 증산뿐만 아니라 인류 생활을 편리하고 윤택하게 한다. 우리가 간과해서는 안 될 것은, 만약 플라스틱이 없다면 어떠한 물질이든지 이용해야만 하며 그 물질에 대해 원자재 채취에서부터 최종처리까지의 전 과정이 평가되어야 한다는 것이다.

1. LCA (Life Cycle Assessment)란?

LCA란, 제품의 원료채취로부터 원재료 제조, 가공, 조립, 제품사용, 최종적으로 폐기에 이르기까지의 전 과정(라이프 사이클)에 있어서 환경부하를 종합하여 과학적, 계량적, 객관적으로 평가하는 방법이다.

플라스틱 제품에 적용해보면, 근원이 되는 원유는 땅속에서 채굴되어, 파이프라인으로 적출항에 보내지고 선박에 의해 우리나라에 보내지며 석유회사의 정유 플랜트에서 석유제품이 되지만, 이 중에 나프타가 분해, 중합공정을 거쳐 PE, PP, PS 등으로 되고 이것이 플라스틱 제품제조에 사용된다. 제조된 플라스틱 제품은 시장에 보내져 사용되고 사명을 다하면 폐기되는데 어떤 것은 재활용되고 연료로 사용되거나 태워지고 혹은 매립된다.

1) (플라스틱 패키징 감축의 사회적 가치, 사회적 가치연구원, 2022.07.)
2) (빅 히스토리, 2022.12.23.)

원유채굴 ⋯ (운반) ⋯ 석유정제 ⋯ (운반) ⋯ 플라스틱 원료(펠릿) 제조 ⋯ 운반 ⋯ 플라스틱 제품제조 ⋯ (플라스틱원료가공) ⋯ (운반) ⋯ 플라스틱 제품사용·폐기 ⋯ (운반) 최종처리(재활용, 소각, 매립)

2. LCA와 LCI 분석

정부 기관, 각종 단체, 연구기관 등에서는 여러 가지 데이터를 발표하고 있다. 일본 플라스틱자원순환협회가 플라스틱에 관한 목록조사 결과를 어느 정도 공표하고 있으며 이런 데이터를 사용하여 여러 가지 제품의 LCI(라이프 사이클 목록)를 분석한 예를 들면 LDPE를 사용해서 압출성형에 의한 규격봉투 1t을 생산하는 경우의 에너지 자원소비량의 경우

① 자원에너지 (원료 수지·첨가제 유래분) 46,103MJ/t * 1,066(원 단위)
   = 49,151MJ/t
② 공정에너지 (원료 수지·첨가제 유래분) 26,132MJ/t * 1,066(원 단위)
   = 27,861MJ/t
③ 공정에너지 (해당 공정분) = 7,696MJ/t
①+②+③ = 84,709MJ/t

포괄적으로 말하면 ①이 LDPE 수지(펠릿)의 총 발열량, ②가 수지원료(원

[표 11-1] 수지별 사용된 화석 자원의 열 평가치

(단위: MJ/t)

구 분	공정에너지 (MJ)	자원에너지 (MJ)	CO_2 ($Kg-CO_2$)	Sax	Nox
LDPE	26,132	46,103	1,518	3,286	3,421
HDPE	22,324	46,194	1,326	3,118	3,015
PP	25,091	45,817	1,483	3,245	3,220
PS	28,188	45,626	1,920	3,330	3,577
EPS	29,957	45,527	1,939	3,441	3,627
PVC	**24,790**	**21,273**	**1,449**	**2,174**	**2,432**
BPET	28,120	34,772	1,578	3,549	3,023
PMMA	60,902	49,372	4,073	4,718	5,618

자료: 일본플라스틱순환이용협회(2009년 9월)

유)채취에서 나프타정제, LDPE 수지(펠릿) 제조까지에 필요한 에너지양, ③ 이 제조업자에 의한 수지 (LDPE) 펠릿의 제품화(압출성형에 의한 봉투제조)에 필요한 에너지양이 된다.

[표 11-1]에서는 PVC가 자원에너지 부분 등에서 가장 환경친화적 재료임을 보여주고 있다.

3. 청량음료 용기에 대한 전 과정 환경영향평가 분석

다음은 독일, 영국 등에서 발표한 청량음료 용기의 환경영향평가 분석 내용을 정리했다.

3.1 청량음료 용기의 환경 영향 평가

- 분석방법_Franklin Associates (2009)
  - 12온스용 알루미늄 캔, 8온스용 유리병, 20온스용 페트(PET)병 등 세 가지 일회용 청량음료 용기들의 에너지 소요량, 폐기물 발생량, 온실가스 배출량 비교
  - 비교를 위해 청량음료 100,000온스 기준으로 계산

- 분석결과
  - 에너지 소요량: 유리병이 페트병의 2.4배, 알루미늄 캔은 페트병의 1.5배
  - 폐기물 발생량: 유리병이 페트병의 14.8배, 알루미늄 캔은 페트병의 2.5배
  - 온실가스 배출량: 유리병이 페트병의 3.9배, 알루미늄 캔은 페트병의 2.2배
  - 유리병이 적어도 4번 재이용되어야 페트병과 환경적 편익 유사

3.2 플라스틱 제품 환경적 편익 분석

- 분석방법_Franklin Associates (2009)

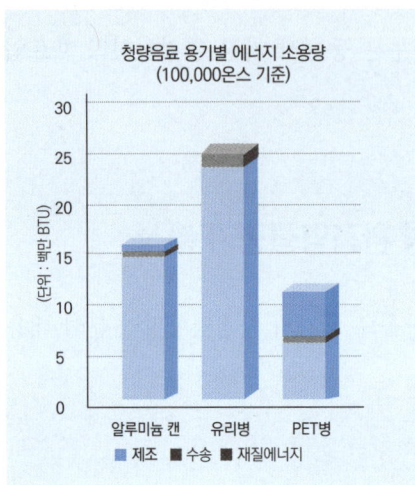
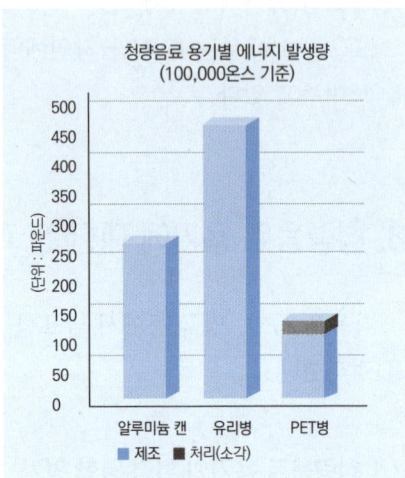

4. 플라스틱 제품 환경영향평가(LCA) 동향

최근 지구의 환경문제에 관한 관심이 고조됨에 따라 자연환경을 유지하면서 사회 환경을 향상하고자 하는 욕구와 아울러 환경에 미치는 부담을 정량화하려는 욕구가 강해지고 있다. 이렇게 관심이 높아지고 있는 가운데 플라스틱이 [환경 부적합 재료]로 인식되기도 한다. 그 원인이 플라스틱은 썩지 않고 재활용이 안 되며 소각 시 다이옥신이 발생한다는 잘못된 인식 때문이다.

우리는 모든 재료가 폐기 단계뿐만 아니라 원료 채집에서부터 제조, 가공, 이차가공, 유통을 포함해 폐기까지의 전 과정에서 정확하게 평가할 필요가 있으며 정서적, 감정적인 것이 아니라 과학적 근거를 기초로 한 것이어야 한다고 생각한다.

[요람에서 무덤까지]의 전 생애에서 환경에 미치는 영향을 평가하는 것이 Life Cycle Assessment (LCA) 이다. 다음은 플라스틱 제품에 대해 독일, 영국 등에서 발표한 LCA와 관련된 분석자료이다.

● 분석방법_독일 Denkstatt (2010)

174개의 플라스틱 제품을 플라스틱이 아닌 타 재질로 대체할 때 변화되는 총 중량, 에너지소비량, 온실가스 배출량을 계산 (유럽 27개국 1년 기준)

- 총중량 3.7배 증가
- 에너지소비량 57% 증가
- 온실가스 배출량 61% 증가

[표 11-2] 재질별 온실가스 배출량

제 품	플라스틱 재질 (현재)	비 플라스틱 재질 (대체의 경우)
제품 중량 (단위: 백만 톤)	39	146
에너지 소비 (단위: GJ)	4,270	6,690
온실가스 배출 (단위: 백만 톤)	204	328

● 분석방법_영국 Environmental Agency (2010)

영국에서 소비되는 7종류의 슈퍼마켓 쇼핑백들의 생산, 소비, 그리고 처리 과정에서의 전 생애적 환경적 영향을 분석

[표 11-3] 쇼핑백 재질별 전 생애 지구온난화 지수(GWP) 현황

(단위: kg CO_2 eq)

재 질	원재료 생산	제품 생산	수 송	폐기물 처리	합 계	재이용
HDPE 백	0.92	0.44	0.14	0.08	1.58	-0.49
HDPE 백 (분해첨가제)	1.02	0.49	0.16	0.09	1.76	-0.54
녹말-폴리에스터 백	2.09	0	0.75	1.34	4.18	-1.05
종이 백	3.98	0	0.72	0.72	5.53	0.11
LDPE 백	4.57	1.66	0.35	0.35	6.93	0
부직 PP 백	16.56	1.72	1.72	1.51	21.51	-2.15
면직물 백	263.39	2.72	2.72	2.72	271.55	0

맺으며...

6.25 전쟁으로 피폐해진 국내산업은 휴전 협정이 체결되고 전쟁이 멈추게 되면서 제지, 고무, 화장품, 비누 등의 업종 중심으로 산업이 형성되었다. 플라스틱 산업도 비록 소규모이지만 열경화성 합성수지를 중심으로 사업이 재기되었으며 소규모이지만 열경화성수지가 국산화되면서 참여업체가 늘어나게 되었고 1954년에는 전기 소켓, 쟁반, 건 식기, 전화 케이스, 장난감, 농약병 마개 등을 생산하는 40여 개 업체가 「대한합성수지공업회」를 결성하여 활동하기 시작했다.

1945년 설립된 태평양화학이나 1947년 설립된 락희하학 등이 화장품사업에 진출하면서 플라스틱 수요는 증가하게 되었다. 베크라이트를 이용하여 화장품 뚜껑을 생산하게 되었는데 잘 깨지는 문제가 발생했다. 이 과정에서 락희화학은 국내 처음으로 사출기를 도입하게 된다. 1950년대 후반에는 사출성형기뿐만 아니라 압출성형기, 카렌다성형기 등 플라스틱 성형기 수입이 다양화되었고 자본가들이 앞다투어 플라스틱공장을 신설하는 등 경쟁 관계가 형성하게 되었으며 생산 제품도 필름, 시트, 파이프, 전선 피복, 튜브, 칫솔, 바구니, 대야, 양동이, 바가지, 신발창, 전기기구 부품, 타일 장판류 등 약 100여 개 품목이 생산되었다.

1961년 군사 정변이 발생하고 새로운 정부가 1962년부터 경제 개발 5개년계획을 추진하고 중소기업협동조합법 시행령이 공포됨에 따라 「대한합성수지공업협회」는 「한국합성수지공업협동조합」으로 명칭을 바꾸어 1962년 5월 8일 상공부의 인가를 받게 된다. 조합은 정부의 갖가지 지원책에 힘입어 다양한 사업을 추진하면서 플라스틱 산업발전을 위한 디딤돌이 된다.

AID 합성수지자금 등 외화자금 배정, 합성수지 피혁 제조용 면사 수입배정, 목동 합성수지 수출산업단지 조성(약 1만2천 평), 세율조정(물품세 40%, 수입세 30%), 생산 제품 가격 안정화, 단체수의계약납품(농업용 폴리에틸렌 필름,

폴리에틸렌 중 포대, 소금 포대)을 맡아 했으며, 특히 월남전 주요품목으로 일본이 독점 납품했던 샌드백(sand bag)을 우리나라에서 생산·납품할 수 있도록 했다. 1967년 10월에는 서울 시민회관 특별 전시장에서 합성수지제품 전시회를 개최하기도 했다. 협동조합은 이밖에도 부족 원료 공동 수입배분, 한·일 플라스틱업계간담회개최, 해외 플라스틱 전시회 공동 참여 등 사업자 단체로서 역할을 본격적으로 수행하게 되었다.

1970~1980년대에 들어 플라스틱 산업은 선풍기, 냉장고, TV 등 가전제품의 수출 경쟁력을 가질 수 있도록 뒷받침했으며, 자동차 산업의 발전도 진전이 이루어졌는데 플라스틱 부품 생산업체들의 활약이 지대했기 때문이다. 1980~1990년대에는 과자, 빵, 라면 등 식품산업과 화장품, 의약품, 세제류 등의 산업에서 플라스틱 용기 포장이 활용되면서 관련 산업발전의 밑거름이 되었다. 이처럼 플라스틱은 일상생활에서뿐만 아니라 산업에서 폭넓게 활용되고 관련 산업의 발전과 수출 경쟁력을 높일 수 있도록 중요한 역할을 감당하게 되었다.

제5장 플라스틱의 용도와 종류에서 알 수 있듯이 플라스틱은 생활필수품의 70% 정도가 연관되어있고, 농업·어업 및 건축용 자재와 전기·전자, 자동차, 비행기 등의 산업에서 50% 정도가 플라스틱과 조합되어있으며, 의류·스포츠·레저 등 생활 전반에 이용되고 있어 이제 플라스틱이 없는 세상은 상상할 수 없게 되었다.

인류가 살아가기 위해 토기와 석기, 각종 식물, 동물의 뼈와 가죽, 금, 은, 동, 알루미늄 등 천연자원이 필요하였으며 천연자원을 플라스틱이 개발되면서 많은 분야에서 이와 같은 자연자원을 대체할 수 있게 되었다. 플라스틱의 특성과 기능을 이용해 상품들이 개발되고 생활과 산업에 적용되면서 오늘날과 같이 편리하고 풍요로운 생활을 할 수 있게 되었다. 플라스틱이 없었다면 많은 천연자원이 훼손되고 고갈되었을 것이다.

플라스틱은 지구온난화문제에도 매우 유익한 물질이다. 보온성·단열성이 뛰어난 플라스틱은 농·어업에서 한겨울이나 한여름에도 추위나 더위를 막아주어 식량 증산에 도움을 준다. 건축용 자재로 쓰이는 플라스틱은 생활에 필요한 물을 공급하고 실내에서 에너지가 절약될 수 있도록 냉·난방을 돕는다. 방수·방습성이 뛰어난 플라스틱은 수분과 공기를 차단하여 부식을 방지하고 많은 에너지 소비를 막아준다. 경량성·내마모성이 우수한 플라스틱은 자동차·비행기·배 등 타고 다니는 것들을 경량화시켜 많은 에너지를 절약시킨다. 가벼우면서 강한 플라스틱은 용기 포장 등 물류에서 많은 에너지를 절약한다. 전기 전열 성이 뛰어난 플라스틱은 에너지를 운반·보관·이용하는 전선과 냉장고·TV·에어컨 등 전기제품에 유용하다. 위생성 성형성이 우수한 플라스틱은 인체의 에너지공급에도 유용하게 사용된다. 각종 의류를 비롯해 인공신장이나 인공 뼈, 주사기·수혈 팩 등 인류가 필요로 하는 에너지를 생산·공급하도록 돕는다.

플라스틱은 사용 후에도 탄소 중립정책에 부응하여 여러 가지 재활용방법이 적용된다. 플라스틱 재활용방법은 ① 열을 가하여 용융시켜 또 다른 플라스틱 제품을 만드는 물질 재활용(M.R:Material Recycle) 방법, ② 발열량이 석유와 같이 높아 지역난방이나 전기를 생산하는 연료화(T.R:Thermal Recycle) 방법, ③ 열이나 촉매 등의 화학적 반응으로 유화·가스화를 하거나 다시 플라스틱원료를 생산하는 화학적 재활용(C.R:Chemical Recycle) 방법 등으로 이용된다.

일부 선진국에서는 화학적 재활용을 물질 재활용 범주에 포함시키고 있으며 물질 재활용방법으로는 재활용률이 25~35% 정도로 한계가 있어 시멘트공장을 비롯해 석회석, 염색, 제지, 제약, 화장품 등 에너지를 대량으로 필요로 하는 공장에서 석탄이나 석유 가스등의 대체 연료로 활용된다. 지방자치단체에서는 소각 처리할 수밖에 없는 가연성 일반폐기물과 혼합하여 친환경 소각기술을 적용해 지역난방이나 전기를 생산하는 대체에너지 자원으로 활용한다. 260쪽 〈그림 9-3〉에서 보는 바와 같이 일부 선진국들은 플라스틱 재활용률이 100%에 가까운 나라들도 있으며 최근 우리의 경우 화학적 재활용방법이 자원순환형 사회 구축이라는 측면에서 새롭게 조명되고 있다.

폐기물 관리문제는 제품을 생산하는 사업자와 사용 후 배출하는 소비자, 분리수거를 하는 지방자치단체와 재생 사업자, 그리고 정책을 만들고 관리하는 중앙정부가 있어 각 주체들의 역할분담과 시스템을 어떻게 구축·운영하느냐에 따라 결정이 된다. 몇천억 원을 투자하여 시설을 설치해도 시스템이 잘 작동하지 않으면 무용지물이 될 수밖에 없다. 무엇보다 재활용 시스템을 세밀하고 철저하게 구축하고 효율적으로 관리 운영할 것인지를 정하는 정부의 책임이 크다 할 것이다. 국민의 의식 수준이 그 어느 때 보다 높아져 있으며 사업자들은 정부 시책에 따를 수밖에 없기 때문이다. 재활용이 잘되지 않아 발생 되는 문제를 플라스틱에 전가하지 말자.

탄소 중립정책과 더불어 우리가 고민하는 것은 지구온난화 문제를 해결하기 위해 화석원료를 탈피하고 바이오 플라스틱을 사용해야 해야 하며, 소각에 의한 에너지 회수를 재생에너지로 인정하지 않으려는 것이다. 에너지 생산에서 원자력을 이용하거나 폐기물을 이용하는 대체에너지는 탄소 중립정책에서 고려하지 않고 있으며, 화석연료 사용을 산업화 이전으로 돌아가야 한다는 것이다. 그렇지만 일각에서는 재생에너지는 대량생산, 대량수송, 대량소비가 불가능하고 바이오 플라스틱은 생산이 제한적일 수밖에 없어 현재로는 이상적인 해결책이라고 할 수 없다고 보기도 한다. 우리의 실정에서 충분히 검토되어야 할 과제가 아닌가? 염려된다.

화석연료(燃料)와 화석원료(原料)는 구분되어야 한다. 화석연료는 석유를 내연기관을 통해 연료로 사용하지만, 화석원료는 철, 구리, 알루미늄 등 천연자원을 대체하여 석유가 사용되는 것이다. 플라스틱이 개발되지 않았다면 이들 천연자원을 채취하고 가공하여 사용했을 것이며 그러기 위해서는 천연물질과 이를 가공하기 위해 또 다른 많은 에너지가 필요했을 것이다. 어느 물질을 이용할 것인지는 요람에서 무덤까지의 전 과정 환경영향평가(L.C.A)가 필요하다.

우리나라는 에너지 수요의 93%, 광물질 수요의 95% 수입에 의존하고 있다. 나무나 천·종이·비닐 조각 등 생활에서 나오는 가연성 쓰레기는 단순 소각처리할 것이 아니라 전기를 생산하거나 지역난방에 활용하여 대체에너지

자원으로 활용되어야 한다. 이 경우 에너지 밀도가 높은 플라스틱은 다른 쓰레기를 태우는 조연제(助燃劑) 역할을 한다. 플라스틱이 없으면 석유나 가스를 별도로 투입해 주어야 한다. 플라스틱은 광물질의 대체소재로 광범위하게 사용되고 있어 각종 제품을 생산하고 수출해야 하는 우리의 실정에서 광물질 수입대체효과는 이루 다 말할 수 없다. 「탈 플라스틱」이라는 이야기를 가볍게 할 수 있을까? 플라스틱은 불법 투기와 소각처리를 금지하고, 매립 제로화 정책을 추진하면 MR, TR, CR 등 어느 방법으로든 재활용될 수밖에 없다. 이것이 플라스틱으로 인한 환경 문제해결을 위한 지름길이라고 생각한다.

지구온난화 문제는 해결되어야 한다. 강력하게 추진되고 있는 탄소 중립정책은 화석원료에서 식물유래 바이오 플라스틱으로 전환될 것이며 그렇게 되면 지금까지 너무 저렴한 가격에 유통되어 값싼 물건으로 취급되어온 플라스틱의 가치는 더 인정될 것이다. 석유 유래이든 바이오 유래이든 플라스틱은 플라스틱이며 플라스틱의 가치는 더 인정받아야 한다. 지금부터라도 비닐 조각 하나라도 쌀 한 톨(🌾), 기름 한 방울(🛢)처럼 귀하게 여기고 잘 관리하자. 그것이 지구를 사랑하는 일일 것이다.

앞으로 탄소 중립정책을 이행하기 위한 의무사항과 규제조치 등을 정하는 정부간협상위원회(INC)의 3차(2023.11월 케냐), 4차(2024.4~5월 캐나다), 5차(2024 하반기 한국) 회의가 주목받고 있다.

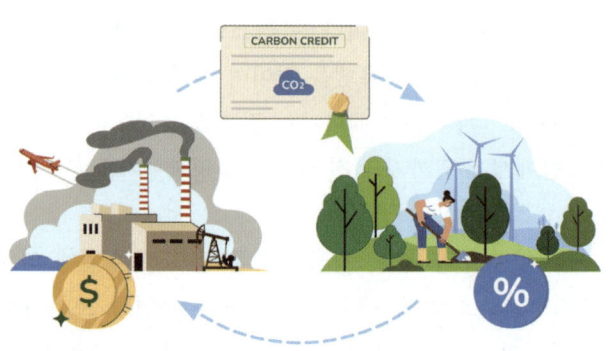

참고문헌

- 빅 히스토리
  저자: 데이비드 크리스천, 신시아 브라운, 크레이드 벤저민 공저 (2022. 12. 23.)
- 지구를 위한다는 착각 (2021. 4. 27.)
  저자: 마이클 셸런버거
- 정치에 속고 세금에 울고 (2023. 1. 13.)
  저자: 안종범, 박현수, 임병인, 전병목 공저
- 코스모스 (2006. 12. 20.)
  저자: 칼 세이건
- 플라스틱 기초지식: 일본플라스틱공업연맹
- The Green Dot in Europ: Duales System Deutschland AG
- 산업연구원: 「폐기물 부담금 제도의 효율적 운영방안」 (1996. 11.)
- 한국프라스틱공업협동조합: 우리나라의 플라스틱산업 동향 (1977. 10.)
- 한국프라스틱재활용협회: 폐기물 관련 합성수지 포장재의 사용 규제 제도의 문제점과 바람직한 정책 개선 방향 (1998. 8.)
- 산업자원부: 국내 폐플라스틱 재활용현황 및 활성화 방안 (1998. 12.)
- (사)한국플라스틱재활용협회: 「독일 폐플라스틱 재활용 실태 및 국제 폐기물 전시회 참관 보고서」 (1999. 5.)
- 한국석유화학공업협회: 「석유화학 편람」
- 통계청: 「광공업 통계조사 보고서」
- 관세청: 「무역통계연보」
- 코플레드 바우: 최신 플라스틱 성형기술 대전
- 한국프라스틱공업협동조합: 프라스틱조합 35년사
- 코플레드 바우: 최신 플라스틱 재료총람
- 코플레드 바우: 최신 플라스틱 용어사전
- 산업자원부: 플라스틱 관련 환경규제 제도와 재활용 활성화 방안 (2000. 1.)
- 한국플라스틱공업협동조합연합회: 플라스틱 간담회 자료
- 바우프러스: 플라스틱 바로알기
- ㈜포장산업: 연포장 기술의 기초와 응용
- (사)한국포장협회: 신ㆍ식품 포장용 필름
- ㈜포장산업: 플라스틱 필름의 배어리어 기술
- 한국생산기술연구원 패키징기술지원센터: 패키징용어사전집

- 코플래드 바우: 플라스틱 필름과 복합필름
- (사)한국포장협회: 포장이란 무엇인가?
- (사)한국플라스틱포장용기협회: 우리나라 플라스틱 필름·시트 산업동향
- 농수산식품유통연구원: 하우스용 필름 경쟁력 제고 방안 연구용역 보고서
- ㈜포장산업: 플라스틱 패키징의 기초와 응용
- ㈜포장산업 월간포장 편집부 편역: 복합필름의 가공기술
- プラスチックスェーツ: プラスチックリサイクリソグ我が園と歐米最近の動向 (1997. 11.)
- プテヌシクス: 世界にみるプラスチツク環境對策技術 (1998. 9.)
- 日本通商産業省: プラスチック製容器包裝及び製製容器包裝の分別收集及び 再商品化について (案) (1999. 3.)
- 日本工業調査會: よくわかゐプラスチツクリサイクル(草川 紀久 箸 99.7)
- 日本 通商産業省: 新しい時代の新しい法律ができました。
- 독일 DSD: The Green Dot in Europe
- 2009년도 유럽 포장재 재활용현황 – plastics Europ, EuPC EuPR, and EPRO 공동조사 보고서
- 플라스틱 21 – 일본플라스틱공업연맹

저자 **나근배**

저자소개

- 한국플라스틱공업협동조합 환경정책이사
- 플라스틱 제품 훈련기준 제정위원(한국산업인력공단 중앙인력개발과)
- 한국플라스틱재활용협회 전무이사
- 서울시 재활용육성자금 심사위원
- 플라스틱 재활용대책협의회(플라스틱재활용기반구축자금) 운영 간사
- 한국플라스틱자원순환협회 전무이사
- 플라스틱 고형연료화 시범공장 (KRS) 대표이사
- 한국플라스틱포장용기협회 전무이사
- (현) (사)한국플라스틱산업진흥협회 상근부회장

연구 및 저서

- 산업자원부, 플라스틱 관련 환경규제제도와 재활용 활성화 방안 연구용역 수행 (2000. 1.)
- 플라스틱 바로알기 (2011. 9. 26.)
- 우리나라 플라스틱 필름·시트 산업동향 (2016. 2. 11.)

플라스틱 기초지식과 유효이용

지은이 나근배
펴낸 곳 KPIC
펴낸이 박인자
초판 1쇄 발행 2023.11.20.
등록번호 동대문, 라00125
주소 서울 동대문구 고산자로 410, 404호
전화 02-831-0083
메일 p5245@naver.com

값 15,000원

ISBN 979-11-985072-0-4

이 책에 수록된 모든 콘텐츠는 저작권법에 따라 보호받는 저작물이므로 저자 및 출판사의 허락 없이 이 책의 일부 또는 전부를 무단 전재·복제·발췌할 수 없습니다. 이용하려면 저자의 서면동의를 받아야 합니다. 잘못된 책은 바꿔드립니다.